职业教育机电类专业系列教材

# PLC与触摸屏应用技术

## 第2版

主　编　刘伦富　龙卓楷
副主编　张道平　王银生
参　编　蔡继红　马廷花　任华玲

本书以三菱公司生产的 $FX_{2N}$、$FX_{3U}$ 系列 PLC、FR-E540（E740）变频器和昆仑通态触摸屏为例，按模块的形式编排知识点，介绍了 PLC 的基础知识和编程软件的应用，以梯形图的形式介绍了 PLC 的基本指令、步进指令和功能指令编程方法，介绍了通用变频器的基本操作方法和触摸屏创建工程的方法。书中大量地以图文形式表达知识点与实际操作，以任务驱动引导学生"做中学、学中做"，逐步提高学生的认知能力和实践技能。

本书包括认识 PLC、三菱全系列 PLC 编程软件 GX Works2 的使用、三菱 PLC 基本指令编程、步进指令及编程方法、功能指令的应用、通用变频器的基本操作、昆仑通态触摸屏与组态软件的认识、用触摸屏控制电动机的运行，以及物料搬运、分拣自动控制设备的组装与调试共 9 个模块。

本书可作为机电设备、自动化、电子信息类专业的教学用书，也可作为高、中级电工的培训教材和工程技术人员的参考用书。

### 图书在版编目（CIP）数据

PLC 与触摸屏应用技术 / 刘伦富，龙卓楷主编. —2 版. —北京：机械工业出版社，2022.9（2025.6 重印）
职业教育机电类专业系列教材
ISBN 978-7-111-71487-3

Ⅰ.①P… Ⅱ.①刘… ②龙… Ⅲ.①PLC 技术—高等职业教育—教材 ②触摸屏—自动控制—高等职业教育—教材 Ⅳ.①TM571.6②TP334.1

中国版本图书馆 CIP 数据核字（2022）第 156454 号

机械工业出版社（北京市百万庄大街 22 号　邮政编码 100037）
策划编辑：汪光灿　　　责任编辑：汪光灿　戴　琳
责任校对：郑　婕　李　婷　封面设计：张　静
责任印制：张　博
固安县铭成印刷有限公司印刷
2025 年 6 月第 2 版第 3 次印刷
184mm×260mm・16.25 印张・401 千字
标准书号：ISBN 978-7-111-71487-3
定价：47.00 元

电话服务　　　　　　　　　　网络服务
客服电话：010-88361066　　　机　工　官　网：www.cmpbook.com
　　　　　010-88379833　　　机　工　官　博：weibo.com/cmp1952
　　　　　010-68326294　　　金　书　网：www.golden-book.com
封底无防伪标均为盗版　　　　机工教育服务网：www.cmpedu.com

# 前言

在现代工业自动化控制中，可编程序控制器（PLC）应用越来越广泛，成为工业自动化的四大支柱（PLC、机器人、CAD/CAM 和数控技术）之一。而触摸屏作为人与 PLC 等控制设备交流信息的窗口——俗称"人机界面"，同样被广泛应用于各个领域。在很多大型控制设备中，PLC 和触摸屏几乎是不可分割的一个整体。

传动控制离不开调速技术，变频器的交流变频调速技术引发了一场调速技术革命，它以调速范围宽、稳定性好、节能、安装方便等优点取代了直流调速技术，降低了设备成本，被广泛应用于节能、调速技术中。

本书以三菱公司生产的 $FX_{2N}$、$FX_{3U}$ 系列 PLC、FR-E540（E740）变频器和昆仑通态触摸屏为例，按模块的形式编排知识点，以工作实践为主线，以任务驱动引领教学，引导学生"做中学、学中做"，逐步提高学生的认知能力和实践技能，培养学生"零距离"上岗，其主要特点如下：

1. 以知识点为模块，以实践活动为任务，引导学生实践操作—理解知识点—再实践操作。

2. 书中的实践任务从简单到复杂编排，并大量地以图文形式表达知识点与实践操作步骤，力求通俗易懂，让学生一读就会，达到举一反三的目的。

3. 模块六"通用变频器的基本操作"兼顾了 FR-E540 增减键设置参数和 FR-E740 旋钮设置参数的方法，用图示表达变频器的接线、操作方法及相应的 LED 显示，并用文字说明操作步骤、方法，图文结合，降低了学生学习的难度，提高了学生学习的积极性。该模块的重点是操作技能与应用。

4. 模块九"物料搬运、分拣自动控制设备的组装与调试"是以"YL-235A 型光机电设备"为综合技能训练平台，旨在提高学生机械装配、综合应用 PLC、变频器和触摸屏的知识水平与技能，让学生领悟一个复杂工程的具体做法。

本课程实践性强，采用任务驱动教学，将理论和实践融为一体，可收到较好的效果。教学中可将学生分为 2~4 人一个小组，共同协作、学习，完成任务，培养学生相互学习、相互合作的团队精神。书中标"※"的内容有一定的难度，可作选修内容。

本书由国家职业教育改革发展示范学校湖北信息工程学校刘伦富和荆门职业学院龙卓楷担任主编，刘伦富编写了模块三、四、九，龙卓楷编写了模块七、八，张道平、王银生共同编写了模块五，蔡继红编写了模块六，马廷花编写了模块一，任华玲编写了模块二。

由于编者水平有限，书中错误和不妥之处在所难免，敬请读者批评指正。

编　者

# 目 录

前言

**模块一　认识 PLC** ······················································· 1

 任务一　PLC 基础知识 ··············································· 1
 任务二　PLC 的输入/输出单元与接线方式 ··························· 7
 小结 ···································································· 13

**模块二　三菱全系列 PLC 编程软件 GX Works2 的使用** ············ 15

 任务一　三菱全系列 PLC 编程软件 GX Works2 的安装与工程文件
    管理 ································································ 15
 任务二　三菱 GX Works2 编程软件的应用 ························ 20
 小结 ···································································· 33

**模块三　三菱 PLC 基本指令编程** ······································· 35

 任务一　用 PLC 实现三相异步电动机连续运行控制 ············ 35
 任务二　用 PLC 实现三相异步电动机正反转控制 ··············· 39
 任务三　三相异步电动机点动与连续控制 ························· 44
 任务四　电动机的间歇控制 ········································· 48
 任务五　三相异步电动机星形—三角形减压起动控制（一）···· 53
 任务六　液体混合装置控制 ········································· 57
 小结 ···································································· 60

**模块四　步进指令及编程方法** ·········································· 62

 任务一　台车自动往返控制 ········································· 62
 任务二　全自动洗衣机程序控制 ···································· 67
 任务三　交通信号灯自动控制 ······································ 72
 任务四　送料小车多位置卸料自动循环控制 ····················· 76
 任务五　带式输送机控制 ············································ 81
 小结 ···································································· 84

**模块五　功能指令的应用** ··············································· 86

 任务一　小车呼叫控制 ··············································· 86

| 任务二 | 三相异步电动机星形—三角形减压起动控制（二） | 90 |
| 任务三 | 一键控制电动机可逆运行与停止 | 93 |
| 任务四 | 艺术彩灯控制 | 97 |
| 任务五 | 竞赛抢答器的制作 | 102 |
| 小结 | | 107 |

## 模块六 通用变频器的基本操作 … 108

| 任务一 | 通用变频器的认识 | 108 |
| 任务二 | 变频器操作面板（PU）控制电动机正反向运行 | 119 |
| 任务三 | 变频器外部接线控制电动机的正反运行 | 133 |
| 任务四 | PLC控制变频器实现电动机的正反向运行 | 139 |
| 小结 | | 145 |

## 模块七 昆仑通态触摸屏与组态软件的认识 … 147

| 任务一 | 昆仑通态触摸屏的认识与通信连接 | 147 |
| 任务二 | 用触摸屏起动电动机 | 150 |
| 任务三 | MCGSE界面的认识 | 163 |
| 小结 | | 171 |

## 模块八 用触摸屏控制电动机的运行 … 173

| 任务一 | 用触摸屏控制电动机的可逆运行 | 173 |
| 任务二 | 电动机的手动/自动星形—三角形减压起动控制 | 179 |
| 小结 | | 190 |

## 模块九 物料搬运、分拣自动控制设备的组装与调试 … 191

| 任务一 | 传感器与电磁阀的认识 | 191 |
| 任务二 | YL-235A型光机电设备的组装与调试 | 199 |
| 任务三 | 物料定量设定自动分拣系统控制 | 218 |
| 小结 | | 228 |

## 附录 … 230

| 附录A | FX系列PLC的指令表 | 230 |
| 附录B | 三菱FR-E740型变频器的常用参数一览表 | 234 |

## 参考文献 … 253

# 模块一　认识PLC

## 导　读

- PLC 的发展历程及其在生产中的应用，PLC 的基本概念与组成。
- 三菱 PLC 型号的意义，三菱 $FX_{1N}$、$FX_{2N}$ 系列 PLC 的结构、外端子功能和 I/O 接线方式。
- PLC 输入/输出软继电器、软触点的意义及其在编程时的使用。
- PLC 的输入/输出（I/O）单元接口电路与 PLC 的等效电路。

## 任务一　PLC 基础知识

### 任务目标

1）了解 PLC 的发展历程、PLC 的分类及其在生产中的应用。
2）能理解 PLC 的基本概念、基本构成及 PLC 控制的优越性。

### 任务引入

20 世纪 20~30 年代，工业生产开始采用继电器、接触器、开关（或按钮）等组成的继电接触器控制系统控制电动机的起动、反向、调速与停车等。继电接触器控制是人们用导线把各种继电器、定时器、计数器及其触点按一定的逻辑关系连接起来，控制电动机拖动各种生产机械。这种以硬接线方式构成的继电接触器控制系统至今仍在使用，但这种控制系统有许多固有的缺点：一是这种系统利用布线逻辑来实现各种控制，需要使用大量的机械触点，系统运行的可靠性差；二是当生产工艺流程改变时，需要改变大量的硬件接线，为此需要耗费许多人力、物力和时间；三是其功能局限性大；四是这种控制系统体积大、耗能多。这些缺点大大限制了它的应用范围。随着科技的发展、生产的变化及生产工艺的改进，人们需要一种新的工业控制装置来取代传统的继电接触器控制系统，使电气控制系统工作更可靠、维修更容易、更能适应经常变化的生产工艺要求。本任务介绍这种工业控制装置的相关知识。

 **相关知识**

## 一、PLC 的发展历程

1968 年，美国通用汽车公司（GM）在激烈的市场竞争中，为适应汽车生产工艺不断更新的需要，希望解决因汽车不断改型而重新设计汽车装配线上继电接触器控制系统的控制线路问题，提出了保留继电接触器控制系统控制容量大的优点，用编程逻辑代替继电接触器控制系统的硬连线逻辑，于是可编程序控制器应运而生。1969 年，美国数字设备公司（DEC）根据上述要求研制出世界第一台可编程序控制器，并在 GM 公司的汽车生产线上首次应用成功，取得了显著的经济效益。当时人们把它称为可编程序逻辑控制器(Programmable Logic Controller，PLC)。这一新技术的出现，受到国内外工程技术界的极大关注，各大公司纷纷投入力量研制。这一时期的 PLC 主要由分立式电子元件和小规模集成电路组成，它采用了一些计算机的技术，指令系统简单，一般只有逻辑运算的功能，但简化了计算机的内部结构，使之能够很好地适应恶劣的工业现场环境。1971 年，日本从美国引进了这项新技术，研制出日本第一台可编程序控制器；德国与法国也都相继研制出自己的可编程序控制器；中国从 1974 年开始研制，1977 年开始工业应用。

随着微电子技术的发展，20 世纪 70 年代中期以来，由于大规模集成电路（LSI）和微处理器在 PLC 中的应用，使可编程序控制器的功能不断增强。它不仅能执行逻辑控制、顺序控制、计时及计数控制，还增加了算术运算、数据处理、通信等功能，具有处理分支、中断、自诊断的能力。这样，PLC 更多地具有了计算机的功能，并作为一个独立的工业设备成为主要的通用工业控制器。近年来，PLC 发展趋向于小型化、网络化、兼容性和标准化。

## 二、PLC 的结构

### 1. PLC 的外部结构

PLC 的外部结构如图 1-1 所示，它由输入端子、输出端子、电源端子、状态指示灯和通信接口等组成。

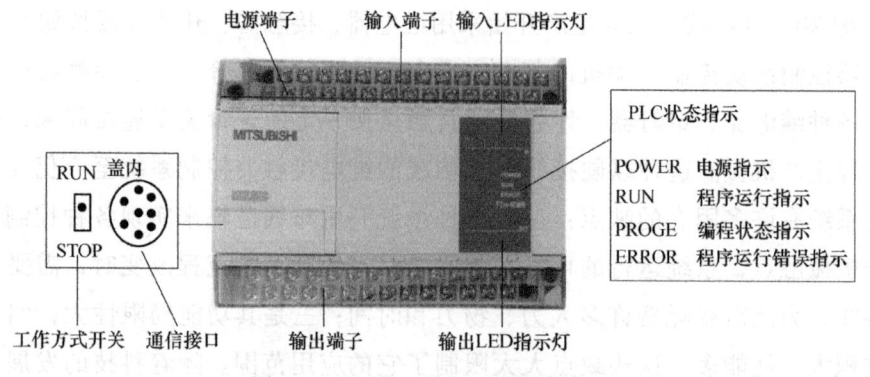

图 1-1　$FX_{1N}$-40MR PLC 的外部结构

### 2. PLC 的内部结构

PLC 型号品种繁多，但实质上都是用于工业控制的专用计算机，其组成与普通计算机相似，主要由 CPU 模块、存储器、输入/输出（I/O）模块、电源模块及通信接口组成。PLC 的内部结构如图 1-2 所示。

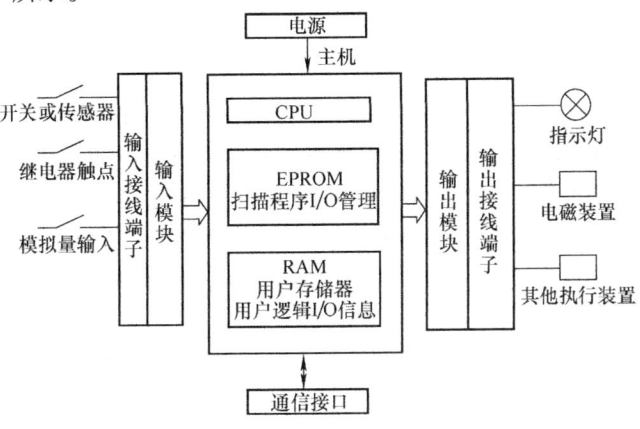

图 1-2　PLC 的内部结构

（1）CPU 模块　CPU 即中央处理器，是 PLC 的控制中枢，由运算器、控制器和寄存器等组成。CPU 主要完成的工作有：PLC 本身的自检；以扫描方式接收来自输入单元的数据和状态信息，并存入相应的数据存储区；执行监控程序和用户程序，进行数据和信息处理；输出控制信号，完成指令规定的各种操作；响应外部设备（如编程器、可编程终端）的请求，指挥用户程序的执行。

（2）存储器　PLC 中的存储器主要用于存放系统程序、用户程序和工作状态的各种数据，就像仓库用来存放各种器材一样。

（3）输入/输出模块　PLC 的控制对象是工业生产过程，PLC 与生产过程的联系是通过输入/输出模块来实现的。生产过程有两大类变量，即数字量和模拟量。输入模块的作用是接收各种外部控制信号，输出模块的作用是根据 PLC 运算结果驱动外部执行机构。

（4）电源模块　PLC 的电源模块将交流电源转换成 CPU、存储器、输入/输出模块等所需的直流电源，是整个 PLC 的能源供给中心，其好坏直接影响到 PLC 的功能和可靠性。

（5）通信接口　通信接口是 PLC 与外界进行通信的通道，如与计算机及其他通信设备之间的通信。PLC 与计算机连接可进行用户程序的编写、修改与调试等。图 1-3 所示为 FX

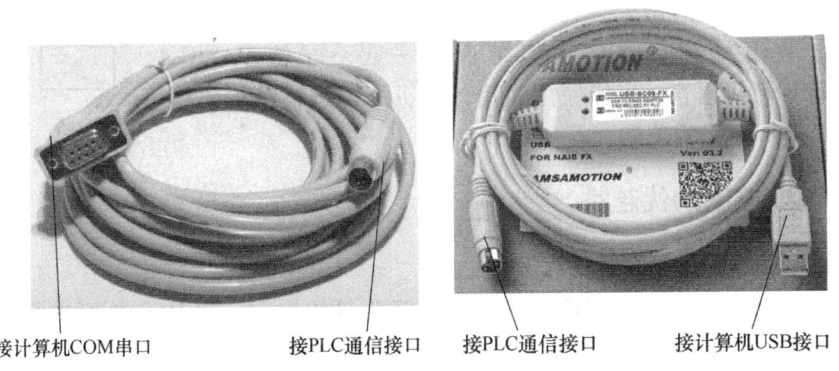

a）计算机 COM 串口编程线缆　　　　　　b）计算机 USB 接口编程线缆

图 1-3　计算机编程线缆

系列 PLC 的计算机编程线缆。

### 三、PLC 的编程语言

PLC 通常不采用微机的编程语言，而是采用面向控制过程、面向问题的编程语言。这些编程语言有梯形图、指令语句表、顺序功能图、逻辑功能图和高级语言。

（1）梯形图　梯形图是一种图形编程语言，它沿用了继电器的触点、线圈、串并联等术语和图形符号，并增加了一些特殊功能符号。图 1-4a 所示为梯形图编程语言。梯形图语言比较形象、直观，对于熟悉继电接触器控制电路的电气技术人员来说，很容易接受它，且不需要学习专门的计算机知识，因此，在 PLC 编程中，梯形图是使用的最基本、最普遍的编程语言。

（2）指令语句表　指令语句表（简称指令表）就是用助记符来表达 PLC 的各种功能。图 1-4b 所示为 PLC 编程的指令语句表。它类似于计算机的汇编语言，但比汇编语言通俗易懂。通常每条指令语句由地址（计算机自动分配）、指令和操作数（数据或元器件编号）三部分组成。

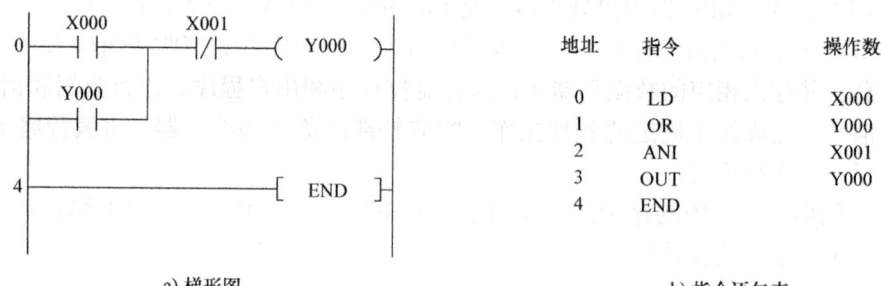

图 1-4　PLC 的编程语言

（3）顺序功能图　顺序功能图是采用工艺流程图进行编程，对于工厂中的工艺设计人员来说，用这种方法编程，非常方便。图 1-5 所示为顺序功能图。

（4）高级语言　在一些大型 PLC 中，为完成一些较为复杂的控制，采用功能很强的微处理器和大容量存储器，将逻辑控制、模拟控制、数值计算与通信功能结合在一起，配备 BASIC、Pascal、C 等计算机语言，可像使用通用计算机那样进行结构化编程，使 PLC 具有更强的功能。

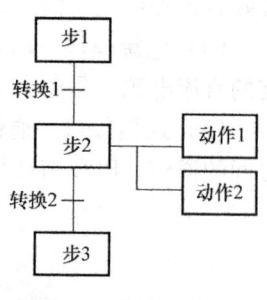

图 1-5　顺序功能图

### 四、PLC 控制的优越性

**1. 与继电接触器控制系统的比较**

1）传统的继电接触器控制系统只能进行开关量的控制，而 PLC 既可进行开关量控制，又可进行模拟量控制，还能与计算机联成网络，实现分级控制。

2）传统的继电接触器控制系统是用导线将继电器、接触器、按钮等元器件连接起来实现一定的逻辑功能或"程序"，控制系统的程序就在接线之中。PLC 控制系统的程序存放在存储器中，系统完成控制任务是通过存储器中的程序来实现的，其程序是由程序语言表达的，控制程序的修改不需要改变控制器的输入、输出接线（即硬件），而只需要通过编程器改变存储器中某些语句的内容即可。图 1-6 所示为继电接触器控制系统框图，图 1-7 所示为 PLC 控制系统框图。显而易见，PLC 控制系统的输入输出部分与传统的继电接触器控制系统基本相同，其差别在于控制部分。继电接触器控制系统是用硬接线将许多继电器按某种固定方式连接起来完成逻辑功能，所以其逻辑功能不能灵活改变，并且接线复杂，故障点多；而 PLC 控制系统是通过存放在存储器中的用户程序来完成控制功能的。在 PLC 控制系统中，由用户程序代替了继电接触器控制电路，它可以灵活、方便地通过改变用户程序来实现控制功能的改变，从根本上解决了继电接触器控制系统控制电路难以改变逻辑关系的问题。

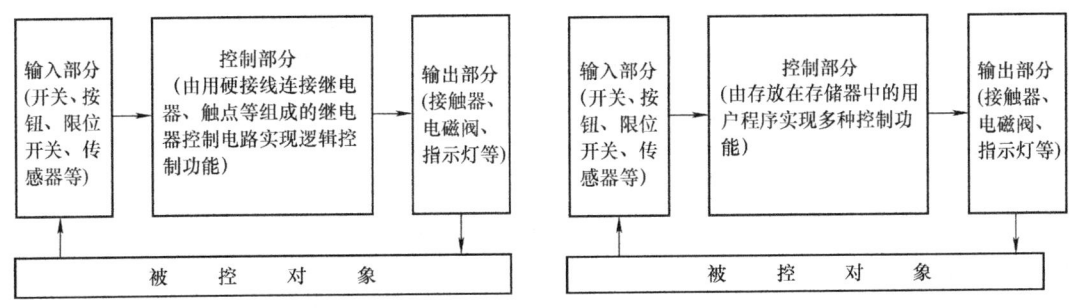

图 1-6　继电接触器控制系统框图　　　　图 1-7　PLC 控制系统框图

现以接触器控制与 PLC 控制电动机单向运行电路为例，进一步体会两种系统的不同。图 1-8a 所示为接触器控制电动机单向运行主电路，图 1-8b 所示为其控制电路。要实现控制功能，需按图完成接线；若改变功能，必须改动接线。图 1-8c 所示为使用 PLC 时完成同样功能需进行的接线，从图中可见，只需将起动按钮 SB1、停止按钮 SB2、热继电器 KH 接入 PLC 的输入端子，将接触器 KM 线圈连接到 PLC 的输出端子，即完成了接线。具体的控制功能是靠输入 PLC 的用户程序来实现的，不仅接线简单，而且需改变功能时不用改动接线，只要改变程序即可，非常方便。

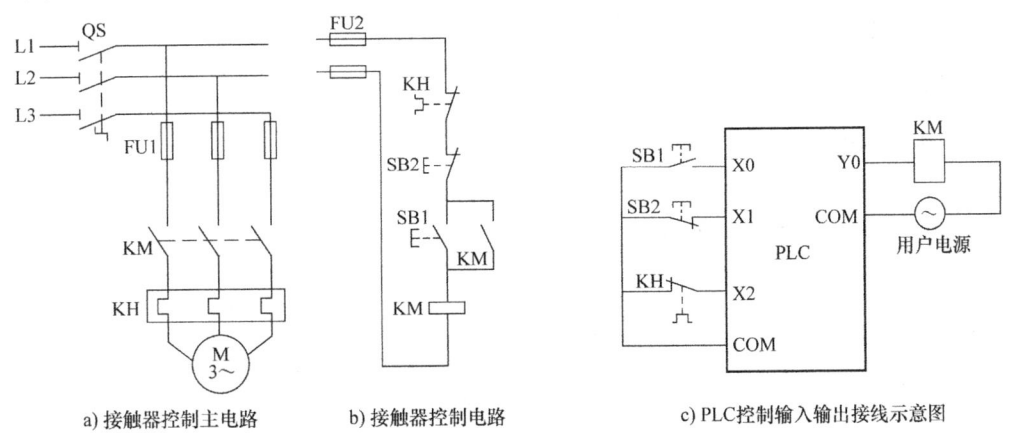

a) 接触器控制主电路　　b) 接触器控制电路　　c) PLC控制输入输出接线示意图

图 1-8　接触器控制与 PLC 控制电动机单向运行电路

3）两者触点的数量不同。继电器的触点数较少，一般只有 4~8 对；PLC 采用的是"软继电器"，可供编程用触点数有无限对。

## 2. 与工业微机控制系统的比较

工业微机在要求快速、实时性强、模型复杂的工业控制中占有优势。但是，使用工业微机对人员技术水平要求较高，一般应具有一定的计算机专业知识。另外，工业微机在整机结构上还不能适应恶劣的工作环境，抗干扰能力及适应性差，这是工业微机在工业现场控制中的致命弱点。工业生产现场的电磁辐射干扰、机械振动、温度及湿度的变化以及超标的粉尘，都会使工业微机不能正常工作。

PLC 针对工业顺序控制，在工业现场有很高的可靠性。电路布局、机械结构及软件设计各方面决定了 PLC 的高抗干扰能力。电路布局方面的主要模块都采用大规模与超大规模的集成电路，在输入、输出系统中采用完善的隔离通道等保护功能；在电路结构上对耐热、防潮、防尘及防振等各方面都做了周密的考虑。所有这些都使 PLC 具有非常高的抗干扰能力，从而使 PLC 绝不会出现死机的现象。同时，PLC 采用梯形图语言编程，使熟悉电气控制的技术人员易学易懂，便于推广。

## 五、PLC 的分类与应用

根据控制规模，PLC 可分为小型机、中型机和大型机等。控制规模是以 PLC 的输入/输出点数来衡量的。I/O 点数（总数）在 256 点以下的，称为小型机；I/O 点数在 256~1024 点之间的，称为中型机；I/O 点数在 1024 点以上的，称为大型机。一般说来，点数多的 PLC，功能也相应较强。

目前，在世界先进工业国家，PLC 已经成为工业控制的标准设备，它的应用几乎覆盖了所有的工业企业。PLC 技术已成为工业自动化的三大支柱（PLC 技术、机器人、计算机辅助设计和制造）之一，它广泛应用于机械、汽车、冶金、石油、化工、轻工、纺织、交通、电力、电信、采矿、建材、食品、造纸、军工、家电等各个领域。

### 合作与探究

认真观察 $FX_{2N}$ 系列 PLC，说明其组成部分及各部分的作用。

### 任务评价

本任务的评价标准见表 1-1。

表 1-1 评价标准

| 项 目 | 配 分 | 评价标准 | 得 分 |
|---|---|---|---|
| 新知识学习 | 60 | 能理解本节知识 | |
| PLC 结构观察 | 25 | 熟悉 PLC 的结构，如通信接口、操作开关、电源端子、输入/输出接线端子等 | |
| PLC 手持编程器与通信线缆认识 | 5 | 了解手持编程器的作用与结构，知道通信线缆接口的用途 | |
| 团队协作与纪律 | 10 | 遵守纪律，团队协作好 | |

**思考与提高**

1）PLC 是_____的简称,是一种工业控制装置。

2）PLC 从外形上看,由_____和通信接口等构成。PLC 的内部由_____构成。

3）PLC 与继电接触器控制系统比较,有哪些优越性?

# 任务二 PLC 的输入/输出单元与接线方式

 **任务目标**

1）了解 PLC 的输入/输出(I/O)单元接口电路和 PLC 的等效电路。
2）懂得 FX 系列 PLC 接线端子的分布特点与 I/O 接线方式。
3）理解 PLC 输入/输出软继电器、软触点的意义及其在编程中的使用。

 **任务引入**

PLC 是一种工业自动化控制装置,它是如何获取工业现场被控对象的信息?又是如何按要求去控制被控器件或装置呢?这些全都离不开 PLC 的输入/输出单元。

 **相关知识**

## 一、PLC 的输入/输出(I/O)单元硬件结构

### 1. PLC 输入/输出(I/O)端子

图 1-9 所示为 $FX_{1N}$、$FX_{2N}$ 和 $FX_{3U}$ 系列 PLC 输入/输出(I/O)接线端子布局情况,图中接线端子的输出侧均用粗线区分输出与相应的 COM。在图 1-9a 中,输出端子侧左边的 24+与 COM 端是 PLC 对外输出的+24V 直流(DC)电源(图 1-9b 中在输入侧),用于给相应的传感器(如接近开关、光电开关、压力传感器等)供电,该电源 COM 端与输入端子 COM 是相通的或者可以连接起来。输出端子侧 COM0 与 Y0,COM1 与 Y1,COM2 与 Y2、Y3,…,COM5 与 Y14~Y17 等构成多组输出,这样安排输出端的 COM 主要是考虑负载电源的种类较多,而输入端电源的类型相对较少。如果输出侧电源种类较少,可以将相应的 COM 端连接起来使用。

注意:图中"·"表示空端子,请不要接线。

### 2. 输入/输出单元

PLC 的输入/输出单元又称 PLC 的输入/输出接口电路。PLC 在程序的执行过程中需调用的外部各种控制信号,如各种开关量(状态量)、数字量或模拟量等都是通过输入接口电路进入 PLC,而程序执行结果又通过输出接口电路控制外围设备。输入/输出接口电路一般都通过光电隔离和滤波把 PLC 和外部电路隔开,以提高 PLC 的抗干扰能力。

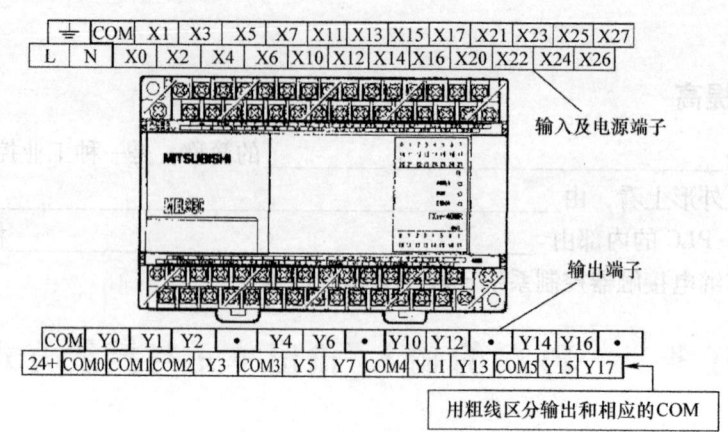

a) $FX_{1N}-40MR$ PLC面板与接线端子图

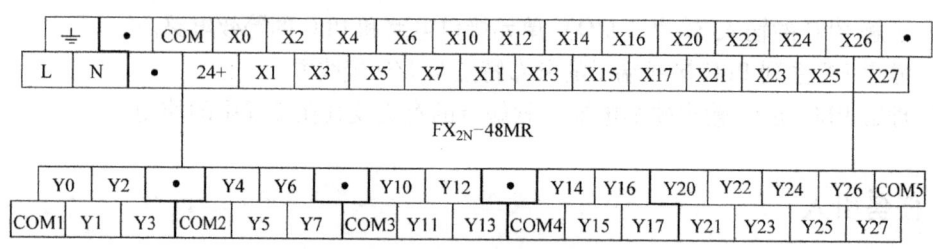

b) $FX_{2N}-48MR$ PLC接线端子图

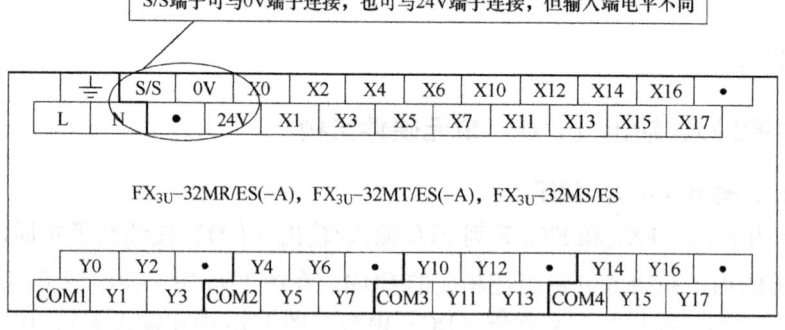

c) $FX_{3U}$系列 PLC接线端子图

图 1-9　FX 系列 PLC 接线端子图

（1）输入接口电路（输入单元）　通常输入接口电路按使用电源不同分为三种类型，即直流输入（DC 12V 或 24V）、交流输入（AC 100~120V 或 200~240V）和交直流输入（交直流 12V 或 24V）。用户外部输入设备可以是无源触点，如按钮、行程开关和主令开关等，也可以是有源器件，如传感器、接近开关和光电开关等。

图 1-10 所示为直流 24V 输入接口电路原理图，直流电源由 PLC 内部提供（有的 PLC 需外部提供，如欧姆龙 PLC）。当 PLC 外部输入开关接通时，输入指示灯及光电耦合器的发光二极管发光，光电晶体管因基极有电流而导通，集电极电平变低，装在 PLC 面板上的输入指示灯显示某一输入端口有信号输入；当 PLC 外部输入开关不接通时，输入指示灯及光电耦合器的发光二极管因无电流流过而不发光，光电晶体管因无基极电流而截止。图 1-10 中

$R_1$、$C$ 及 $R_2$ 组成输入滤波电路，可消除高频干扰。光电耦合器与外部电路实现电隔离，提高了 PLC 的抗干扰能力。输入信号通过输入单元进入 PLC 内部供 PLC 程序调用。

（2）输出接口电路（输出单元） PLC 通过输出接口电路向现场控制对象输出控制信号。为适应不同负载的需要，各类 PLC 的输出接口电路有三种形式，即继电器输出、晶体管输出和晶闸管输出，如图 1-11 所示。

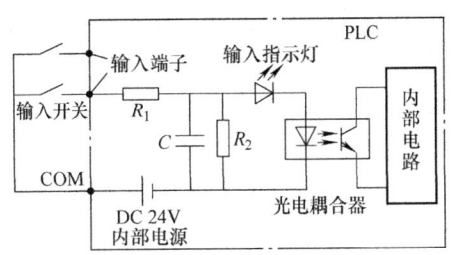

图 1-10 直流 24V 输入接口电路原理图

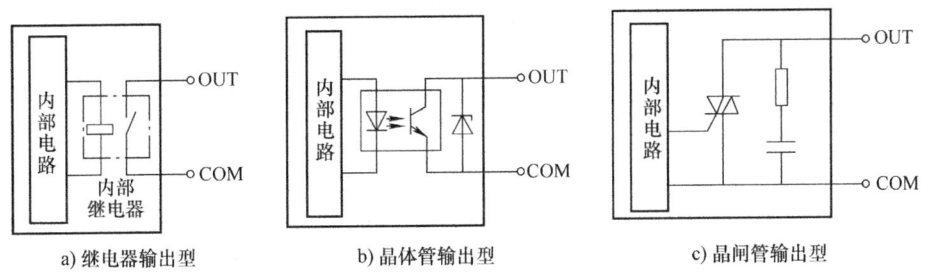

a) 继电器输出型　　b) 晶体管输出型　　c) 晶闸管输出型

图 1-11 PLC 输出接口电路的形式

在图 1-11a 中，当 PLC 输出接口电路中的继电器受内部电路驱动使线圈得电时，其触点闭合，电流通过外接负载，使负载工作，同时输出指示灯亮，表示该输出点接通。继电器输出适用于交直流负载，使用方便，负载电流可达 2A，可直接驱动电磁阀线圈，但因为它有触点，使用寿命不长，因此在需要输出点频繁通断的场合（如脉冲输出等），应选用晶体管或晶闸管输出电路。晶体管输出的负载电流约为 0.5A，响应时间小于 1ms，负载只能选择 36V 以下的直流电源。晶闸管输出一般采用三端双向晶闸管输出，其耐压较高，带负载能力强，响应时间小于 1ms，但晶闸管输出应用较少。

**3. 输入/输出单元接线方式**

（1）输入接线方式 PLC 的输入单元与用户设备接线的方式可分为汇点式输入接线和分隔式输入接线两种基本方式，如图 1-12 所示。

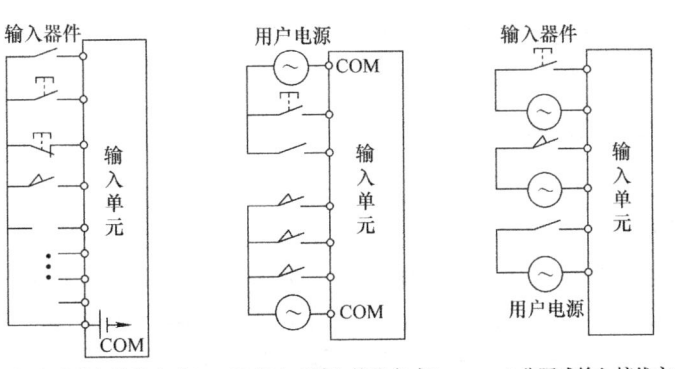

a) 汇点式输入接线方式1　　b) 汇点式输入接线方式2　　c) 分隔式输入接线方式

图 1-12 PLC 的输入接线方式

汇点式输入接线方式是指输入回路有一个公共端（汇集端）COM，它的所有输入点为一组，共用一个公共端和一个电源，如图 1-12a 所示的直流输入单元。由于 PLC 的输入端用于连接按钮、开关及各类传感器，这些器件的功率消耗都很小，一般可以采用 PLC 内部电源为其供电。汇点式输入接线也可将全部输入点分为几组，每组有一个公共端和一个单独的电源，如图 1-12b 所示。汇点式输入接线方式可用于直流或交流输入单元，交流输入单元的电源由用户提供。

分隔式输入接线方式如图 1-12c 所示，每个输入点单独用各自的电源接入输入单元，在输入端没有公共的汇点，每个输入器件是相互隔离的。

（2）输出接线方式　输出单元与外部用户输出设备的接线分为汇点式输出和分隔式输出两种基本方式。如图 1-13 所示，可以把全部输出点汇集成一组共用一个公共端 COM 和一个电源，也可以将所有的输出点分成 $N$ 组，每组有一个公共端 COM 和一个单独的电源。两种方式的电源均由用户提供，可根据实际负载确定选用直流或交流电源。

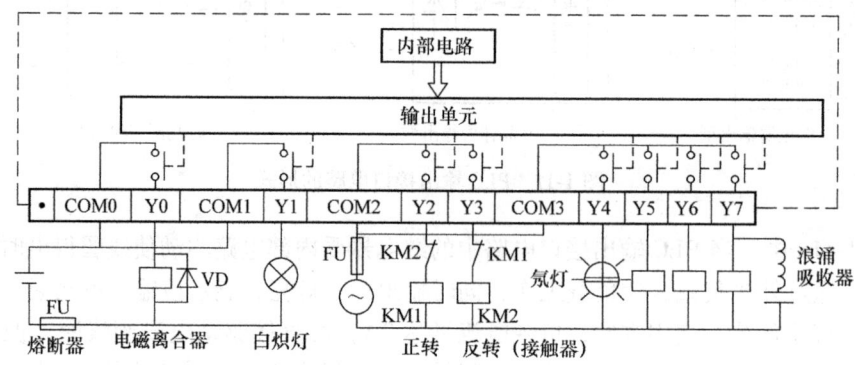

图 1-13　PLC 输出接线图

输出单元接线应注意以下问题：

1）由于 PLC 输出接口电路未接熔断器，因此，每 4~5 个接点应加接一个 5~15A 的熔断器，以防止负载短路等原因造成 PLC 损坏。

2）在直流感性负载的两端并联一个浪涌吸收二极管 VD，会大大延长触点的使用寿命。

3）正、反转接触器的负载 KM1、KM2，在 PLC 的程序中采用软件互锁的同时，在 PLC 的外部也应采取联锁措施，以防止此类负载在两个方向上同时动作。

4）在交流感性负载两端并联一个浪涌吸收器，用于降低噪声。

## 二、PLC 输入/输出单元的软元件

由输入/输出接口电路可以看出，输入信号实质上是控制或触发 PLC 的输入接口电路使之工作。为了编程方便，把 PLC 内部的这种电路称为编程元件，或称为"软元件"，它在 PLC 内部实质上是电子线路及存储器（编程时只考虑编程元件，不考虑内部电路或结构）。考虑到工程技术人员的习惯，用继电接触器控制系统（电路）中的类似名称对其命名，即输入继电器、输出继电器、辅助（中间）继电器和定时器等。

**1. 输入继电器（X）**

输入继电器（X）是 PLC 从机外接收控制信号的接口，实质上是输入接口电路。每个

输入继电器都与相应的 PLC 输入端相连,即每个输入端对应一个输入继电器。如图 1-14 所示,输入端子 X0 对应于输入继电器 X0。每个输入继电器有无数对常开(动合)触点和常闭(动断)触点供编程时使用。输入继电器的线圈只能由外部信号来驱动,不能由内部程序(指令)驱动。因此,我们编写的**梯形图中只能出现输入继电器的常开、常闭触点,而不能出现输入继电器的线圈**,如图 1-15 所示。

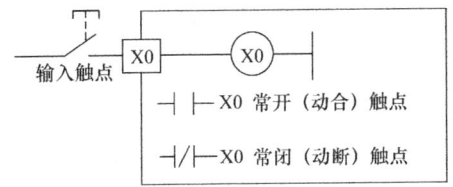

图 1-14 输入继电器电路

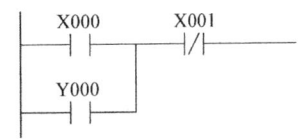

图 1-15 输入继电器在编程中的使用

FX 系列 PLC 输入继电器的编号采用八进制,如 X0~X07、X10~X17 等。

**2. 输出继电器(Y)**

输出继电器(Y)是 PLC 向机外负载输出信号的端口,它与输出端子是一一对应的,是 PLC 中唯一具有外部触点且能驱动外部负载的继电器。因此,输出继电器(Y)的触点分外部输出触点和内部触点两种。外部输出触点(继电器触点、晶闸管、晶体管等输出元件)接到 PLC 的输出端子上,且为常开触点,如图 1-16 所示,输出继电器 Y0 对外输出触点 Y0(常开)与 PLC 的输出端子相连;内部触点分为常开、常闭触点,可供程序重复调用无数次。**输出继电器的线圈只能由程序驱动**,当继电器的线圈被驱动时,其对应的触点动作:常开触点闭合,常闭触点断开。**对外常开触点闭合,机外负载就被驱动,但对外常开触点不在梯形图中表示出来。梯形图中只表示被驱动的输出继电器线圈和内部常开、常闭触点**。如图 1-17 所示,梯形图中的 X0 是输出继电器 Y0 的工作条件,当 X0 接通时,Y0 线圈被驱动置 1(线圈得电),PLC 对外输出触点闭合,驱动外部负载,同时内部常开触点 Y0 闭合,驱动输出继电器 Y1 的线圈置 1,线圈 Y1 得电;当 X0 断开时,Y0 复位(线圈失电),内部常开触点 Y0 恢复断开状态,Y1 复位。

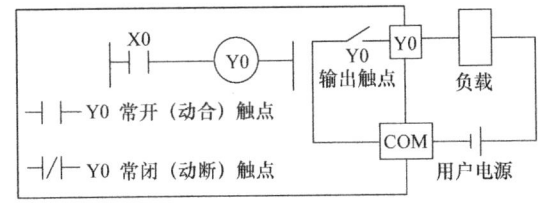

图 1-16 输出继电器电路　　　　图 1-17 输出继电器在编程中的使用

FX 系列 PLC 输出继电器的编号也采用八进制,如 Y0~Y07、Y10~Y17 等。

上述图中的 ─┤├─(常开触点)、─┤/├─(常闭触点)是 PLC 内的软触点,在编程时可以重复使用;─○─ 或 ─( )─ 是软继电器的线圈。人工绘制 PLC 梯形图或功能图时一般采用前者,后者是三菱 PLC 编程软件中的线圈符号。

### 三、PLC 的等效电路

一般工程技术人员都比较熟悉继电接触器控制系统,在此基础上了解一下 PLC 的等效电路，对学习 PLC 很有帮助。图 1-18 所示为 PLC 控制系统等效电路，共分为三个部分：收集被控设备（开关、按钮、传感器等）的信息或操作命令的输入（单元）部分；运算、处理来自输入部分信息的内部控制电路和驱动外部负载的输出（单元）部分。图中 X0、X1、X2 为 PLC 输入继电器，Y0 为 PLC 输出继电器。这些继电器并不是实际的继电器，它们实质上是电子线路和存储器中的每一位触发器。该位触发器为"1"态，相当于继电器接通；该位触发器为"0"态，则相当于继电器断开。因此，这些继电器在 PLC 中称为"软继电器"。

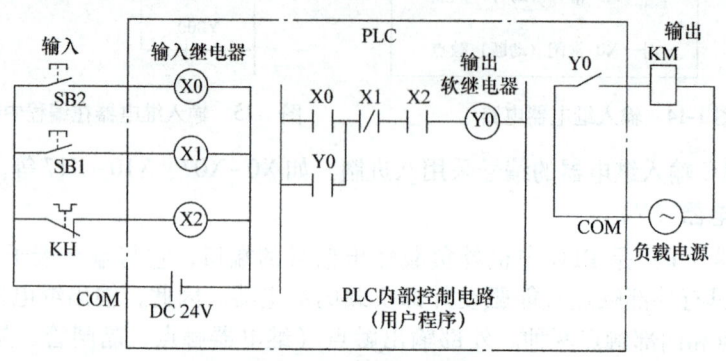

图 1-18　PLC 控制系统等效电路

### 四、FX 系列 PLC 型号的意义

以 FX-48MR 为例，FX 系列 PLC 型号的意义如图 1-19 所示。

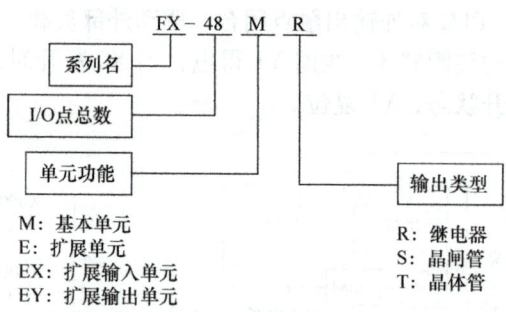

图 1-19　FX 系列 PLC 型号的意义

**合作与探究**

1）观察 PLC 的电源接点及 PLC 输入/输出端子的分布特点，学习 I/O 接线方法。

2）给 PLC 上电，并给输入端 X0、X1 等加上信号，观察相应指示灯的情况。

3）讨论 PLC 输入/输出软继电器的意义，说说它们是如何被驱动的。

4）向 PLC 写入一段程序并运行，观察 PLC 输出指示灯的情况。

5）讨论 PLC 输入/输出软继电器在编程中如何使用，学习 I/O 软继电器的编号方法。

 **任务评价**

此任务的评价标准见表 1-2。

表 1-2　评价标准

| 项　　目 | 配　　分 | 评价标准 | 得　　分 |
|---|---|---|---|
| 新知识学习 | 30 | 能理解本节知识 | |
| PLC 上电 | 15 | 能正确给 PLC 上电 | |
| I/O 端子分布 | 15 | I/O 端子分布规律总结正确 | |
| 输入/输出端信号 | 25 | 能正确给输入端加上信号，观察相应指示灯的情况 | |
| 输入端接线 | 15 | 输入端接线正确 | |

 **思考与提高**

1）外部控制信号通过＿＿＿＿＿＿＿＿＿＿进入 PLC，PLC 又通过＿＿＿＿＿＿＿＿＿＿向现场控制对象输出控制信号，完成自动控制任务。

2）外部输入信号通过输入端子经 RC 滤波和＿＿＿＿＿＿＿＿＿＿进入 PLC 内部，提高了 PLC 的抗干扰能力。

3）PLC 的输出单元有＿＿＿＿＿＿、＿＿＿＿＿＿、＿＿＿＿＿＿三种类型，其中，＿＿＿＿＿＿输出，承载电流较大，适用于交直流负载，但因有触点，使用寿命不长。

4）PLC 的输入接线方式有＿＿＿＿＿＿＿＿＿＿＿＿＿＿＿＿＿＿＿＿＿＿＿＿，输出接线方式有＿＿＿＿＿＿＿＿＿＿＿＿＿＿＿＿＿＿＿＿＿＿。

5）画出 PLC 输入/输出接线方式图。

6）PLC 输出端接负载时应注意哪些实际问题？

## 小　　结

1）可编程序控制器（PLC）用程序代替继电接触器控制系统中的控制电路，使线路接线、逻辑程序设计、修改和调试等变得快捷方便。它广泛应用于机械、冶金、石油化工、轻工、电力、建材、造纸和军工等各个领域。

2）PLC 与计算机组成基本相同，由中央处理器（CPU）、存储器、电源、输入/输出单元和通信接口组成。

3）PLC 的编程语言较多，如指令表、梯形图、顺序功能图和其他的高级语言等，但最常用、最易理解和接收的是梯形图和顺序功能图。

4）输入接口是 PLC 从机外接收控制信号的接口电路，它采用光电耦合器与外部电路实现电隔离，以提高 PLC 的抗干扰能力。编程时，输入接口用输入继电器（X）的常开、常闭触点表示。

5) 输出接口和输入接口一样也是一种接口电路，是 PLC 向机外负载输出信号的端口，它与输出端子是一一对应的。输出接口在编程时，用输出继电器（Y）表示，是 PLC 中唯一具有外部触点且能驱动外部负载的继电器。它的触点分外部输出触点和内部触点两种，外部输出触点分为继电器触点、晶闸管、晶体管等输出元件。外部输出触点直接接到 PLC 的输出端子上且为常开触点。

6) PLC 输入/输出接线分为汇点式和分隔式两种基本形式。输出接线方式要根据负载的电源等级、电源类别是否相同来确定。

# 模块二　三菱全系列PLC编程软件 GX Works2的使用

**导　读**

- 三菱全系列 PLC 编程软件 GX Works2 的安装方法。
- 利用编程软件进行工程文件管理、程序编辑、检查及运行监视和程序调试等。

## 任务一　三菱全系列 PLC 编程软件 GX Works2 的安装与工程文件管理

 **任务目标**

1）学会一般应用软件的安装方法。
2）会进行工程文件的新建、保存与打开操作。

 **任务引入**

可编程序控制器在工业自动控制中得到广泛应用，除自身控制性能优越外，也与它的编程软件简单易学、易于推广是分不开的。本任务学习 PLC 编程软件安装与工程文件管理。

 **相关知识**

### 一、三菱全系列 PLC 编程软件 GX Works2 编程软件的安装

打开 GX Works2 编程软件安装包，查看"安装序列号.txt"文件，复制或记录序列号 570-986818410。找到并双击安装文件"Setup.exe"图标，进入编程软件安装过程。在安装过程中，输入相关信息后总是单击"下一步"按钮。如图 2-1 所示，在对话框中输入个人信息，可以随意填写，输入 GX Works2 序列号。单击"下一步"按钮，进行安装路径选择与更改，如图 2-2 所示。

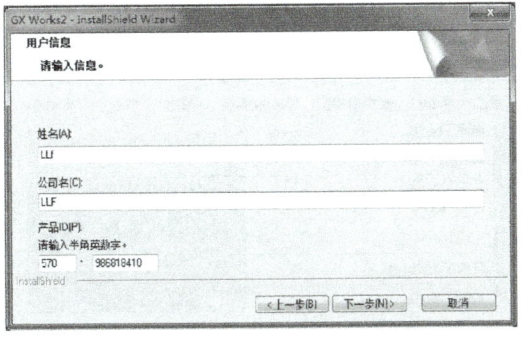

图 2-1　输入个人信息和产品序列号

一般选择 D 盘，也可选择默认的路径。最后单击"下一步"按钮，耐心等待安装结束，如图 2-3 所示。

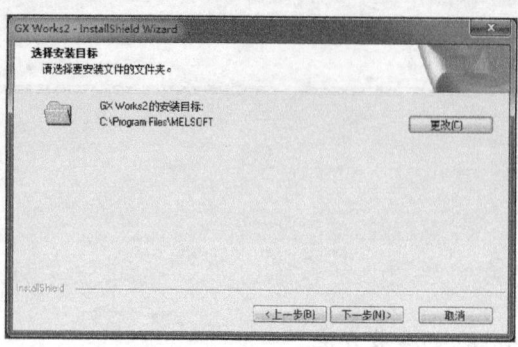

图 2-2　安装路径选择与更改

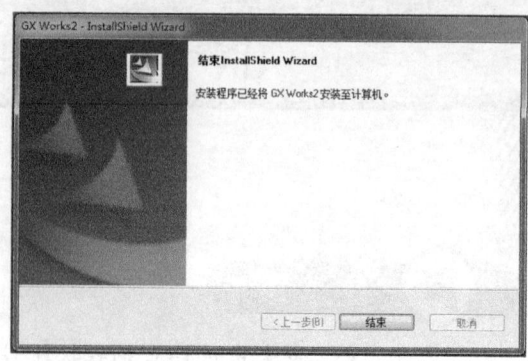

图 2-3　安装成功

## 二、工程文件管理

GX Works2 编程软件的界面已汉化，其具有丰富的工具箱和直观形象的视窗界面。编程时，既可用键盘操作，也可用鼠标操作。

**1. 打开编程软件**

打开 GX Works2 编程软件一般有两种方法。

方法一：单击"开始"→"所有程序"→"MELSOFT 应用程序"→"GX Works2"，打开 GX Works2 编程软件的编程界面。

方法二：在桌面上用鼠标左键双击 GX Works2 编程软件的快捷图标，即可打开其编程软件。

**2. 创建一个新工程**

在编程界面中，单击菜单栏"工程"→"新建工程"，如图 2-4 所示，或者单击工具栏新建文件图标，创建一个新工程。在弹出的"新建工程"对话框中，PLC 系列选择"FXCPU"，PLC 类型选择"FX 1N/FX 1NC"，程序语言选择"梯形图"，如图 2-5 所示，单击"确定"按钮，出现 GX Works2 的编程界面，如图 2-6 所示。

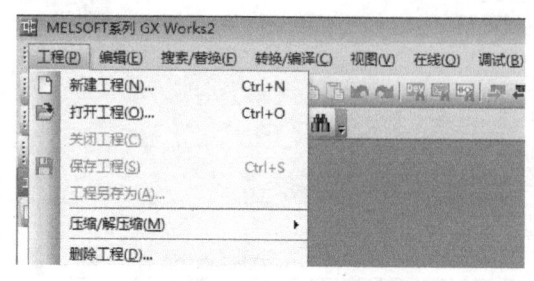

图 2-4　创建新工程的方法

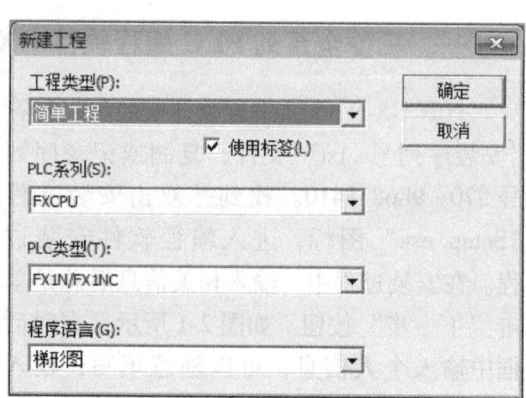

图 2-5　创建新工程对话框参数设置

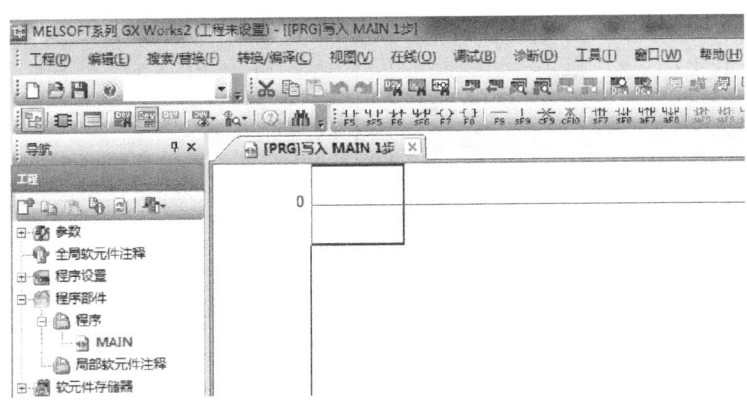

图 2-6　GX Works2 编程界面

注：为方便阅读，软件截图与实际软件保持一致。

### 3. 保存工程文件

在做工程程序设计前，应该在 D 盘或其他盘建立一个文件夹，如以课题为名建文件夹，或者以自己的名字命名建文件夹，如 LLF 文件夹等。这样工程程序设计文件就可以保存到这个文件夹中。在做工程程序设计时，要随时保存项目文件，以防突然停电丢失。方法是在 GX Works2 编程界面中，单击菜单栏"工程"→"保存工程"，如图 2-7 所示，或者单击工具栏保存图标，在出现的对话框中选择保存工程文件的路径并写上工程名称。

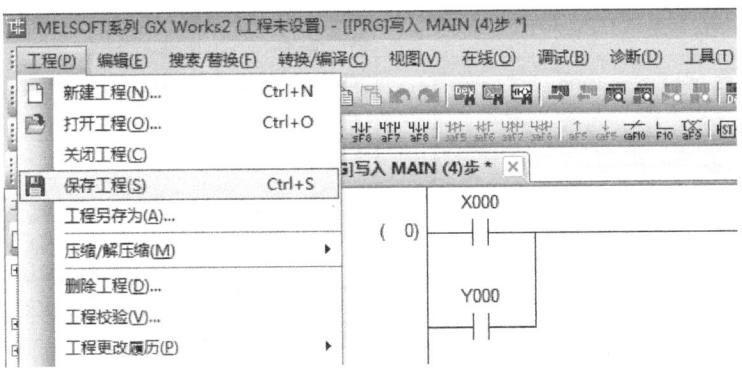

图 2-7　保存工程文件的方法

保存路径：单击"工程驱动器"下拉列表框右侧的倒三角形，选择"[-d-]"，并拉动其下方的滚动条找到要存放的文件夹 LLF，如图 2-8a 所示，双击文件夹 LLF，则保存路径为 D：\ LLF，填写工程文件的名称，如图 2-8b 所示。单击"保存"按钮，弹出新建工程确认对话框，如图 2-9 所示。单击"是"按钮，确认新建工程，进行存盘。

注意，如果打开以前的工程文件编辑，选择"保存工程"时，会覆盖原先的工程文件。当打开以前的工程文件编辑修改后如果要保留原工程文件，可用"工程另存为"选项将工程文件改名后保存，或者保存到其他文件夹。

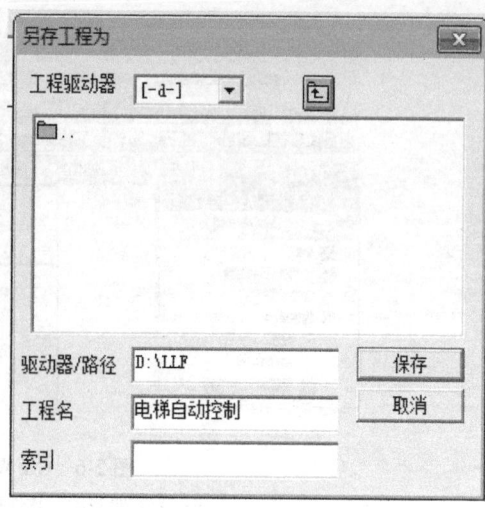

a) 选择保存路径　　　　　　　　　b) 填写工程名称

图 2-8　选择保存工程文件的路径及工程文件名称的填写

### 4. 打开已保存的工程文件

要打开已保存的工程文件，直接双击要打开文件的图标即可，也可以在编程界面中，单击菜单栏"工程"→"打开工程"，或者单击工具栏打开图标，弹出"打开工程"对话框，选择要打开的工程文件，如图 2-10 所示，单击"打开"按钮进入编程界面，如图 2-11 所示。这样即可进行编辑程序或与 PLC 通信等操作。

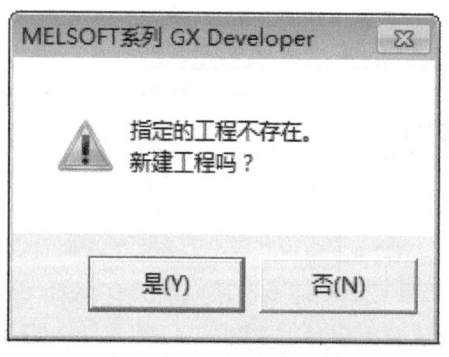
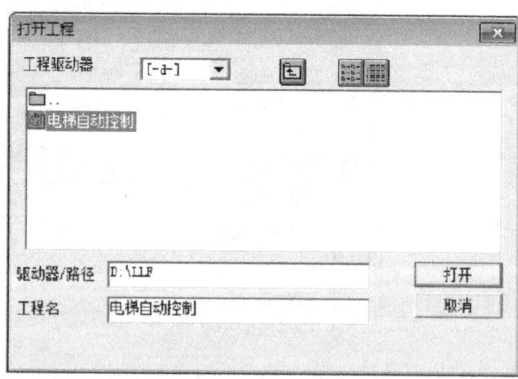

图 2-9　新建工程确认对话框　　　　图 2-10　打开已保存的工程文件

如果要求把工程文件保存到另外的地方可以选择"工程另存为"。在 GX Works2 编程界面，单击"工程"→"工程另存为"，在弹出的对话框中选择保存工程文件的路径并写上工程文件的名称等（与前述保存工程文件的方法相同）。

### 5. 删除工程

将已保存在计算机中的工程文件删除，操作比较简单。在菜单栏中单击"工程"→"删除工程"，弹出"删除工程"对话框。如图 2-12 所示。单击要删除工程文件名，按<Enter>键，或单击"删除"按钮或双击要删除工程文件名，弹出删除确认对话框，如

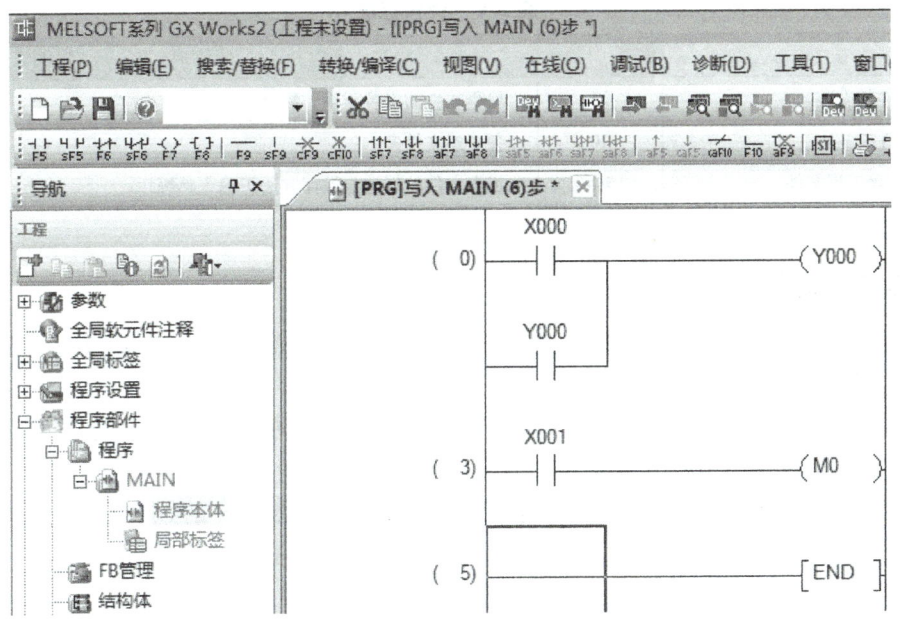

图 2-11　工程文件打开后的界面

图 2-13 所示。单击"是"按钮，确认删除工程。否则，返回上一对话框。

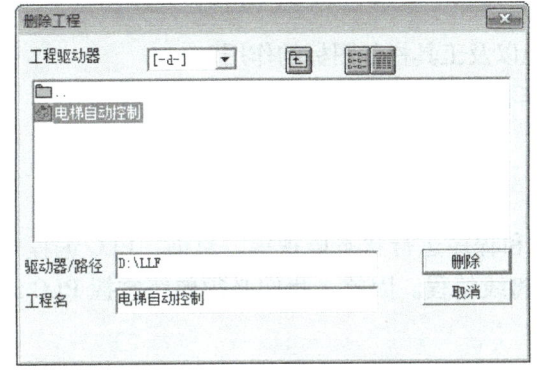
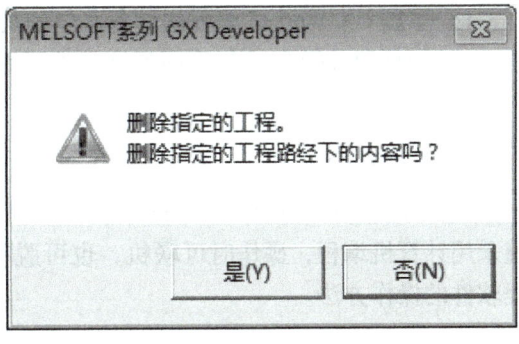

图 2-12　"删除工程"对话框　　　　图 2-13　删除工程确认对话框

 **合作与探究**

1) 安装 GX Works2 编程软件。

2) 在 D 盘新建一个文件夹，文件夹以你的姓名拼音缩写命名。在 GX Works2 编程界面中新建工程文件并保存到上述文件夹中。打开上述保存的工程文件，另存到其他文件夹中。

3) 删除上一步中新建的工程文件。

 **任务评价**

此任务的评价标准见表 2-1。

表 2-1　评价标准

| 项目 | 配分 | 评价标准 | 得分 |
|---|---|---|---|
| 编程软件的安装 | 35 | 编程软件的安装正确、熟练 | |
| 新建文件夹 | 10 | 会新建文件夹 | |
| 新建/保存工程文件 | 15/40 | 工程文件的新建与保存方法正确、熟练 | |

 **思考与提高**

1）在安装一般的应用软件时，如果选择默认形式和路径，在安装过程中只需单击"_____"和"_____"按钮即可。

2）创建新工程时 PLC 类型选择必须与_____同类型，程序的类型选择一般是_____。

3）保存工程文件时，一般先在 D 盘新建一个文件夹，如用户的姓名_____，保存路径为_____，然后，填写_____，单击"_____"按钮并确认。

## 任务二　三菱 GX Works2 编程软件的应用

 **任务目标**

1）掌握 GX Works2 编程软件各菜单的功能以及工具栏各图标的作用。
2）能顺利进行 PLC 梯形图程序的编写操作和程序的监视、测试。

 **任务引入**

PLC 编程软件可进行 PLC 程序编辑、调试和程序运行状态监视等。目前，PLC 编程普遍采用计算机编程，操作时可联机，也可脱机离线编程。因此，我们必须熟练掌握 PLC 编程软件的操作方法。

 **相关知识**

### 一、GX Works2 软件编程界面

GX Works2 软件编程界面如图 2-14 所示，由标题栏、菜单栏、工具栏、元件功能栏、快捷功能栏、编程窗口等组成。元件功能栏由元件的各型触点、线圈、水平连线、垂直连线和功能元件等组成，如图 2-15 所示。

### 二、放置元件

GX Works2 编程软件提供了梯形图、逻辑功能图等编程语言，梯形图最直观，是用户常用的编程语言。

在梯形图编程界面，根据需要从元件功能栏中选择需要的元件（触点、线圈、连线、

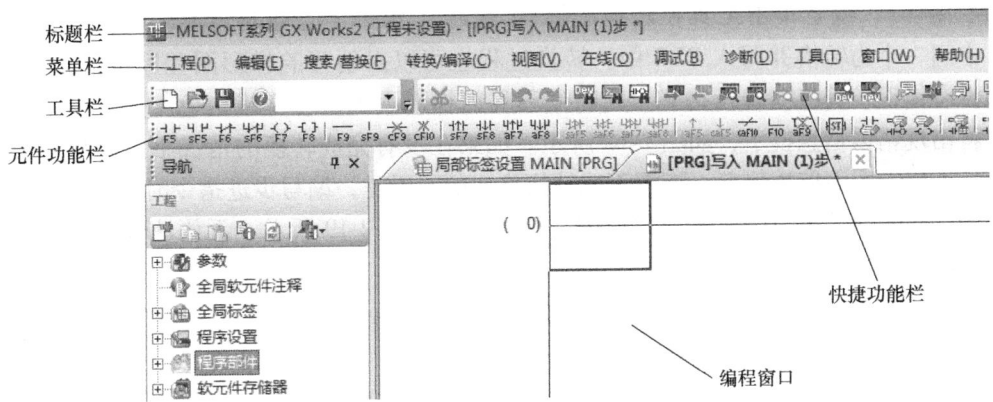

图 2-14 GX Works2 软件编程界面

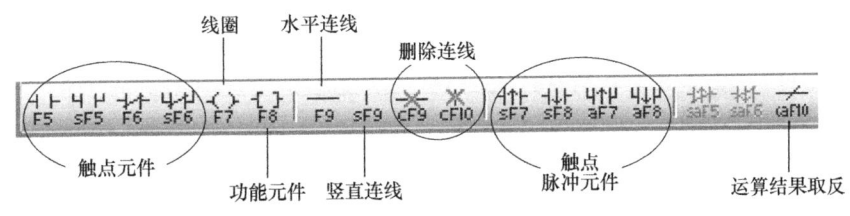

图 2-15 元件功能栏

功能)。例如,选择(单击)常开触点,在弹出的"梯形图输入"对话框中用键盘输入相应的软元件号,如"X0",如图 2-16 所示。如果输入元件有多项,各项之间用空格键隔开,如"T0  K100",如图 2-17 所示。"梯形图输入"对话框中的字母符号不区分大小写。

图 2-16 "梯形图输入"对话框(只需输入单项)

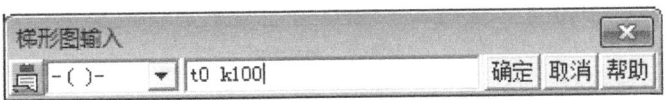

图 2-17 "梯形图输入"对话框(需输入多项)

**注意**:线圈和功能放置在每行的最后,触点放在它们的前面,触点、线圈或功能之间用连线连接起来。

GX Works2 编程软件还提供了丰富的编辑功能,如行、列插入,行、列删除,复制、粘贴、剪切等。

### 三、程序的转换

编写完成的梯形图要保存或传送到 PLC 中运行,必须转换格式。一般在程序编写的过程中需边编写边保存,因此,须在程序的编写过程中转换格式。方法是单击菜单栏中的

"变换/编译",或者单击工具栏转换图标 ![icons]，第一个为即时转换,第三个为批量转换,中间一个为转换并写入 PLC 中。转换过程也可以对编写的梯形图程序进行语法检查,如果没有错误,其将被转换格式,同时编程界面梯形图由灰色变成白色。如果梯形图有错误,将出现错误信息提示,如图 2-18 所示。如果在没有完成转换的情况下关闭梯形图编辑界面,该梯形图不能被保存。该图不能转换格式的原因是,编写步进指令时,未按照先编写线圈的直接驱动后编写条件驱动的原则进行。修改为图 2-19 所示,无语法错误,可全部进行格式转换。

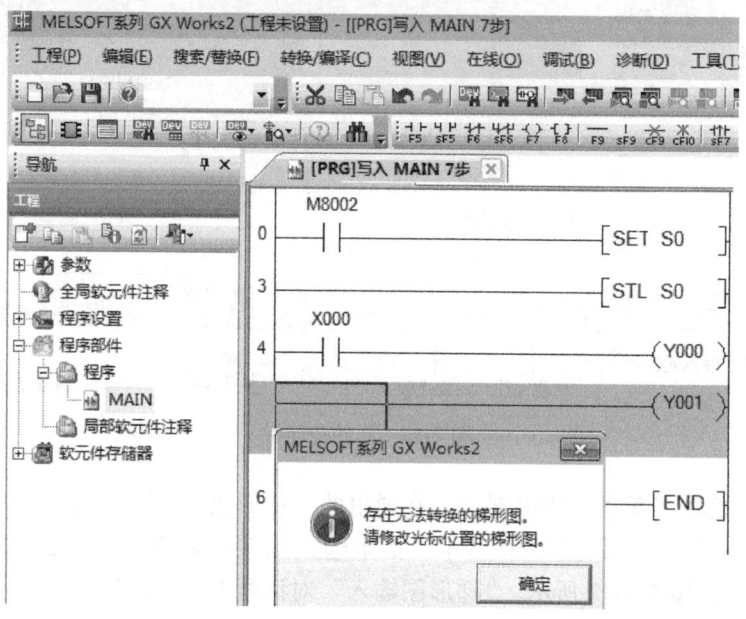

图 2-18 程序转换出错

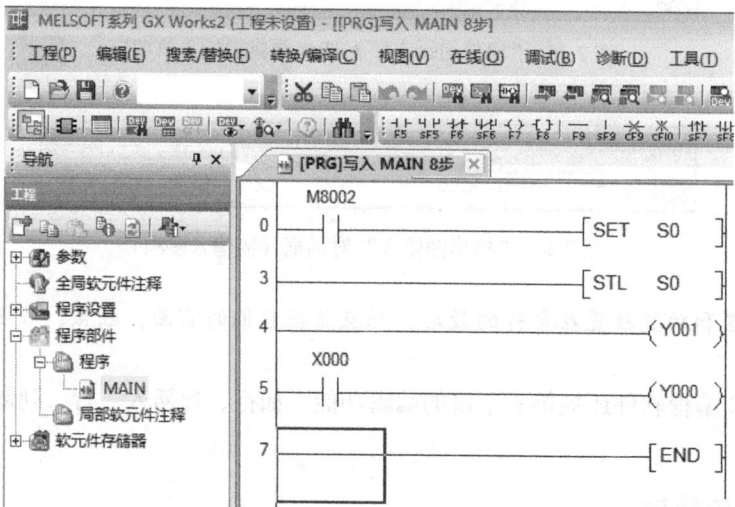

图 2-19 程序正确转换

## 四、创建软元件注释

软元件注释分为通用注释和程序注释两种。通用注释又称工程注释，如果在一个工程中创建了多个程序，通用注释在所有的程序中有效。程序注释是程序内的有效注释，它是一个注释文件，是在特定程序中有效。创建软元件注释操作步骤如下。

**1. 注释软元件**

在编程窗口左边"导航"窗口下，单击"全局软元件注释"，弹出所有软元件注释编辑界面"软元件注释 COMMENT"，选中需创建注释的软元件名，在其后"注释"栏中输入名称。例如，在"注释"栏中选中"X0"对应行，输入"起动"注释，如图 2-20 所示。注释栏不能超过 32 个字符。

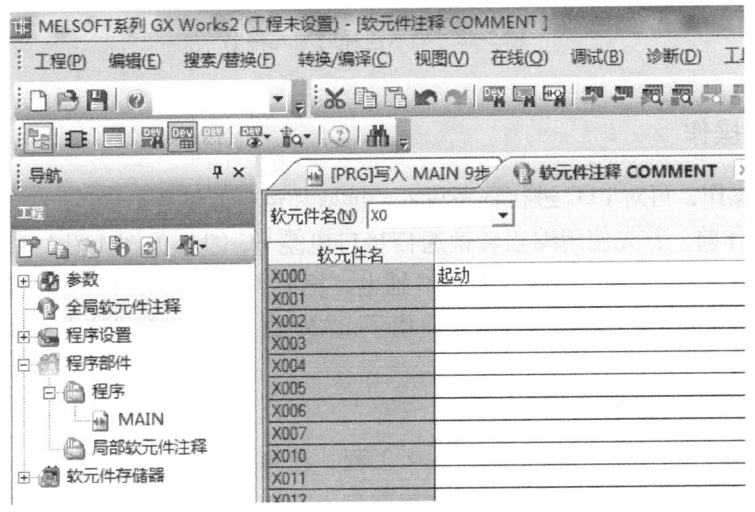

图 2-20　注释软元件名

**2. 查看注释软元件名**

在菜单栏选择"视图"→"注释显示"，如图 2-21 所示。这时，在梯形图窗口可看到"X0"软元件下面有"起动"注释显示，如图 2-22 所示。

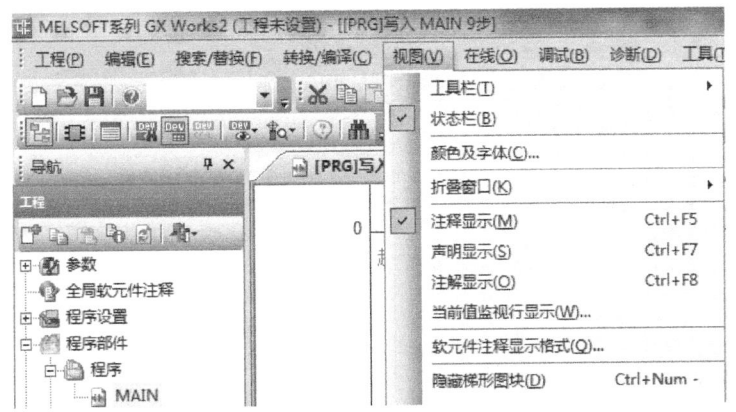

图 2-21　选中"注释显示"

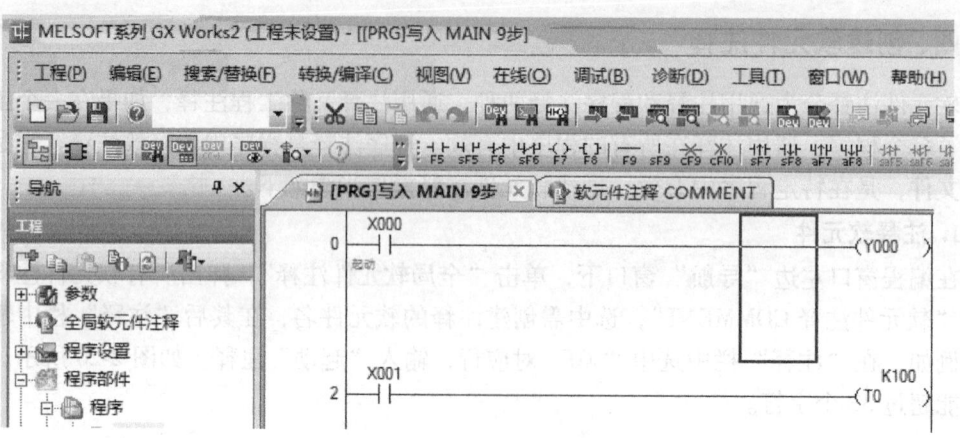

图 2-22　显示注释的软元件名

### 五、在线操作

通过在线操作，可对 PLC 进行程序写入、读取和运行监试等。

对 PLC 操作前，首先使用编程转换通信接口电缆 SC-09（见图 1-3b）将编程计算机的 COM 串口和 PLC 的编程接口连好。将 PLC 通电，把 PLC 的 RUN/STOP 开关扳动到 STOP 位置或者选择"远程操作"菜单项。如果使用了 RAM 或 EEPROM 存储卡，应将写保护开关扳动到 OFF 位置。

**1. PLC 程序写入操作**

用 GX Works2 打开一个工程或新建一个工程，在菜单栏选择"在线"→"PLC 写入"，或单击工具栏图标 ，如图 2-23 所示。将程序写入到相应类型的 PLC 中。在弹出的对话框中，如图 2-24 所示，单击"参数+程序"或者"全选"按钮，则可看到程序写入的"步数"。然后，选择该对话框中"执行"选项，程序则写入 PLC 中。

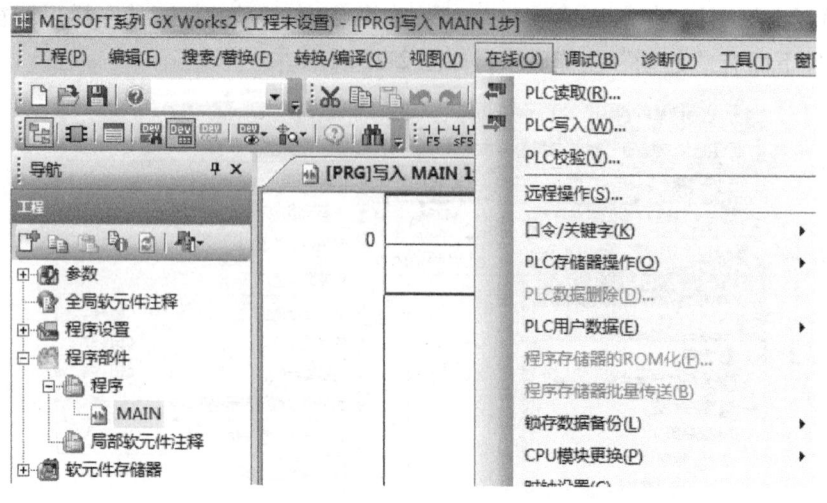

图 2-23　选择"PLC 写入"

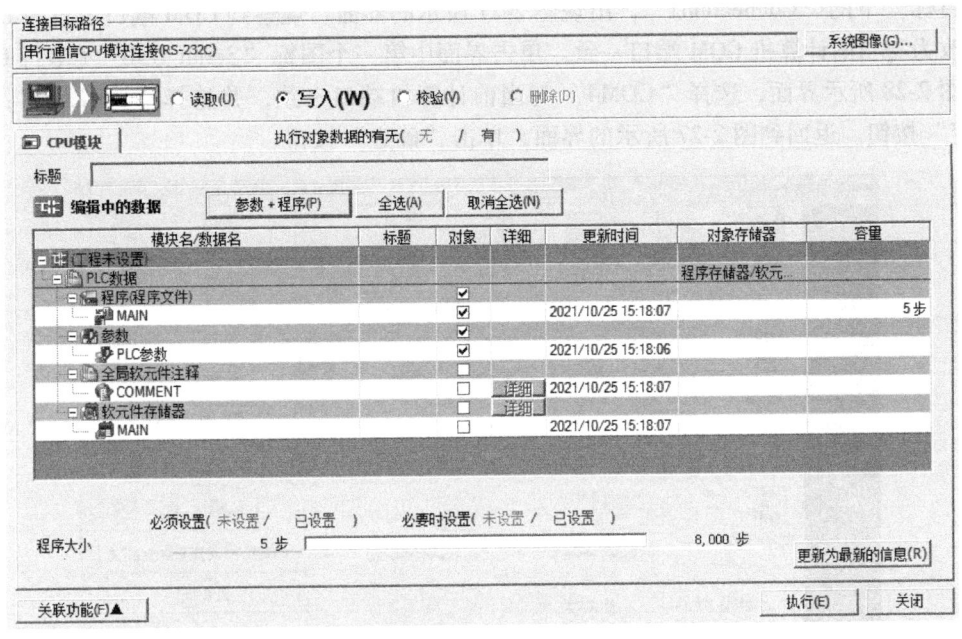

图 2-24　程序写入选项

## 2. 通信设置与测试

在写入、读取 PLC 程序或者运行监试前必须进行通信设置与测试。

（1）通信设置

1) USB 接口通信设置。在应用 USB 接口通信线缆写入程序时，显示 COM 端口设置出错，如图 2-25 所示。COM 端口正确设置方法。

① 查找当前计算机 USB 接口通信线缆 COM 端口号。单击"我的电脑（计算机）"→"设备管理器"，单击"端口"前的三角符号，如图 2-26 所示，观察到端口为 COM4。

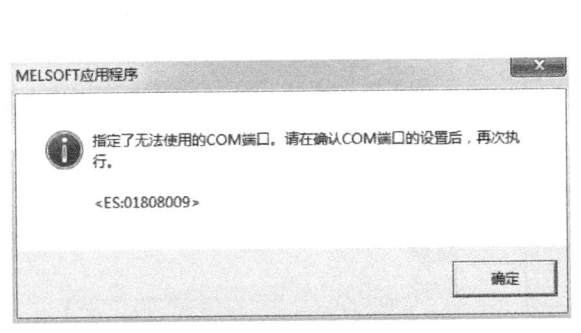

图 2-25　COM 端口设置出错

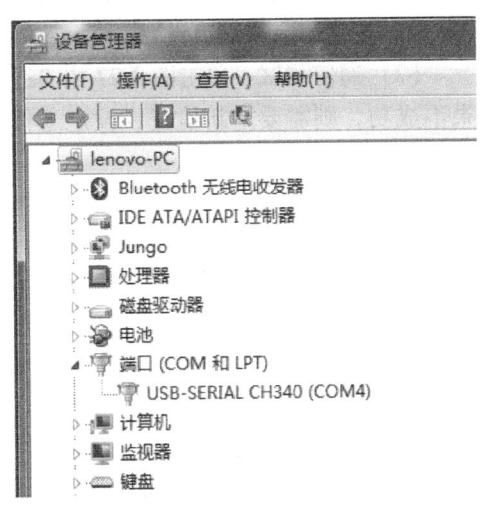

图 2-26　查找 USB 接口 COM 端口号

② PLC 连接目标（COM 端口）设置。在编程窗口左侧"连接目标"栏，单击"当前

连接目标"下的"Connection1",出现图 2-27 所示的界面,观察到 COM 端口设置为 COM1,应修改为与当前计算机 COM 端口一致。单击界面中第一个图标"Serial USB"(串行 USB),出现图 2-28 所示界面,选择"COM4"与当前计算机端口一致,并选择"RS-232C",单击"确定"按钮。返回到图 2-27 所示的界面,单击"确定"按钮。

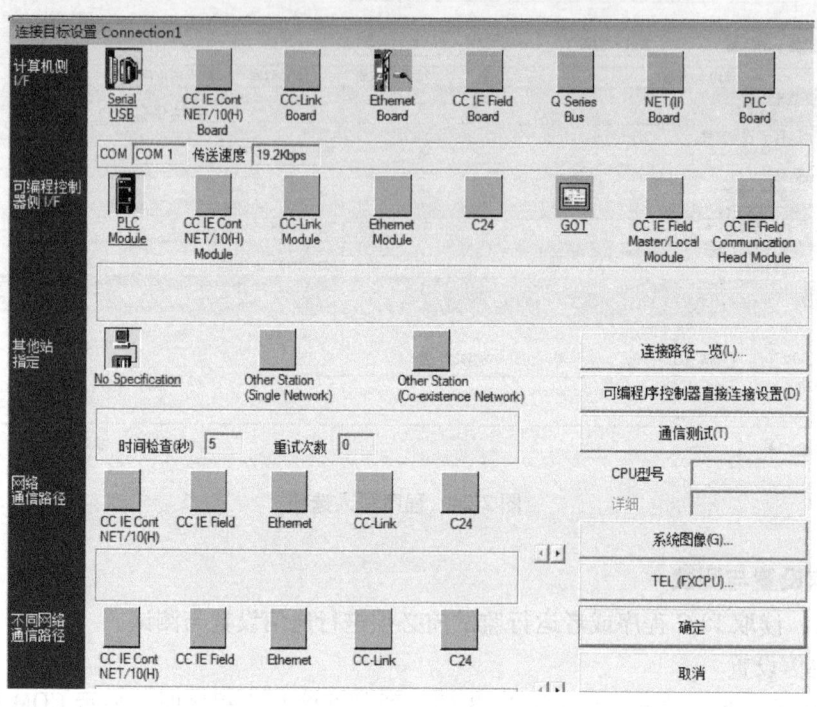

图 2-27　连接目标设置 Connection1

2)COM 串口通信设置。将串口通信线缆 SC-09 与计算机背后的 COM 端口连接,单击图 2-27 中的"可编程序控制器直接连接设置"按钮,COM 端口自动设置为"COM1",单击"确定"按钮即完成端口设置。

(2)通信测试　单击图 2-27 中"通信测试"按钮,显示测试成功,如图 2-29 所示。如果不成功,则需要重新检查、设定通信设置,直至成功。然后,单击"系统图像"按钮,

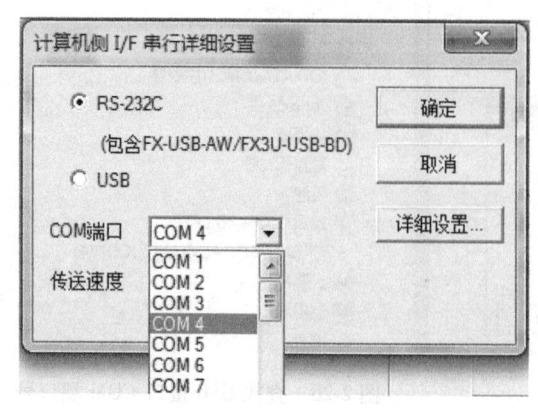

图 2-28　正确设置 COM 端口

图 2-29　通信测试成功

核对系统构成图像，检查串口与 PLC 的 CPU 通信，如图 2-30 所示。

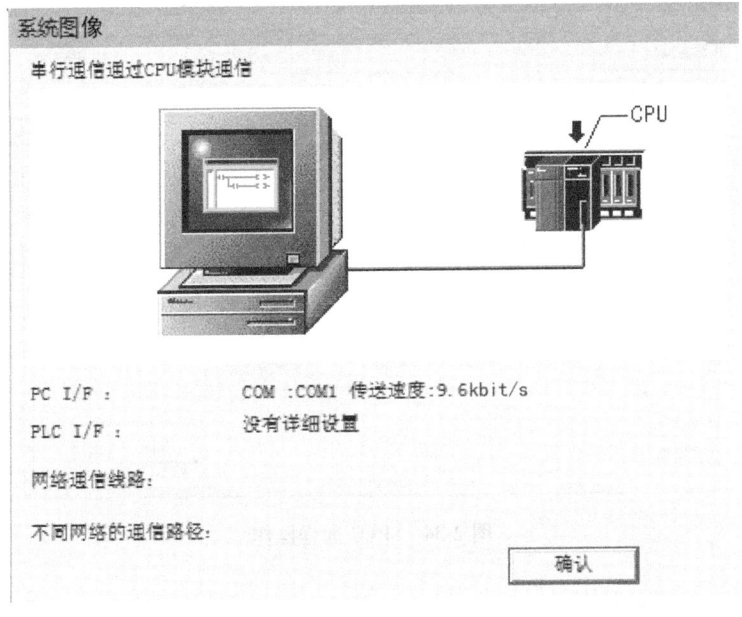

图 2-30　核对构成图像

通信设置与测试完成后，单击"确认"按钮，弹出图 2-31 所示对话框，单击"是"按钮。图 2-32 所示为 PLC 程序写入过程。PLC 程序写入完成如图 2-33 所示。如果写入不成功，则需返回到前面各步检查，再试，直到成功。

说明：通信设置与测试可以放在 PLC 程序写入操作之前进行。

图 2-31　PLC 写入操作选择

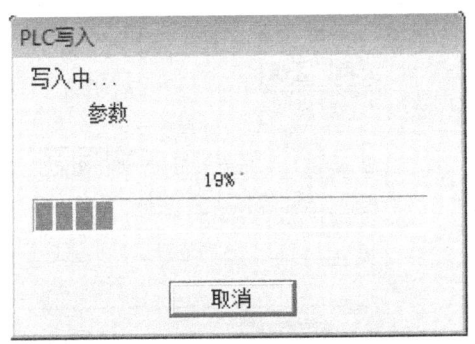

图 2-32　PLC 程序写入过程

图 2-33　PLC 程序写入完成

### 3. 远程操作

写程序或运行 PLC 程序时，需扳动 PLC 上的 RUN/STOP 开关，次数多了，容易把它损坏。采用该软件的"远程操作"，既方便又解决了损坏硬件的问题。

在 GX Works2 工程界面，在菜单栏中选择"在线"→"远程操作"，出现图 2-34 所示的界面，根据需要选择 RUN 或者 STOP，等待相应的指示灯亮起后单击"关闭"按钮即可。

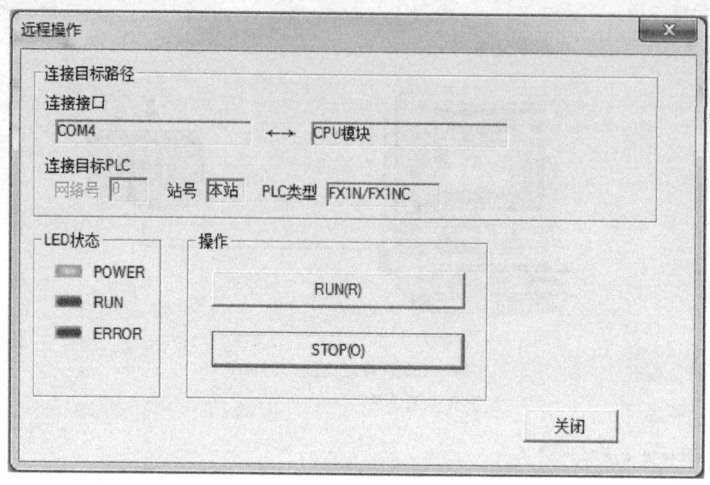

图 2-34　PLC 远程操作

**4. PLC 内程序的读取**

当 PLC 内有程序时，可将 PLC 程序读取到相应的软件中，操作步骤与写入类同。在 GX Works2 编程软件中创建一个新工程，在菜单栏上选择"在线"→"PLC 读取"，或者单击工具栏上的图标，可将 PLC 中程序读取到计算机中。

**5. 运行监视**

在 GX Works2 编程软件中打开 PLC 中正在运行的程序，在菜单栏上选择"在线"→"监视"→"监视模式"，如图 2-35 所示，可在计算机上观察到 PLC 运行情况。置 ON 的元件，梯形图符号显示为蓝色，如图 2-36 所示。在监视窗口上方显示 PLC 程序扫描时间为 1ms，如图 2-37 所示。

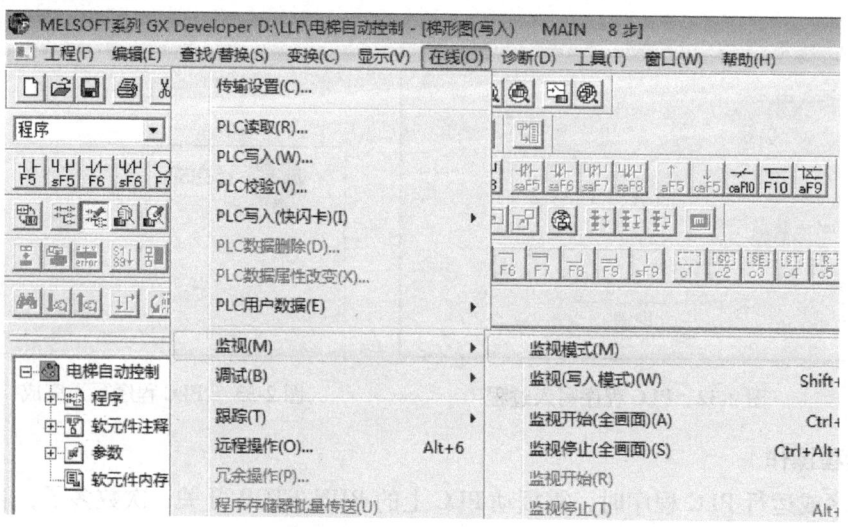

图 2-35　监视模式操作方法

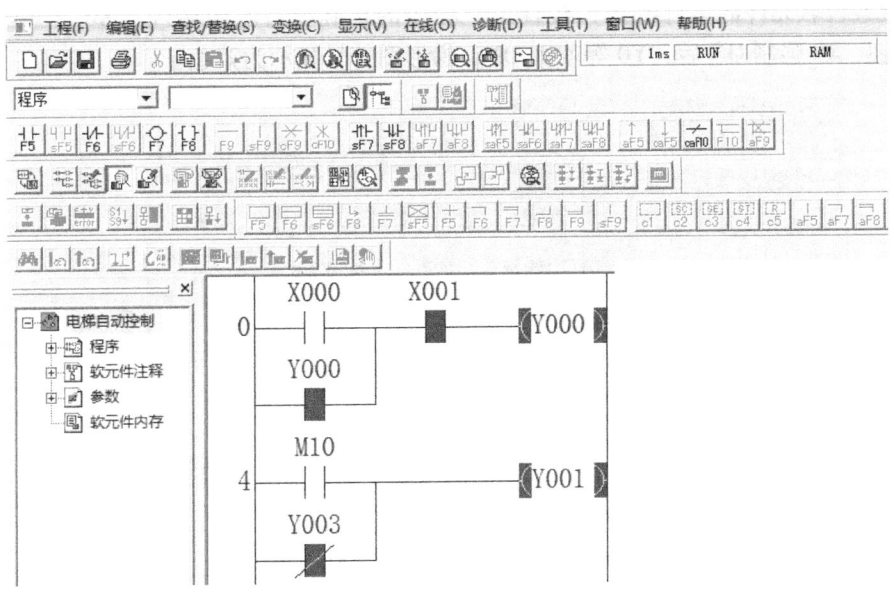

图 2-36 监视状态

## 6. 程序调试

程序调试的功能是将创建的工程程序写入 PLC 后通过软元件测试来调试程序。

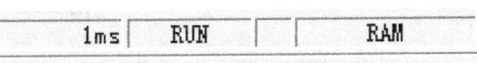

图 2-37 PLC 扫描时间状况显示

在菜单栏上选择"在线"→"调试"→"软元件测试",如图 2-38 所示,或者单击工具栏上的快捷图标,进入调试状态。以前述的电梯自动控制工程为例,将程序运行于监视模式,在图 2-39 所示对话框的"软元件"列表框中输入需要调试的软元件,单击"强制 ON"或"强制 OFF"或"强制 ON/OFF 取反"

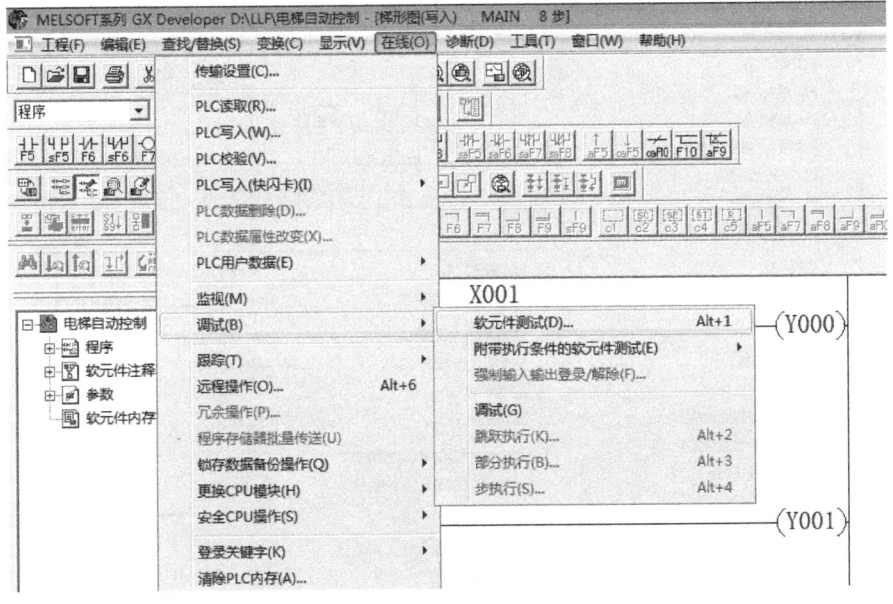

图 2-38 程序调试选项

按钮。观察位软元件的运行状态，检查用户程序的正确与否。如输入"X0"，单击"强制 ON"按钮，X0 强制 ON 后，Y0 等就置 ON，梯形图符号显示为蓝色。

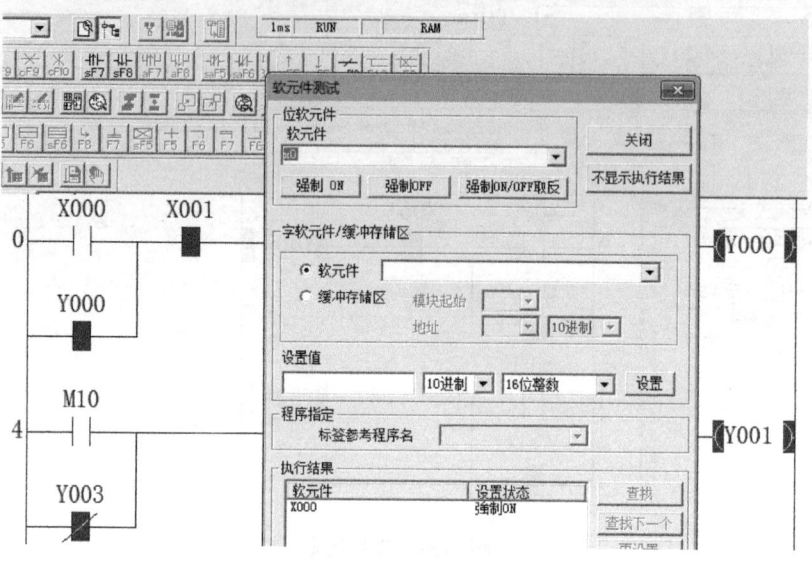

图 2-39　程序调试方法

**7. 在监视状态下修改梯形图程序**

在 PLC 与计算机通信良好且显示为梯形图时，在菜单栏上选择"在线"→"监视"→"监视（写入模式）"，如图 2-40 所示，启动程序监视（写入模式），在这种模式下就可以在线修改程序，并实时写入 PLC，改变 PLC 运行状态。在弹出的对话框中确认相应选项和进行 PLC 校验，如图 2-41 和图 2-42 所示。

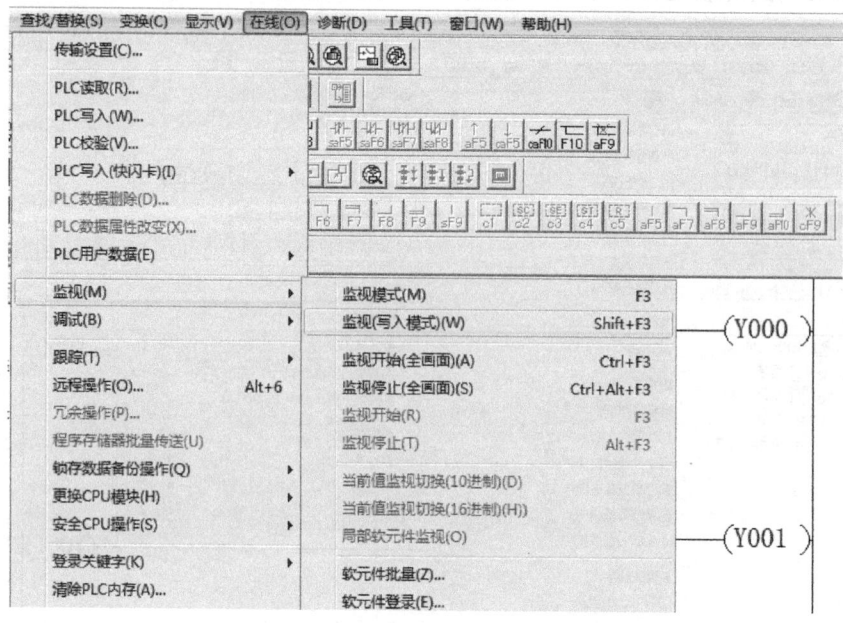

图 2-40　监视（写入模式）操作方法

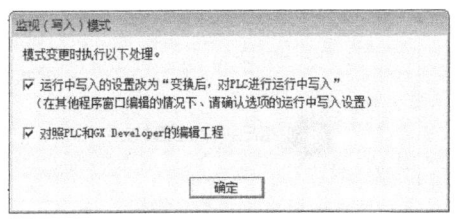

图 2-41 监视（写入）模式下确认选项

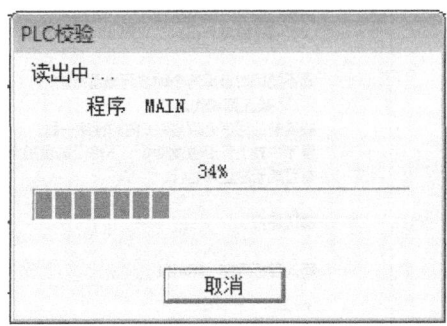

图 2-42 PLC 校验

现以图 2-43 中 Y003（光标处为选中）修改为 X003 为例，双击"Y003"，出现"梯形图输入"对话框，如图 2-44 所示，将 Y003 改为 X003，其他不变，如图 2-45 所示，单击"确定"按钮。修改处变成灰色，等待转换，如图 2-46 所示。在菜单栏上单击"转换/编译"→"转换（运行中写入）"。弹出转换确认对话框，如图 2-47 所示。转换结束，数据已写入，单击"确定"按钮即可，如图 2-48 所示。

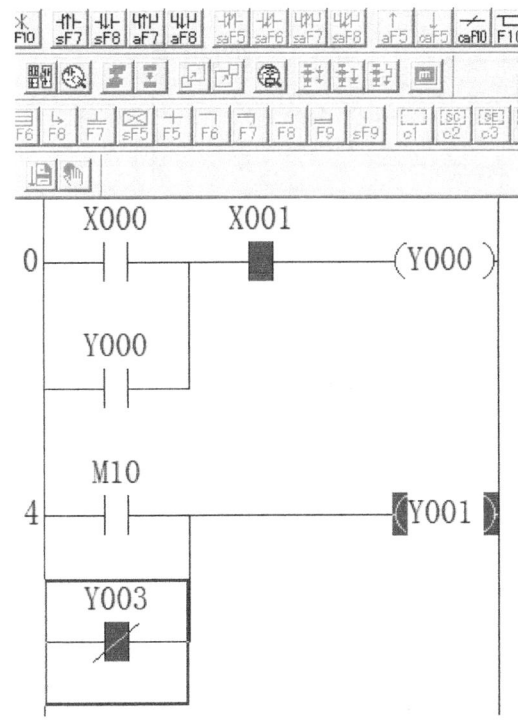

图 2-43 待修改梯形图

图 2-44 待修改梯形图软元件输入对话框

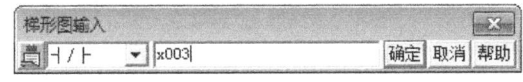

图 2-45 梯形图软元件修改输入对话框

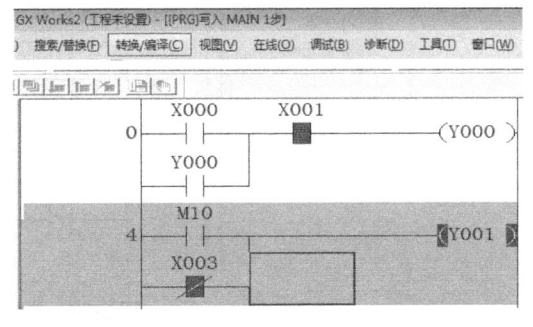

图 2-46 修改处梯形图变成灰色

在图 2-49 中可以看到 Y003 已改为 X003。在 PLC 上接通 COM 与 X3，窗口的 X3 动断（常闭）触点显示为断开状态，如图 2-50 所示，说明梯形图程序修改成功。

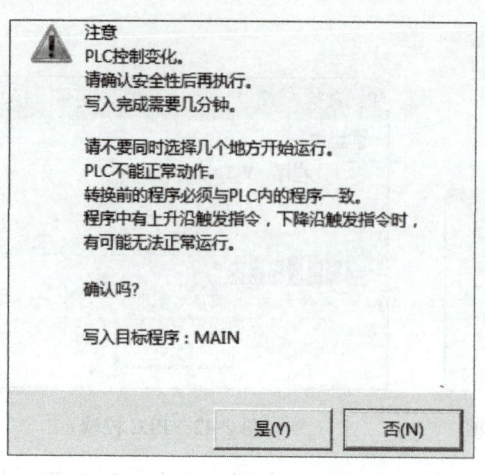

图 2-47 转换确认对话框　　　图 2-48 转换结束确认对话框

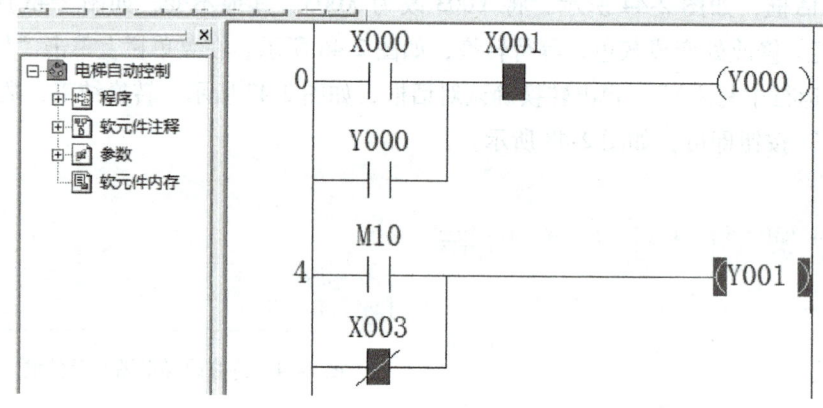

图 2-49　Y003 成功修改为 X003

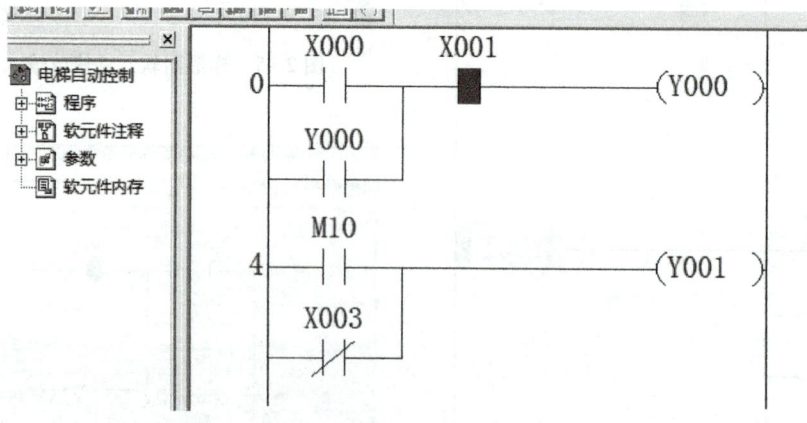

图 2-50　梯形图程序修改成功

## 合作与探究

1）做好编程计算机与 PLC 的通信连接（用电缆 SC-09 连接），将 PLC 输入端子的公共端 COM 连接一根线备用。给 PLC 电源端子上电。

2）将图 2-51 所示的梯形图输入到计算机中。

3）将编写完成的梯形图转换、传送（写入）到 PLC 中（传送前应将 RUN/STOP 开关扳动到 STOP 位置）。

4）在编程界面监视 PLC 运行状态。用连接在 COM 端的导线分别与 X0、X1 相连，观察监视界面中各元件的变化，并讨论 X0、X1 的变化。

5）将 PLC 中的程序读入到编程计算机中并保存。

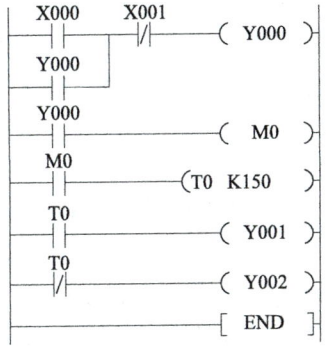

图 2-51　梯形图

## 任务评价

此任务的评价标准见表 2-2。

表 2-2　评价标准

| 项目 | 配分 | 评价标准 | 得分 |
| --- | --- | --- | --- |
| 编程计算机与 PLC 的连接 | 10 | 正确连接编程计算机与 PLC，PLC 上电正确 | |
| 梯形图输入 | 30 | 方法正确、熟练 | |
| 程序的写出/读入操作 | 15/10 | 写出/读入操作方法正确、熟练 | |
| X0、X1 输入与监控 | 25 | X0、X1 输入方法正确，通过监控能理解其意义 | |
| 团队协作与纪律 | 10 | 遵守纪律，团队协作好 | |

## 思考与提高

1）PLC 程序写入操作前应把 PLC 的 RUN/STOP 开关_____位置，方法是在菜单栏选择_____→_____，在弹出的对话框中单击_____，然后，选择该对话框中_____选项，在"指定范围"栏下选择_____或者_____，后者可缩短写入时间。

2）运行监视的操作方法：_____。

3）简述在监视状态下修改梯形图程序的方法。

4）如图 2-51 所示梯形图，输入 X0、X1 时，通过监视发现它们有什么变化？怎样理解？

# 小　结

1）PLC 编程软件的安装与其他应用软件安装的方法一样，选择安装路径后，按照"下一步"提示完成安装。

2）新建与打开文件。在创建新的工程文件过程中一定要正确选择 PLC 的型号，否则，编写的程序无法写入到 PLC 中。已创建的工程文件应在相应编程软件中打开。

3）文件保存。在创建新的工程文件之前应在除 C 盘外的其他盘中新建一个文件夹，将新创建的工程文件保存到该新建文件夹中。

4）元件的放置与编辑。在编程界面，根据需要从功能图或工具栏等中选取元件（熟悉功能图中各元件的功能），用键盘输入相应的软元件号，如果输入元件有多项，各项之间用空格键隔开，如"T0　K100"。"输入元件"对话框中的字母符号不区分大小写。删除连线或元件可直接用<Delete>键或菜单中的"剪切"选项，这与一般的应用软件的编辑是相同的。

5）程序的转换。编写完成的梯形图必须转换格式后才能被保存或写入到 PLC 中运行，一般在程序编写的过程中边编写边保存较好。梯形图转换时界面由灰色变成白色，如果梯形图有错误，将出现错误信息，不能转换。

6）程序的写入与读取。程序编写完成后，将编程计算机的 COM 串口和 PLC 的编程接口（RS-422）连好，并设置好编程计算机的通信参数和端口。下载程序参数前把 PLC 的 RUN/STOP 开关置于 STOP 位置。在写入程序时，在弹出的界面中选择"指定步数"，以减少写入的时间。读取 PLC 中程序与写入操作方法类似。

7）PLC 的监视。PLC 的监视可以监测到 PLC 内部元件运行状态。元件变为蓝色表示接通、运行。在编程界面菜单栏上单击"在线"→"监视"→"监视模式"，或者单击工具栏上的监视图标，进入监视界面。

8）程序调试。将创建的工程程序写入 PLC 后通过强制软元件的状态来测试调试程序。在菜单栏上单击"在线"→"调试"→"软元件测试"，选择"强制 ON"或"强制 OFF"或"强制 ON/OFF 取反"，观察软元件的运行状态，检查用户程序的正确与否。运行软元件的梯形图符号显示为蓝色。

# 模块三　三菱PLC基本指令编程

- 常见的继电接触器控制电路转化为PLC梯形图的编程方法。
- 三菱PLC内部辅助继电器M、定时器T、计数器C等软元件的应用，三菱PLC指令表的用法。
- PLC的基本编程思路及外部电路的安装和接线方法。
- 通过计算机对PLC程序进行调试、修改及运行状态的监控。

## 任务一　用PLC实现三相异步电动机连续运行控制

 **任务目标**

1) 能将用继电接触器控制的三相异步电动机连续运行电路转变为PLC梯形图。
2) 懂得PLC程序设计步骤及PLC基本指令的意义与应用。

 **任务引入**

在电动机与电气控制技术课程中，我们学习了由继电器、接触器、按钮（或开关）等组成的继电接触器控制系统控制电动机的起动、反向、调速、停车等，大家对用接触器控制三相异步电动机连续运行的电路比较熟悉，如图3-1所示。本任务介绍用PLC实现三相异步电动机连续运行控制。

 **相关知识**

### 一、主电路

用PLC实现三相异步电动机连续运行控制的主电路与用接触器控制三相异步电动机连续运行的主电路是一样的。

### 二、控制电路

在继电接触器控制电路中，接触器KM的线圈由相关触点连接的电路驱动，如图3-1b

所示。在 PLC 控制电路中，KM 线圈与 PLC 输出继电器 Y 的输出点（Y0、Y1、Y2 等）相连接，由 PLC 驱动。这里设定 Y0 与 KM 线圈相连接，起动按钮 SB1、停止按钮 SB2、热继电器 KH 常闭触点等作为输入量分别与 PLC 的输入端子 X0、X2、X4 相连接，如图 3-2 所示。因此，可确定 I/O 地址（编号）的分配，见表 3-1。

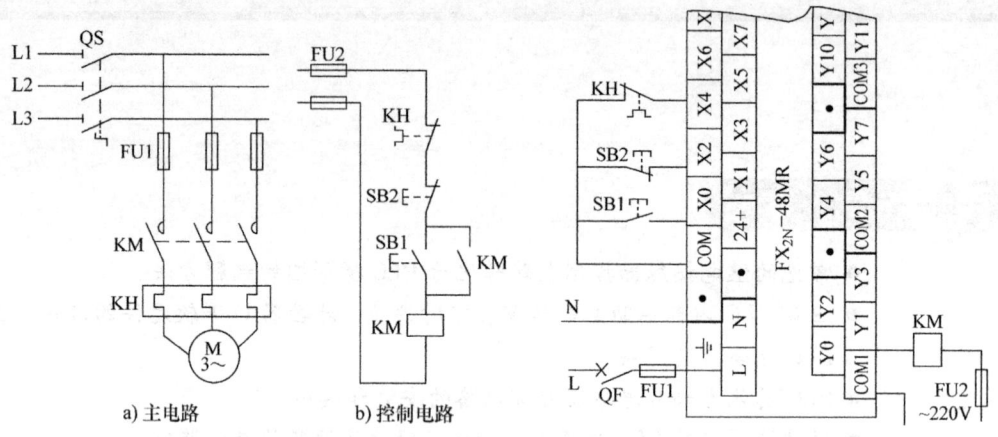

图 3-1　接触器控制三相异步电动机连续运行的电路　　图 3-2　PLC 的输入/输出接线图

表 3-1　I/O 地址（编号）分配表

| 输入（I） | | 输出（O） | |
|---|---|---|---|
| 地址编号 | 名称与代号 | 地址编号 | 名称与代号 |
| X0 | 起动按钮 SB1 | Y0 | KM 线圈 |
| X2 | 停止按钮 SB2 | | |
| X4 | 热继电器 KH | | |

### 三、常闭触点输入在梯形图中的处理

在继电接触器控制电路中停止按钮总是采用常闭触点。在 PLC 控制电路中，如果输入端（X0、X1 等）采用常闭触点输入，如图 3-2 中 X2、X4，则它们对应的输入继电器线圈 X2 、 X4 得电，相应的常开、常闭触点动作，即常开触点闭合、常闭触点断开，但在梯形图中只能出现输入继电器的常开、常闭触点，而不能出现输入继电器的线圈。因此，如果 PLC 的输入为常闭触点，其在梯形图中应为常开触点（请理解图 1-14 所示的输入继电器电路和图 1-18 所示的 PLC 控制系统等效电路）。所以，对于停止按钮和热继电器的输入可采用两种方法处理。方法一：停止按钮和热继电器采用常闭触点输入，则其在梯形图中应为常开触点（这与继电接触器控制图相反）；方法二：停止按钮和热继电器采用常开触点输入，则其在梯形图中应为常闭触点（这与继电接触器控制图相同）。生产实践中，停止按钮和热继电器一般采用常闭触点，这样有利于提高操作的灵敏性，保障生产安全。

**注意：** 起动按钮输入触点为常开，其在梯形图中应仍为常开触点。

### 四、梯形图程序设计与原理分析

对照继电接触器控制电路图（见图 3-1b）进行梯形图程序设计，输入触点采用上述方

法一，输出继电器为 Y0 对应 KM，则电动机连续运行控制的梯形图程序设计如图 3-3 所示。

在图 3-3 中，左右两边的长竖线为左、右母线，相当于继电接触器控制电路中的电源线。当 PLC 上电时，由于停止按钮 SB2 和热继电器 KH 采用常闭触点输入，则对应输入继电器 X2、X4 的线圈得电，其常开触点 X2、X4 闭合。按下起动按钮 SB1，常开触点 X0 闭合，则输出继电器 Y0 线圈得电，Y0 的常开触点闭合自锁，使交流接触器 KM 线圈得电，KM 主触点闭合，电动机得电连续运行；按下停止按钮 SB2，输入继电器 X2 的线圈失电，其常开触点 X2 恢复断开，Y0 线圈失电，Y0 的常开触点恢复断开解除自锁，KM 线圈失电，KM 主触点断开，电动机失电停止运行。

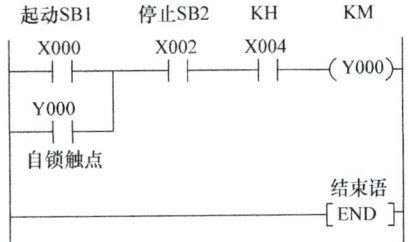

图 3-3　电动机连续运行控制梯形图（方法一）

如果电动机过载，KH 常闭触点断开，X4 断开，Y0 线圈失电，电动机失电停止运行。

### 合作与探究

1）按图 3-2 所示准备好训练材料并按图示接线。

2）做好编程计算机与 PLC 的通信连接，并将 PLC 的开关置于 STOP（编程状态），编写电动机连续运行控制的梯形图，检查无误后下载到 PLC 中。

3）将 PLC 的开关置于 RUN（程序运行状态），用编程计算机监控程序运行情况并观察 PLC 运行情况。

① 按下/松开起动按钮 SB1，观察 X0、Y0 的动作情况与变化。

② 按下停止按钮 SB2，观察 X2、Y0 的动作情况与变化。

4）如果停止按钮和热继电器采用常开触点输入（即方法二），请编写电动机连续运行控制的梯形图并重做上述 3）的过程。停止按钮和热继电器采用常开触点输入控制电动机连续运行的梯形图如图 3-4 所示。其工作原理请自行分析。

指令语句表是 PLC 可识读的语言。用计算机编写的梯形图程序必须转换/编译成指令语句表的形式才能写入到 PLC 中。PLC 不能识读梯形图语言。早期的 PLC 编程是用手持式编程器编写程序，采用的是指令语句表的形式。图 3-5 所示是电动机连续运行控制语句表，各指令的含义如下。

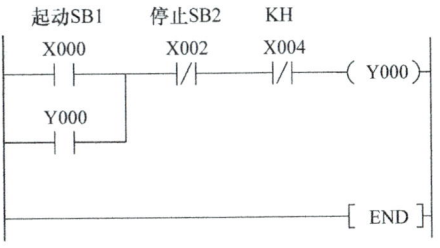

图 3-4　电动机连续运行控制梯形图（方法二）

```
0    LD     X000              0    LD     X000
1    OR     Y000              1    OR     Y000
2    AND    X002              2    ANI    X002
3    AND    X004              3    ANI    X004
4    OUT    Y000              4    OUT    Y000
5    END                      5    END
      a) 指令表(方法一)              b) 指令表(方法二)
```

图 3-5　电动机连续运行控制语句表

## 一、LD 与 LDI 指令

LD 与 LDI 指令分别用于常开、常闭触点与左母线连接,其操作的目标元件(操作数)为 X、Y、M、T、C、S,其用法分别如图 3-6、图 3-7 所示。

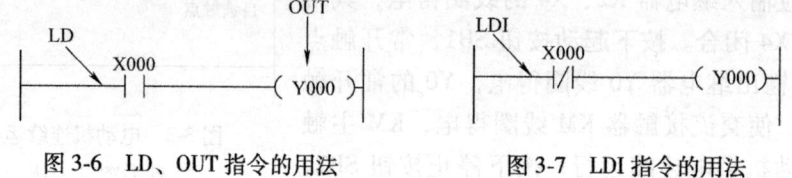

图 3-6  LD、OUT 指令的用法　　　　图 3-7  LDI 指令的用法

## 二、OUT 指令

OUT 指令是驱动线圈输出指令,用于将程序段的逻辑运算结果去驱动一个指定的线圈,其用法如图 3-6 所示。OUT 指令可驱动输出继电器、辅助继电器、定时器、计数器、状态继电器和功能指令等,但不能驱动输入继电器,其目标元件为 X、Y、M、T、C、S。OUT 指令可并行输出,在梯形图中相当于线圈并联,注意输出线圈不能串联使用。对定时器、计数器的输出,除使用 OUT 指令外,还必须设置时间常数 K 或指定数据寄存器的地址,设置时间常数 K 要占用一步。

## 三、AND 与 ANI 指令

AND 与 ANI 指令分别用于继电器的常开、常闭触点与其他触点的串联。AND 与 ANI 指令操作的目标元件为 X、Y、M、T、C、S,其应用如图 3-8 所示。

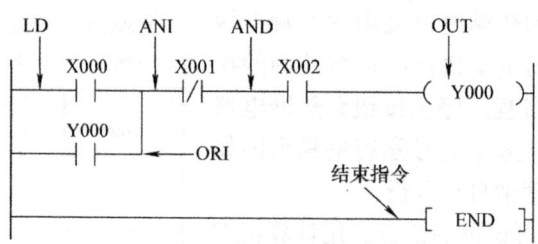

图 3-8  指令的应用

## 四、OR 与 ORI 指令

OR 与 ORI 指令分别用于并联单个常开、常闭触点,表示 OR、ORI 指令后的操作元件从此位置一直并联到离此条指令最近的 LD 或 LDI 指令上,并联的数量不受限制,其应用如图 3-8 所示。

## 五、END 指令

END 指令表示程序结束返回程序开始。完整的程序必须有 END 指令,如图 3-8 所示。

 **任务评价**

此任务的评价标准见表 3-2。

表 3-2 评价标准

| 项目 | 配分 | 评价标准 | 得分 |
|---|---|---|---|
| 程序设计 | 40 | 根据任务和控制要求，列出 PLC 输入/输出分配表，画出 PLC 外围接线图，设计梯形图 | |
| 梯形图输入与写出操作 | 10 | 方法正确、熟练 | |
| 安装元件与布线 | 30 | 在配电板上按要求配线和对 PLC 接线，配线方法正确、熟练，工艺美观 | |
| 输入/输出监控 | 10 | 监控操作方法正确，通过监控能理解其意义 | |
| 团队协作与纪律 | 10 | 遵守纪律，团队协作好 | |

 **思考与提高**

1) 停止按钮和热继电器的常闭触点在 PLC 的梯形图编程中如何处理？

2) 试一试：在三菱 FXGP-WIN-C 编程界面用键盘输入如下语句指令，观察其梯形图并分析功能。

语句指令：LD X0；OR Y0；ANI X1；OUT Y0；LD X2；OR Y1；ANI X2；AND Y0；OUT Y1；END。

## 任务二 用 PLC 实现三相异步电动机正反转控制

 **任务目标**

1) 能熟练地将继电接触器控制的三相异步电动机正反转电路转变为 PLC 梯形图。
2) 在计算机监控状态下观察 PLC 内部软元件联锁的情形并能理解其意义。

 **任务引入**

用按钮、接触器双重联锁控制三相异步电动机的正反转运行，在安装接线时比较繁琐，很容易接错线，尤其是按钮联锁部分的接线更容易接错。如果用 PLC 程序完成控制电路，用 PLC 内部软元件进行联锁，那么安装接线就容易得多了。

 **相关知识**

可编程序控制器由于采用了与微型计算机相似的结构形式，其执行指令的过程与一般的微型计算机相同，但是其工作方式却与微型计算机有很大的不同。微型计算机一般采用等待命令的工作方式，如常见的键盘扫描方式或 I/O 扫描方式，当有键按下或 I/O 动作时，则转入相应的子程序；无键按下时，则继续扫描。PLC 则采用循环扫描的方式，其

工作过程如图 3-9 所示。

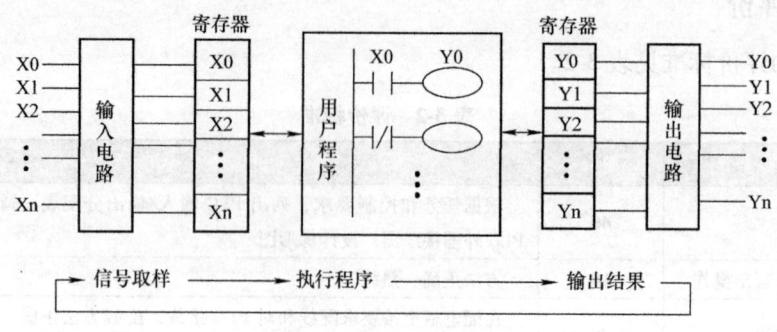

图 3-9　PLC 的工作过程

## 一、初始化

可编程序控制器每次在电源接通时，将进行初始化工作，主要进行清零，包括 I/O 寄存器和辅助继电器、定时器、计数器复位等。初始化完成后则进入周期扫描工作方式。

## 二、公共处理

公共处理部分主要包括以下内容：

1）监视钟清零。主机的监视钟实质上是一个定时器，PLC 在每次扫描结束后使其复位。当 PLC 在 RUN 或 MONITOR 方式下工作时，此定时器检查 CPU 的执行时间，当执行时间超出监视钟的整定时间时，表示 CPU 有故障。

2）输入/输出部分检查。

3）存储器检查及用户程序检查。

## 三、通信

PLC 检查是否有与编程器或计算机通信的要求，若有，则进行处理。如接收由编程器送来的程序、命令和各种数据，并把要显示的状态、数据、出错信息等发送给编程器进行显示。如果有与计算机通信的要求，也在这段时间完成数据的接收和发送任务。

## 四、读入现场信息

PLC 在这段时间对各输入端进行扫描，将各输入端的状态送入输入状态寄存器中，这就是输入取样阶段。以后 CPU 需查询输入端的状态时，只访问输入状态寄存器即可，而不再扫描各个输入端。

## 五、执行用户程序

PLC 的 CPU 将用户程序的指令逐条调出并执行，以对最新的输入状态和原输出状态（这些状态也称为数据）进行处理，即按用户程序对数据进行算术运算和逻辑运算，将运算结果送到输出状态寄存器中（注意，这时并不立即向 PLC 的外部输出），这就是用户程序执行阶段。

### 六、输出结果

当可编程序控制器将所有的用户指令执行完毕时，会集中把输出状态寄存器的状态通过输出部件向外输出到被控设备的执行机构，以驱动被控设备，这就是输出刷新阶段。

可编程序控制器经过公共处理到输出结果这五个阶段的工作过程，称为一个扫描周期。完成一个扫描周期后，又重新执行上述过程，扫描周而复始地进行。在每个扫描周期内，PLC 的程序是自上而下、从左到右地执行。扫描周期是 PLC 的重要指标之一，扫描时间越短，PLC 控制的效果越好。

扫描周期的长短取决于 PLC 的机型和用户程序的长短，所以用户在编写程序时，应尽可能地缩短其用户程序。

**合作与探究**

图 3-10 所示为按钮、接触器双重联锁控制三相异步电动机的正反转运行电路。怎样用 PLC 实现三相异步电动机正反转控制呢？

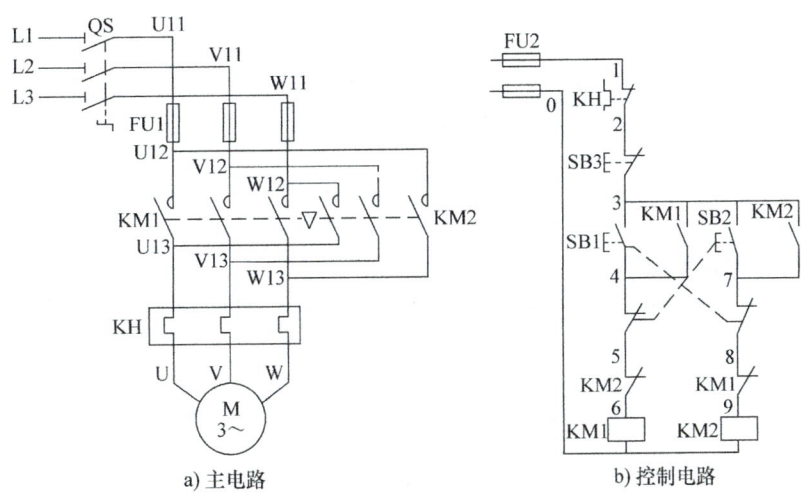

图 3-10　按钮、接触器双重联锁控制三相异步电动机正反转运行电路

用 PLC 控制三相异步电动机的正反转，它的主电路不变，只是用 PLC 程序完成其控制电路。从项目一的任务二中可知，PLC 的输入继电器 X 接收到外界信号被驱动后，其对应的常开软触点闭合，常闭软触点断开。如果将它的常闭软触点连接到相应的电路中，就可进行联锁控制。同样，输出继电器也可这样进行联锁控制。

### 一、用 PLC 程序实现三相异步电动机正反转控制的方法与步骤

**1. PLC 的 I/O 地址分配**

I/O 地址分配见表 3-3。

表 3-3　I/O 地址分配表

| 输入（I） | | 输出（O） | |
| --- | --- | --- | --- |
| 地址编号 | 名称与代号 | 地址编号 | 名称与代号 |
| X0 | 正转起动按钮 SB1 | Y0 | KM1 线圈 |
| X1 | 反转起动按钮 SB2 | Y1 | KM2 线圈 |
| X4 | 停止按钮 SB3/热继电器 KH | | |

### 2. PLC 接线图

PLC 输入/输出接线图如图 3-11 所示。

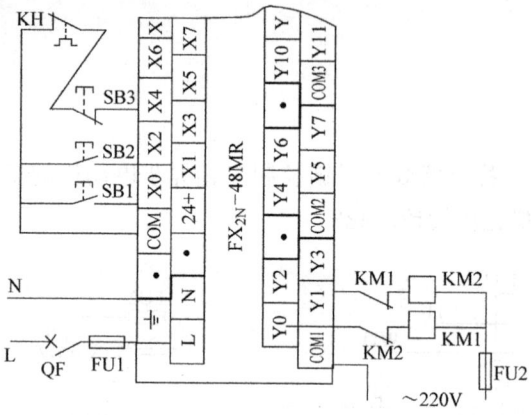

图 3-11　PLC 输入/输出接线图

### 3. 控制电路的程序设计

双重联锁的正反转控制电路程序设计如图 3-12 所示，其中图 3-12a 为梯形图，图 3-12b 为指令表。

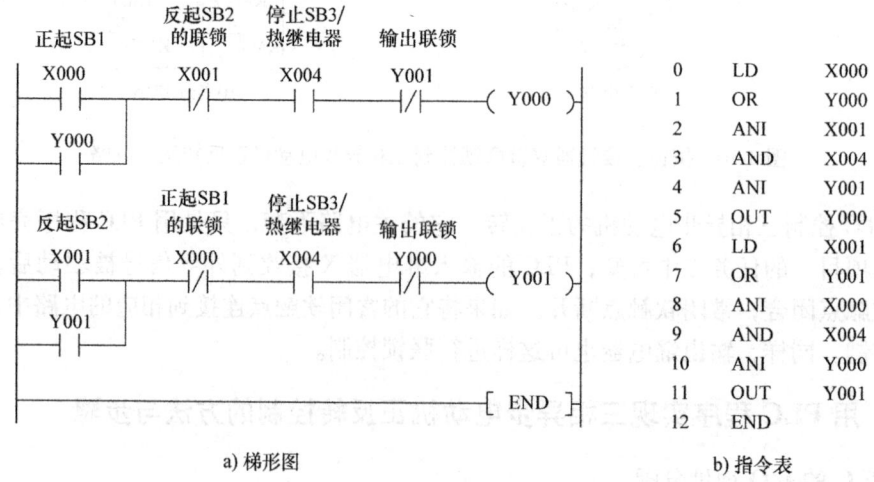

a) 梯形图　　　　　　　　　　　　b) 指令表

图 3-12　双重联锁的正反转控制电路程序设计

程序说明如下：

热继电器 KH 和停止按钮 SB3 采用常闭触点（串联），当 PLC 上电时，X4 闭合。按下正转起动按钮 SB1，X0 常开触点闭合，Y0 线圈得电，Y0 常开触点闭合自锁，电动机正转运行，同时 Y0、X0 的常闭触点断开，实现对 Y1 的联锁。反转电路的工作原理与此相同。当按下停止按钮 SB3 或热继电器 KH 动作时，电动机停止。

**4. 将程序输入到计算机并下载到 PLC 中**

**5. 按照主电路和 PLC 的 I/O 接线图接线，通电试验并通过计算机监控调试与修改**

提示：在梯形图中已经进行了 Y0、Y1 互锁，但为了保证在控制程序设计错误或 PLC 受到外界干扰而导致 Y0、Y1 同时输出的情况下，避免正、反转接触器 KM1、KM2 同时得电造成主电路短路，在 PLC 的外部加上 KM1、KM2 常闭触点进行联锁。这种联锁方式称为硬联锁，程序中 Y0、Y1 的常闭触点联锁称为软联锁。

## 二、小实验（一）：SET 与 RST 指令的应用

### 1. SET（置位）指令

SET 指令称为置位指令，即置 1（得电），其功能为：驱动指定线圈，使其具有自锁（或记忆）功能，维持接通状态。置位指令的操作元件是输出继电器 Y、辅助继电器 M 和状态继电器 S。SET 使操作元件置位后，必须用 RST 复位才能使操作元件失电。

### 2. RST（复位）指令

RST 指令称为复位指令，其功能是使指定线圈复位。复位指令的操作元件是输出继电器 Y、辅助继电器 M、状态继电器 S、积算定时器 T、计数器 C 以及字元件 D 和 V、Z。

SET、RST 是常用的功能指令，计算机输入时请用功能符号"〔 〕"。

将图 3-13a 所示的程序输入 PLC，分别让 X0 和 X1 接通、分断，观察 Y0 的变化。

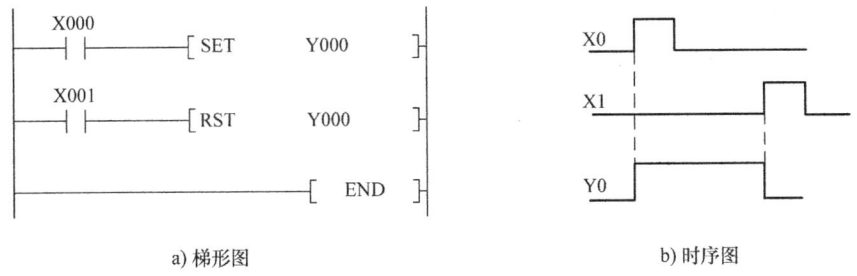

a) 梯形图　　　　　　　　　　　　　b) 时序图

图 3-13　置位、复位指令的应用

程序说明：当 X0 闭合，Y0 被强制置位即 Y0 线圈接通时，即使 X0 断开，Y0 也保持接通状态不变，即为自锁；当 X1 闭合，Y0 被强制复位（Y0 失电），并保持 Y0 失电状态不变时，直到下一次 X0 闭合，如图 3-13b 所示，若 X0、X1 同时得电，复位优先，Y0 处于复位状态。

图 3-13a 所示梯形图完成的功能与自锁电路所实现的功能是完全一样的。

### 三、小实验（二）：触点型边沿检出指令的应用

触点型边沿检出指令是常开触点在闭合的上升沿或断开的下降沿产生的信号，它包括上升沿检出指令和下降沿检出指令。上升沿检出指令仅在指定元件的上升沿（OFF→ON 变化）时，接通一个扫描周期。下降沿检出指令仅在指定元件的下降沿（ON→OFF 变化）时，接通一个扫描周期。触点型边沿检出指令的梯形图表示方法是在常开触点中间加上 "↑"（上升沿）、"↓"（下降沿），在梯形图中可串联也可并联。

请将图 3-14a 所示的程序输入 PLC，仔细观察各输出的变化。

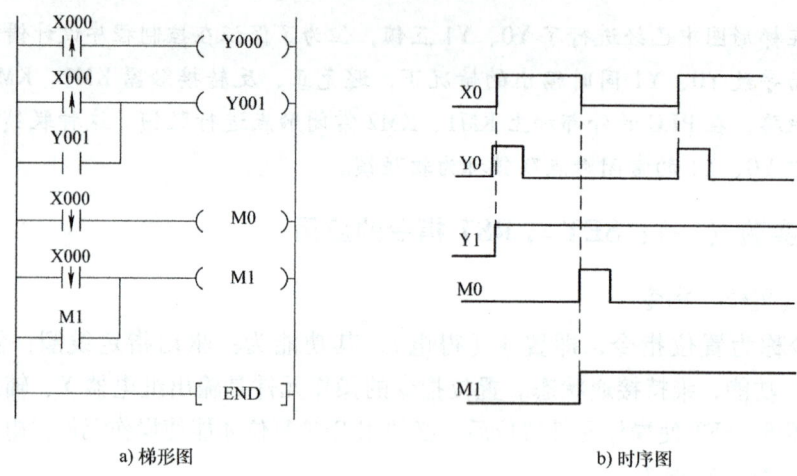

a) 梯形图　　　　　　　　　　　b) 时序图

图 3-14　触点型边沿检出指令的应用

**任务评价**

此任务的评价标准见表 3-2。

**思考与提高**

1）将图 3-13a 所示梯形图所完成的功能用自锁电路完成，请画出其梯形图。
2）将图 3-14a 所示的程序输入 PLC 后，用计算机监控各输出的情况是怎样变化的。
3）画出按钮联锁或接触器联锁的正反转控制电路的梯形图并输入 PLC 运行，它的 PLC 输入/输出接线图与图 3-11 相同吗？
4）画出由行程开关控制的自动往返控制电路的 PLC 输入/输出接线图和梯形图。

## 任务三　三相异步电动机点动与连续控制

**任务目标**

1）掌握 FX 系列 PLC 内部辅助继电器在编程中的使用。
2）学习 PLC 编程的逻辑思维方法。

3）学习输出端采用多个电源等级的接线方法。

## 任务引入

输入、输出（软）继电器是 PLC 与外部设备（或元器件）联系的窗口。但 PLC 内部有很多继电器，如辅助（中间）继电器、时间继电器、计数器等，它们既不能用来接收外部的用户信号，也不能用来驱动外部负载，只能用于编制程序，完成一定的功能，这些内部继电器的线圈和触点都只能出现在梯形图中。本任务主要介绍内部辅助继电器的特点、功能和在编程中的应用方法。

## 相关知识

### 一、辅助继电器（M）

PLC 中有许多辅助继电器，其作用相当于继电接触器控制电路中的中间继电器，常用于中间状态变换、存储或中间信号变换等。辅助继电器线圈的通断状态只能由内部程序驱动，如图 3-15 所示。每个辅助继电器都有无数对常开、常闭触点供编程使用，但它们的触点不能直接输出驱动外部负载，只能用于在程序中驱动输出继电器的线圈或其他继电器的线圈，再用输出继电器的触点驱动外部负载。

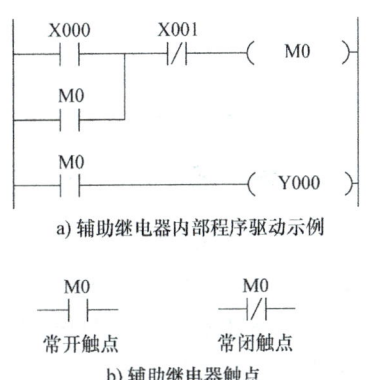

图 3-15 辅助继电器内部程序驱动图

在图 3-15a 中，X0 = ON→M0 线圈得电置 1，M0 常开触点闭合自锁→M0 线圈保持得电状态→M0 又一常开触点（梯形图第三行）闭合→Y0 线圈得电置 1。继电器 M0 线圈得电置 1，它的常开、常闭触点就动作，这与"硬继电器"在原理的分析上完全相同。图 3-15b 所示为辅助继电器常开、常闭触点的符号。PLC 中常开、常闭触点及线圈的符号是通用的，标注不同的文字符号，就代表不同的继电器，完成相应的功能。

辅助继电器可分为通用型和掉电保持型两种。

FX 系列通用型辅助继电器的编号为 M0~M499（共 500 点）。

FX 系列掉电保持型辅助继电器的编号为 M500~M1023（共 524 点）。

掉电保持型辅助继电器具有记忆功能，在掉电时，其储存的数据和状态由 PLC 内的锂电池保护，不会丢失。当电源恢复供电时即可再现掉电前的状态。在实际生产中，如 PLC 在运行时因某种原因突然停电，但有时需要保持停电前的状态，以使来电后机器可继续进行停电前的工作，这就需要应用掉电保持型辅助继电器。

图 3-16 所示为一个由电动机驱动的丝杠传动机构，滑块在丝杠上可以左右往复运动，如果辅助继电器 M500 及 M501 的状态决定电动机转向（设 M500 为右移控制继电器、M501 为左移控制继电器），那么在机构突然停电后又来电时，电动机仍可按掉电前的状态运行，直到碰到限位开关才发生转向的变化，其运行过程如下：

X0 = ON（左限位）→M500 = ON，M500 的常开触点闭合→Y0 = ON→滑块右移，右移过

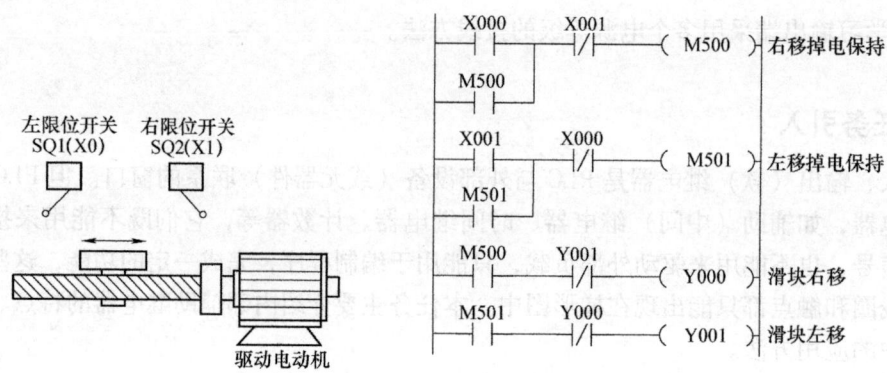

图 3-16　电动机驱动的丝杠传动机构及 PLC 控制梯形图

程中因故停电→滑块停止移动，但 M500 仍为 ON 状态，复电后，因 M500=ON，滑块继续右移→压合右限位开关 SQ2→X1=ON（右限位），X1 常闭触点断开，M500=OFF→Y0=OFF→滑块停止右移；此时，X0=OFF，X1=ON，M501=ON→Y1=ON→滑块左移……

提示：掉电保持型继电器是在 PLC 的供电电源突然掉电时，使其处于保持状态。如是输入外界信号使其停止，如按下停止按钮，则其不能保持原状态。

## 二、特殊辅助继电器

特殊辅助继电器是具有特定功能的继电器。特殊辅助继电器的编号为 M8000~M8255，共 256 点。根据使用的不同，特殊辅助继电器可以分为以下两大类：

1）线圈只能由 PLC 自行驱动，用户编程时只能利用其触点的特殊辅助继电器。这类特殊辅助继电器常用作时基、状态标志或专用控制元件出现在程序中，如下面几种特殊辅助继电器：

M8000——运行（RUN）监控，在 PLC 运行时自动接通。当 PLC 运行时，M8000 线圈一直处于接通状态，可以利用其触点驱动输出继电器 Y，在外部监视程序是否处于运行状态。

M8002——初始化脉冲，只在 PLC 开始运行的第一个扫描周期接通。每当 PLC 程序开始运行时，M8002 线圈接通一个扫描周期后即失电。因此，常用 M8002 的触点将短脉冲信号加至计数器、状态器等进行初始化复位。图 3-17 所示为特殊辅助继电器的工作波形。

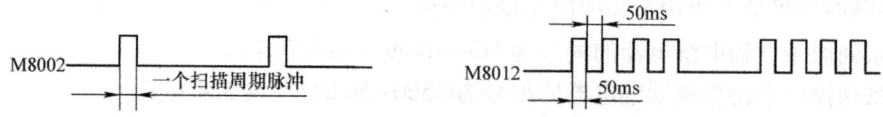

图 3-17　特殊辅助继电器的工作波形

M8012——100ms 时钟脉冲；M8013——1s 时钟脉冲。当 PLC 运行时，M8012、M8013 分别产生周期为 100ms、1s 的时钟脉冲。将它们的触点与输出继电器 Y 串联，可产生相应的闪烁信号；如将它们的时钟脉冲信号送入计数器作为计数信号，可起到定时器的作用。类同的还有 M8011——10ms 时钟脉冲，M8014——1min 时钟脉冲。

2）可驱动线圈型特殊辅助继电器。这类特殊辅助继电器的线圈可由用户驱动，线圈驱动后，PLC 将做特定动作，如下面几种特殊辅助继电器：

M8030——使 BATT LED（锂电池欠电压指示灯）熄灭。

M8034——禁止全部输出。当 M8034 线圈得电，所有输出继电器对外输出触点自动断开，而其他软继电器仍处于工作状态。因此，M8034 常用于紧急停机情况，以便在异常状态时切断全部输出。

M8040——当 M8040 线圈得电时，状态间的转移被禁止（用于步进指令）。

应注意的是，没有定义的特殊辅助继电器不可在用户程序中使用。

 **合作与探究**

### 一、三相异步电动机点动与连续控制的要求

1）按下起动按钮 SB1，电动机连续运行且绿色指示灯亮；按下停止按钮 SB3，电动机停止。

2）按下点动按钮 SB2，电动机点动运行，绿色指示灯每秒闪亮一次（即每秒闪烁一次）。指示灯采用 6.3V 的电源。

### 二、三相异步电动机点动与连续控制程序设计与接线的方法和步骤

**1. 主电路**

三相异步电动机点动与连续控制的主电路只需一个接触器，如图 3-18 所示。

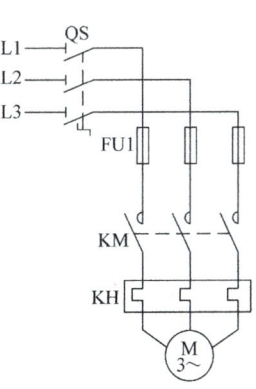

图 3-18 主电路

**2. 控制电路**

1）根据要求确定 I/O 地址的分配，见表 3-4。

表 3-4 I/O 地址（编号）分配表

| 输入（I） | | 输出（O） | |
| --- | --- | --- | --- |
| 地址编号 | 名称与代号 | 地址编号 | 名称与代号 |
| X0 | 连续运行起动按钮 SB1 | Y0 | KM 线圈 |
| X1 | 点动按钮 SB2 | Y5 | 指示灯 |
| X4 | 停止按钮 SB3/热继电器 KH | | |

2）I/O 接线图。PLC 输入/输出接线图如图 3-19 所示。

3）程序设计。程序设计如图 3-20 所示。

4）程序原理说明。

① PLC 上电，X4 = ON。按下 SB1→X0 = ON→M0 = ON（自锁，Y0 线圈得电）→Y0 = ON，电动机连续运行且 Y5 线圈得电，指示灯点亮。按下 SB3 或 KH 断开，X4 恢复断开状态，电动机停止运行。

② 按下 SB2，X1 = ON，Y0 = ON，电动机运行且 Y5 的 M8013（产生 1s 的脉冲信号）支路

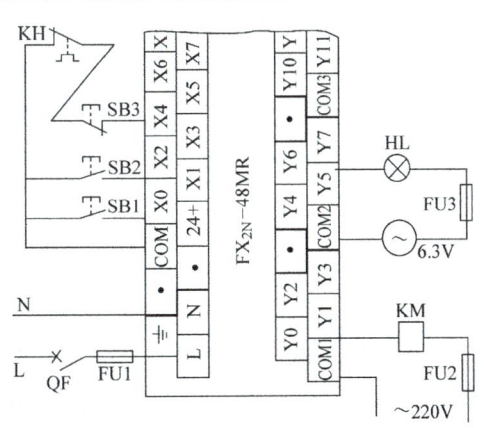

图 3-19 PLC 输入/输出接线图

| | |
|---|---|
| 0 | LD   X000 |
| 1 | OR   M0 |
| 2 | AND  X004 |
| 3 | OUT  M0 |
| 4 | LD   M0 |
| 5 | OR   X001 |
| 6 | OUT  Y000 |
| 7 | LD   M8013 |
| 8 | AND  X001 |
| 9 | ORI  X001 |
| 10 | AND  Y000 |
| 11 | OUT  Y005 |
| 12 | END |

a)梯形图    b)指令表

图 3-20  程序设计

接通，指示灯闪烁；松开 SB2，X1=OFF，电动机停止运行，完成点动控制。

###  思考与提高

1）用 SET、RST 指令实现电动机的点动与连续控制。

2）试一试：图 3-21 所示为所谓的"点动与连续控制"程序，它是由相应的继电接触器控制电路转变而来的 PLC 梯形图（X0 为连续运行起动按钮，X1 为点动按钮，X2 为停止按钮，接线为常闭触点），将其输入到 PLC 中，观察它能否完成点动功能，并思考为什么。

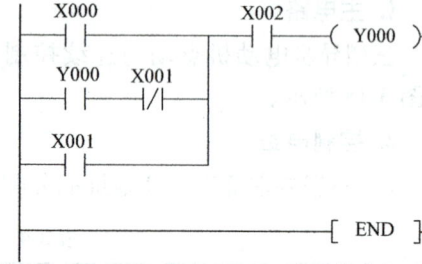

图 3-21  题 2）梯形图

**提示**：PLC 与继电接触器控制工作方式不同，PLC 采用"顺序扫描、不断循环"的"串行"工作方式；而继电接触器控制是"并行"工作方式，其电路一通电，各支路均加上额定电压等待工作指令。PLC 循环扫描的周期极短，只有 1~2ms；继电接触器控制中对于同一电器的关联触点，常开、常闭触点的转换有一定的行程，会产生时间差。因此，不是所有的继电接触器控制电路都可以直接转变为 PLC 梯形图程序。在图 3-21 中，按下点动按钮，X1 常开触点闭合，X1 常闭触点断开，Y0 得电；松开点动按钮，X1 复位，其常闭触点恢复闭合与常开触点恢复断开同时进行，无时间差，而 Y0 因已得电，梯形图第二行仍接通，驱动 Y0 线圈的条件并没有发生改变，则 Y0 连续得电，不能完成点动。

## 任务四  电动机的间歇控制

 **任务目标**

1）掌握三菱 PLC 内部定时器 T、计数器 C 的特点及其在编程中的使用。

2）掌握 PLC 编程的逻辑思维方法。

3）学习定时器、计数器的编程技巧。

## 任务引入

生产中有些机械设备是按一定的时间关系即时间控制原则工作的，例如电动机的减压起动、制动及变速过程中，利用时间继电器按一定的时间间隔改变控制电路的接线方式，以自动完成电动机的各种控制要求。在继电接触器控制系统中，机械式时间继电器精确度较低，动作误差大，且体积大、成本高，而 PLC 中的定时器精确度高，可精确到 1ms 且可调用的定时器数量多，编程方便。本任务主要介绍 PLC 内部定时器 T、计数器 C 的特点及其在编程中的使用方法。

## 相关知识

### 一、定时器（T）

定时器相当于继电接触器电路中的时间继电器，均为通电延时型，在程序中可做延时控制。$FX_{2N}$ 系列 PLC 定时器有以下四种类型：

1）100ms 定时器：T0～T199，200 点，最小设定单位为 0.1s，计时范围为 0.1～3276.7s。

2）10ms 定时器：T200～T245，46 点，最小设定单位为 0.01s，计时范围为 0.01～327.67s。

3）1ms 积算定时器：T246～T249，4 点（中断动作），计时范围为 0.001～32.767s。

4）100ms 积算定时器：T250～T255，6 点，计时范围为 0.1～3276.7s。

定时器线圈所在的驱动电路一旦接通，定时器即开始计时，到达延时时间时，该定时器的触点动作。每个定时器可提供无数对动合和动断触点供编程使用。

定时器分为普通型定时器和积算型定时器两种。普通型定时器没有后备电源，在定时过程中若遇停电或驱动定时器线圈的输入断开，定时器不保存计数值，当复电后或驱动定时器线圈的输入再次接通后，计数器又从零开始计数。积算型定时器由于有后备电源，当定时过程中突然停电或驱动定时器线圈的输入断开，定时器将保存当前值，在复电或驱动定时器线圈的输入接通后，计数器将继续计数，直到与原来的设定值相等。

定时器在编程软件中的表达：—(Tn　K*N*)—，Tn 表示定时器类型，如 T0、T200 等表征其类型特性；K*N* 表示定时器设定值，设定时间为 *N*×相应时基单位。例如，—(T0　K100)—，T0 表示 100ms（0.1s）时基单位的普通型定时器，K100 表示设定时间为 100×0.1s＝10s。定时器人工画图表示为 —(T0)-K100。K*N* 还可用数据寄存器 D 的内容作为设定值。因此，定时器的类型不同，时基单位不同，对于同样的设定值，计时时间是不一样的。

### 二、计数器（C）

计数器在程序中用于计数控制。$FX_{2N}$ 系列 PLC 计数器可分为内部计数器和高速计数器。内部计数器是对机内元件（X、Y、M、T、S 和 C）的信号进行计数，其接通（ON）和断开（OFF）时间比 PLC 的扫描周期长。对高于机器扫描频率的信号进行计数，需用高速计数器。

**1. 16位增计数器**（设定值：1~32767）

1）通用型：C0~C99（100点）。

2）掉电保持型：C100~C199（100点）。

16位计数器指其设定值及当前寄存器为二进制16位寄存器，设定值在K1~K32767范围内有效（K表示十进制数）。

**2. 32位双向计数器**

1）通用型：C200~C219（20点）。

2）掉电保持型：C220~C234（15点）。

双向计数器既可设置为增计数器，又可设置为减计数器。它的设定范围为 −2147483648~+2147483647。

计数器的表示方法与定时器相同。

### 三、ALT 交替输出指令

如图3-22所示，第一次按下按钮X0时，输出Y0置1，再次按下X0，输出Y0置0，如此反复交替进行，可达到单按钮实现电动机起停的目的，而且程序简单、易编、易理解。指令中的P表示脉冲型。

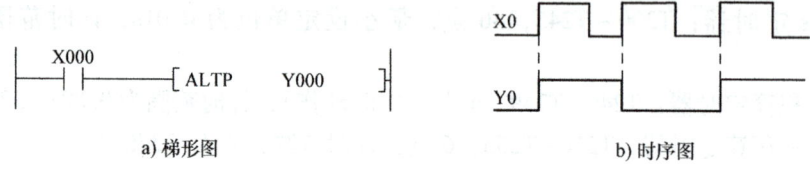

a) 梯形图　　　　　　　　　　b) 时序图

图3-22　ALT交替输出指令的应用

 **合作与探究**

### 一、普通型定时器的应用

请将图3-23所示的程序输入PLC中，按下X0，10s以内断开，然后再按下X0超过10s，用计算机监控T0和Y0的变化。

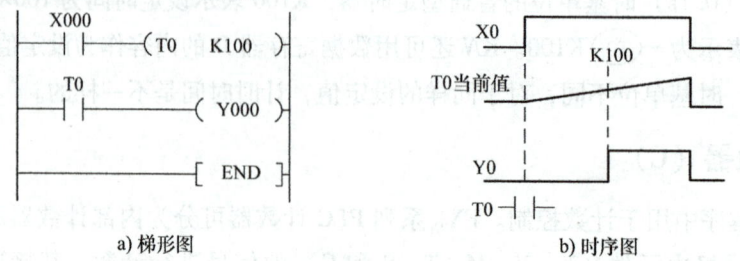

a) 梯形图　　　　　　　　　　b) 时序图

图3-23　普通型定时器的应用

程序说明：当 X0 闭合后，T0 开始计时，即开始数时基脉冲数至 100 个，达到计时设定值 K100（10s）时，T0 线圈置 1，T0 常开触点闭合，驱动 Y0 闭合。当时间继续延长，不影响定时器的状态，如图 3-23b 所示。当 X0 断开时，T0 线圈失去驱动，复位置 0，T0 常开触点随即复位，Y0 复位，无输出。当按下 X0 未达到 10s，断开后再按下 X0，计时重新开始。

### 二、积算型定时器的应用

请将图 3-24 所示的程序输入 PLC 中，按下 X0，10s 以后（不超过 15s）断开，然后再按下 X0 超过 5s，之后按下 X1，用计算机监控 T250 和 Y0 的变化。

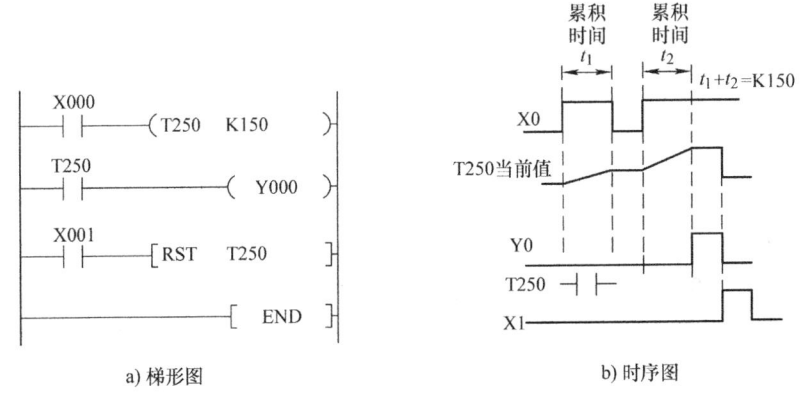

图 3-24　积算型定时器的应用

程序说明：当 X0 闭合后，T250 开始计时，当未达到计时设定值 K150（15s）时，断开 X0，定时器的当前值保持不变；当 X0 再次闭合时，定时器从原保持值开始计时，当达到计时设定值时，定时器 T250 线圈置 1，T250 常开触点闭合，驱动 Y0 闭合，之后 X0 断开，但 T250 线圈仍然不复位。如要使积算型定时器复位，必须使用复位指令，按下 X1，T250 复位置 0，其动作过程如图 3-24b 所示。

### 三、自动化生产线中冷却泵电动机的控制程序设计与接线方法和步骤

**1. 工作要求**

1）当加工机构装卸工件时，冷却泵电动机停止工作，加工时冷却泵电动机泵出冷却液。

2）工作过程为装卸工件与加工工件循环进行，装卸工件时间为 4min，加工时间为 5min。冷却泵电动机用单按钮进行起动/停止控制。请为冷却泵电动机设计控制程序。

**2. 冷却泵电动机控制程序设计的方法与步骤**

（1）主电路　只需一个接触器控制，因工作时间短，可不用热继电器保护，电路图略。

（2）控制电路

1）因只用一个按钮，设 X0 为按钮输入点，PLC 的输入/输出接线图如图 3-25 所示。

2）控制电路的梯形图如图 3-26 所示。

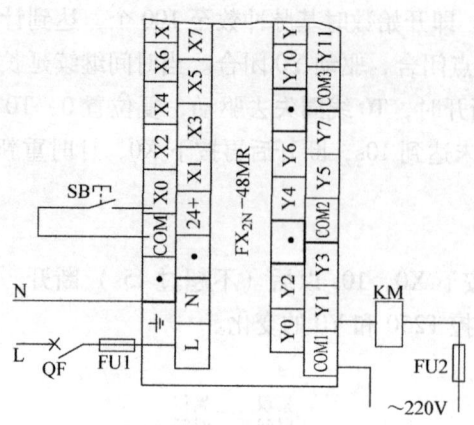

图 3-25 PLC 输入/输出接线图

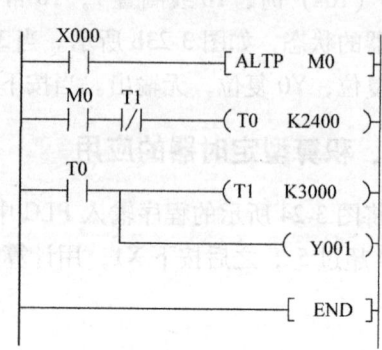

图 3-26 控制电路的梯形图

3）程序原理说明。按下 X0，M0=ON，T0 得电开始计时，达到设定时间 4min 后，T0 常开触点闭合，定时器 T1 得电开始计时，同时 Y1 得电输出，接触器 KM 得电吸合，电动机运行。T1 达到设定时间 5min 后，T1 常闭触点断开，T0 线圈失电，T0 常开触点复位断开，则 T1、Y1 线圈失电，电动机停止运行。此时 T1 的常闭触点复位闭合又接通 T0 线圈，再一次计时到 4min 后，T0 常开触点闭合又接通 T1、Y1 的线圈，电动机又起动运行 5min 后停 4min。电动机就这样停止 4min、工作 5min 循环地间歇运行下去。再一次按下 X0，M0=OFF，电动机的间歇运行停止。

由上述分析可以看出，电动机运行时间由 T1 设定值决定，停止时间由 T0 设定值决定，设定时间可根据实际情况修改。这种间歇运行电路还可用于亮暗时间不相等的闪光电路。

### 四、普通型计数器的应用

请将图 3-27 所示的程序输入 PLC 中，点动按下 X0 至 5 次以上，之后再按下 X1，用计算机监控 C0 和 Y0 的变化。

程序说明：X0 为计数输入，X0 每接通一次，计数器 C0 的当前值就增加 1，输入到第 5 次时，C0=ON，Y0=ON。以后即使 X0 再输入，计数器 C0 的当前值也不改变。要清除 C0 内的数据，必须使用 RST 指令。按下 X1，执行 RST 清零指令，计数器 C0 的当前值为 0，C0 输出触点复位，其动作过程如图 3-27b 所示。

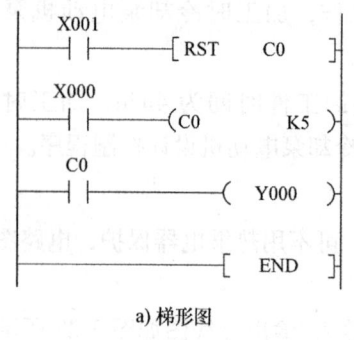

a) 梯形图

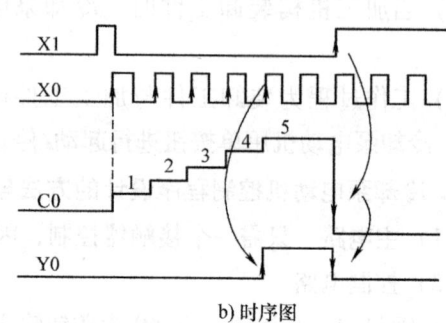

b) 时序图

图 3-27 普通型计数器的应用

**思考与提高**

1) PLC 中的定时器相当于继电接触器控制系统中的_____。
2) T254　K200 是时基单位为_____的_____（普通、积算）型定时器，它的定时时间是_____，要使其复位，必须用_____指令。
3) 普通型计数器能自动复位吗？用什么指令使它复位？
4) 试设计一个亮 0.7s、暗 0.3s 的闪光电路。
5) 试设计一个开机累计时间控制电路，要求能显示秒、分、时、天。

提示：可通过 M8000 开机运行常开触点、M8013（1s）脉冲和计数器组成控制电路。计数器需采用保持型的才能保证每次开机的累计计时，其参考梯形图如图 3-28 所示。

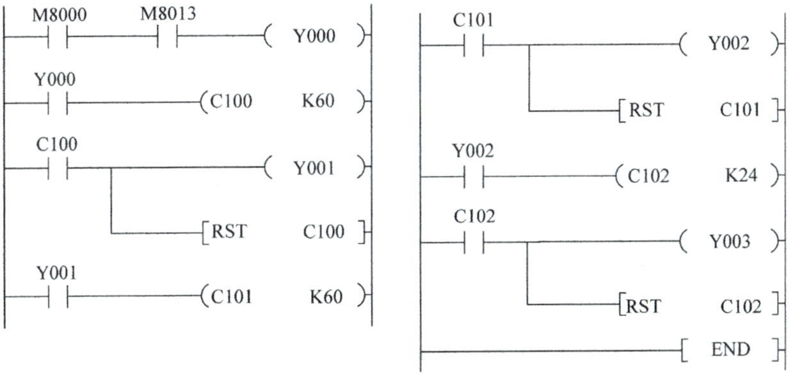

图 3-28　参考梯形图

## 任务五　三相异步电动机星形—三角形减压起动控制（一）

 **任务目标**

1) 通过电动机星形—三角形减压起动控制编程，进一步掌握 PLC 控制按时间控制原则编程的逻辑思维方法。
2) 进一步学习 PLC 的 I/O 接线和程序的调试与修改方法。

 **任务引入**

星形—三角形减压起动是大功率电动机常用的一种减压起动形式。在继电接触器控制系统中，减压起动控制电路相对较复杂，接线易出差错，故障检修也有一定的难度。采用 PLC 控制极大地简化了控制电路的接线，检修也变得容易多了。

 **相关知识**

梯形图的编写规则如下：

1) 左右母线。梯形图中最左边的垂直线称为左母线，最右边的垂直线称为右母线。画梯形图时，每一个逻辑行必须始于左母线，而终于右母线，但为了简便起见，右母线经常省略。

2）左母线只能接各种继电器的触点，而不能直接接继电器的线圈（见图 3-29a）。如需线圈直接接在左母线上，可以通过一个在本程序中没有使用的继电器的常闭触点或者是特殊继电器，如 M8000（PLC 运行时接通）进行连接，如图 3-29b 所示。

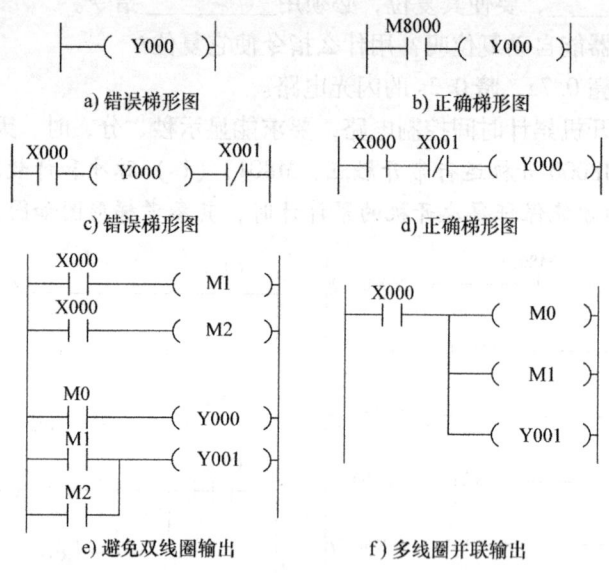

图 3-29 梯形图编写规则（一）

3）右母线只能接各种继电器的线圈而不能接继电器的触点，如图 3-29c、d 所示。

4）输入/输出继电器、内部继电器、定时器、计数器等内部软元件的触点可以多次重复使用，不必使用复杂的程序结构来减少触点的使用次数。

5）同一编号的线圈在一个程序中使用两次称为双线圈输出，双线圈输出容易造成程序运行错误，应尽量避免双线圈输出，这与触点的使用不同，如图 3-29e 所示。

6）两个或两个以上的线圈可以并联输出，如图 3-29f 所示。

7）尽量把串联触点多的电路块放在最上边，把并联触点多的电路块放在最左边，以节省指令，减少程序步数，提高 PLC 读取程序的速度，同时起到美观的作用，如图 3-30 所示。

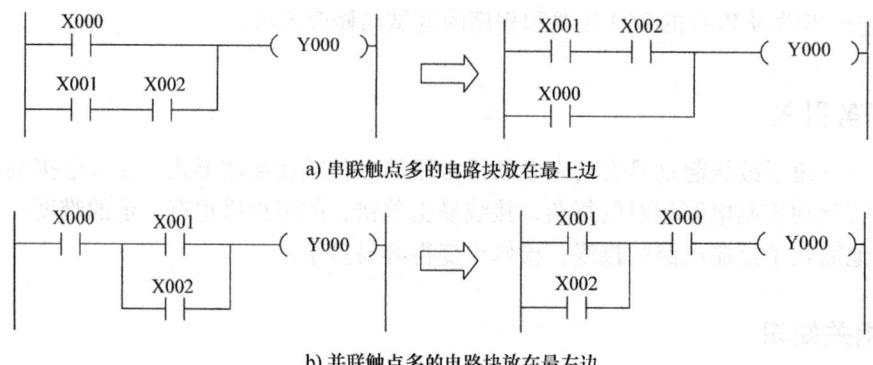

图 3-30 梯形图编写规则（二）

**合作与探究**

试用 PLC 实现电动机的星形（Y）—三角形（△）减压起动控制，要求Y起动时绿色指示灯 1s 闪烁 1 次，Y起动时间为 8s；△运行时此绿色指示灯点亮但不闪烁。

三相异步电动机星形—三角形减压起动控制程序设计与接线的方法步骤如下：

**1. 主电路**

与继电接触器控制系统中的主电路相同，如图 3-31 所示。

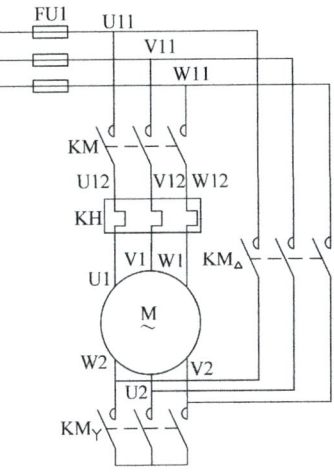

图 3-31 主电路

**2. 控制电路**

1）根据要求确定 I/O 地址的分配，见表 3-5。

表 3-5 I/O 地址（编号）分配表

| 输入（I） | | 输出（O） | |
|---|---|---|---|
| 地址编号 | 名称与代号 | 地址编号 | 名称与代号 |
| X0 | 起动按钮 SB1 | Y0 | Y接触器 $KM_Y$ 线圈 |
| X4 | 停止按钮 SB2/热继电器 KH | Y1 | △接触器 $KM_△$ 线圈 |
| | | Y3 | 主接触器 KM 线圈 |
| | | Y7 | 指示灯 |

2）I/O 接线图。PLC 输入/输出接线图如图 3-32 所示。

3）程序设计。

程序设计思想：Y起动，X0=ON→Y3=ON ─┬─► Y0=ON（$KM_Y$ 得电，Y起动）
　　　　　　　　　　　　　　　　　　└─► T0 得电延时，达到 8s→向△运

行转变 ─┬─► T0 常闭触点断开，切断 Y0
　　　　└─► T0 常开触点闭合，接通 Y1（$KM_△$ 得电，△运行）

同时考虑 Y0、Y1 联锁。

程序设计的梯形图如图 3-33 所示。

**3. 程序优化**

（1）问题的提出

1）由程序可看出，在实际应用中，当 $KM_Y$ 断开时，大功率电动机经常会产生较强的电弧，$KM_△$ 立即闭合，容易引起短路以及损坏设备，如何解决这个问题？

2）当 $KM_Y$ 线圈出现故障不能闭合，系统在运行时，会出现 KM 闭合一段时间后（此时 $KM_Y$ 不闭合），$KM_△$ 直接闭合，造成直接三角形起动，容易造成事故，如何解决这个问题？

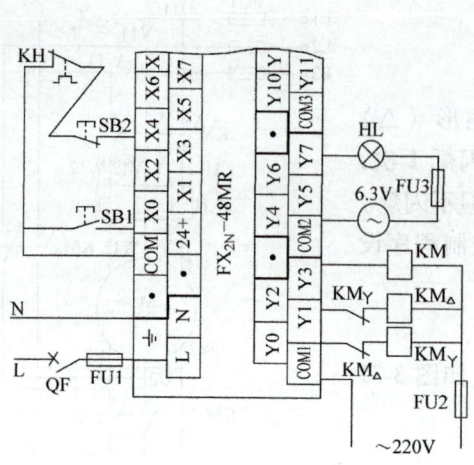

图 3-32　PLC 输入/输出接线图

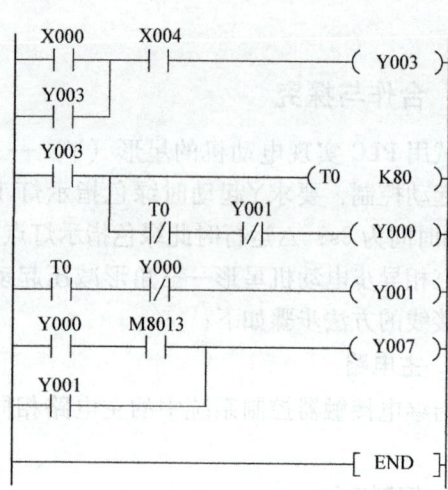

图 3-33　Y—△起动控制程序梯形图

（2）问题解决方案

1）在 KM_Y 断开后，用定时器控制 KM_△ 延时闭合，以确保 KM_Y 完全断开，KM_△ 延时闭合时间应该很短，一般为 0.1~0.3s。

2）将 KM_Y 的一个常开触点接到输入端，作为起动条件，防止电动机直接三角形起动。

（3）改造后的 I/O 接线图和梯形图程序　改进后的 I/O 接线图及程序如图 3-34 所示。

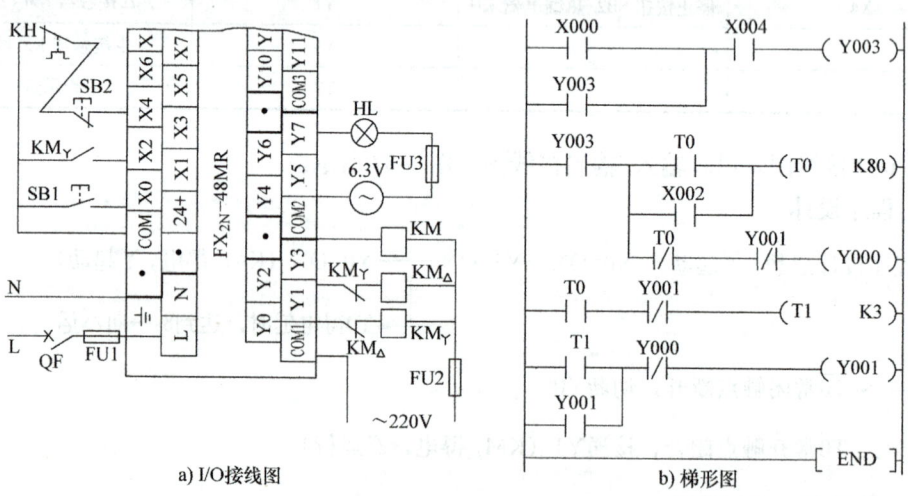

a) I/O 接线图　　　　　　　　　　　　　　　　b) 梯形图

图 3-34　改进后的 I/O 接线图及程序

### 思考与提高

1）两台电动机 M1、M2，控制要求为：M1 起动后 30s M2 自行起动，M2 起动后工作 1h，两台电动机同时停止。请为其设计控制程序（梯形图）并列出 I/O 分配表，画出 I/O 接线图，将程序输入到 PLC 中运行，用计算机监控其运行情况。

2）一台连续运行的电动机设有过载保护，当电动机过载时，电动机停止运行，但发出声（鸣笛）光（闪烁，1s 1 次）报警。鸣笛声为鸣叫 1s 停 0.5s，当检修人员来检修，按下 X2 时，鸣笛声停止但闪烁光仍存在，直到过载排除（热继电器 KH 复位）为止。

## 任务六　液体混合装置控制

### 任务目标

1) 掌握 PLS、PLF 微分（脉冲）输出指令在编程中的使用方法。
2) 进一步掌握顺序控制编程方法。

### 任务引入

在工业生产中，生产设备上装有各种检测、控制装置，应使设备按一定的顺序工作，以保证配料、加工的准确性，提高产品的质量。本任务主要介绍化工、医药等行业中常用的液体或微粒混合装置的控制编程方法和微分输出指令在编程中的使用。

### 相关知识

PLS、PLF 脉冲型微分输出指令主要用于检测输入脉冲的上升沿与下降沿，当条件满足时，使操作元件 Y 或 M 的线圈产生一个宽度为一个扫描周期的脉冲信号输出。

1) PLS 指令仅在输入信号发生变化时有效，它在输入信号的上升边沿触发，其使用方法如图 3-35 所示。当 X0 闭合时，M0 闭合一个扫描周期（只有 1~2ms）。

图 3-35　PLS 指令的使用方法

2) PLF 是指在输入信号下降边沿触发的指令，其使用方法如图 3-36 所示。当 X0 闭合后再断开的一瞬时，M1 闭合一个扫描周期；当 X1 断开的一瞬时，Y0 闭合一个扫描周期。

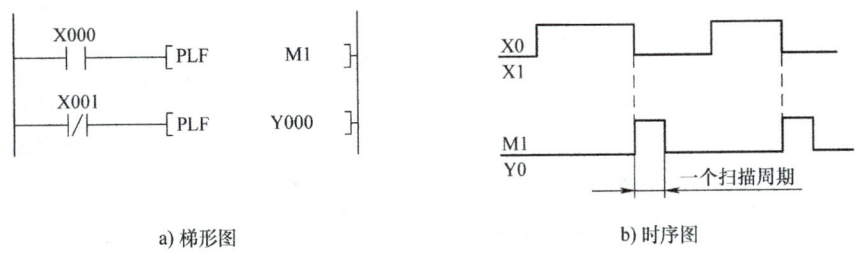

图 3-36　PLF 指令的使用方法

**合作与探究**

液体混合装置控制如图 3-37 所示,它是两种液体(或微粒)混合搅匀装置,SQH、SQM、SQL 分别为高、中、低液位传感器,液面浸没时接通。液体 A、B 及混合液的阀门分别由电磁阀 YV1、YV2、YV3 控制,M 为搅拌电动机。

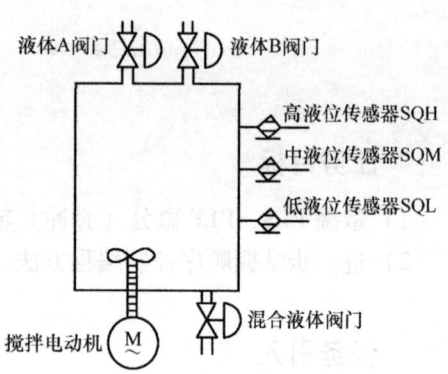

图 3-37 液体混合装置控制图

## 一、液体混合装置控制要求

### 1. 初始状态

液体 A、B 阀门均为关闭状态,混合液阀门打开 20s 将容器放空后关闭。

### 2. 运行过程

按下起动按钮 SB1:

1)液体 A 阀门打开,液体 A 流入容器。当液面到达中液位时,SQM 接通,关闭液体 A 阀门,打开液体 B 阀门。

2)当液面到达高液位 SQH 时,关闭液体 B 阀门,搅拌电动机开始搅动。

3)搅拌电动机工作 1min 后停止搅动,混合液阀门打开,开始放出混合液体。

4)当液面下降到低液位 SQL 后,SQL 由接通变为断开,再过 20s 后,容器放空,混合液阀门关闭,开始下一周期。

### 3. 停止

按下停止按钮 SB2,当前的混合操作处理完毕后,停止至初始状态。

## 二、液体混合装置控制程序设计与 PLC 接线的方法和步骤

### 1. 主电路

只需一个接触器控制电动机,因工作时间短,可不用热继电器保护,电路图略。电磁阀功率和电流较小,直接接在 PLC 的输出电路上。

### 2. 控制电路

(1) PLC 的 I/O 地址分配　I/O 地址分配见表 3-6。

表 3-6　I/O 地址分配表

| 输入(I) | | 输出(O) | |
| --- | --- | --- | --- |
| 地址编号 | 名称与代号 | 地址编号 | 名称与代号 |
| X0 | 起动按钮 SB1 | Y0 | YV1 线圈 |
| X1 | 停止按钮 SB2 | Y1 | YV2 线圈 |
| X2 | 高液位传感器 SQH | Y3 | YV3 线圈 |
| X4 | 中液位传感器 SQM | Y5 | KM 线圈 |
| X6 | 低液位传感器 SQL | | |

（2）PLC 的 I/O 接线图　液体混合装置控制 I/O 接线如图 3-38 所示。

（3）程序设计　液体混合装置控制程序梯形图如图 3-39 所示。

（4）程序工作过程分析

1）初始状态。当系统初始化投入运行时，由于搅拌电动机未工作，Y5 为失电状态，程序中地址号为 28 的 Y5 常闭触点处于闭合状态，此时 PLS 指令驱动 M2 接通一个扫描周期，置位 Y3，混合液阀门打开 20s，将容器内的液体放空后关闭。

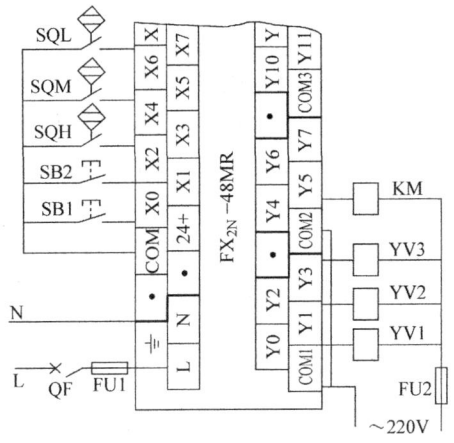

图 3-38　液体混合装置控制 I/O 接线

2）起动运行。按下起动按钮 SB1，X0 闭合置位 M10、Y0，打开电磁阀 YV1 使液体 A 流入容器。

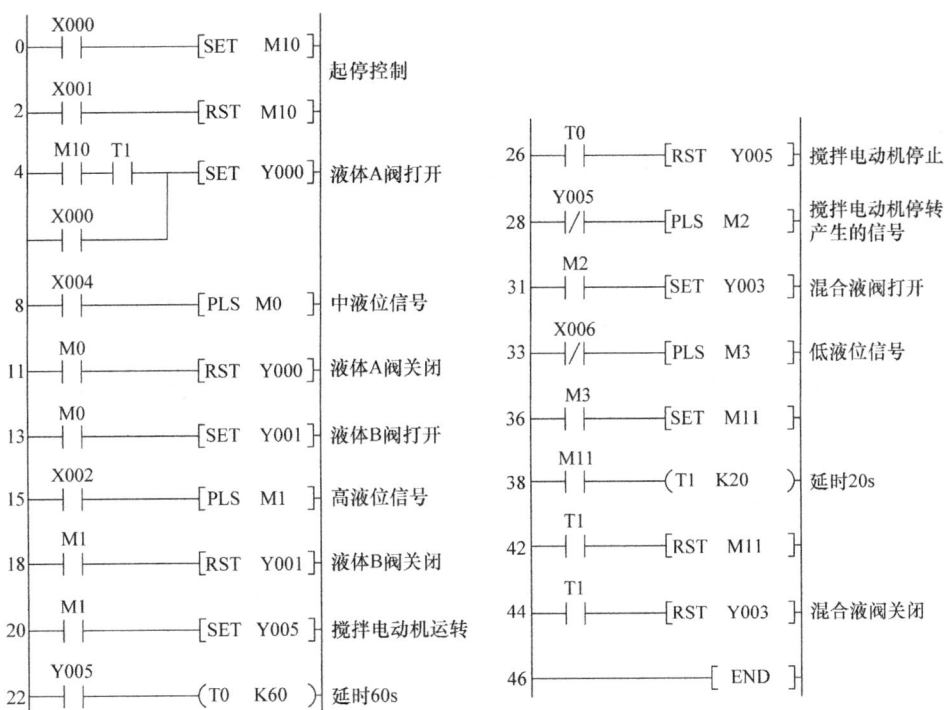

图 3-39　液体混合装置控制程序梯形图

3）液面上升到中液位。当液面上升到中液位时，传感器 SQM 动作，X4 闭合，M0 产生一脉冲信号，使 Y0 复位，关闭电磁阀 YV1，液体 A 停止流入；与此同时，M0 使 Y1 置位，YV2 电磁阀打开，液体 B 流入容器。

4）液面上升到高液位。当液面继续上升到高液位时，传感器 SQH 动作，X2 闭合，M1 产生一脉冲信号，使 Y1 复位，关闭电磁阀 YV2，液体 B 停止流入；与此同时，M1 使 Y5 置位，起动搅拌电动机工作60s。

5）搅匀后放混合液。定时器T0延时60s后，T0常开触点闭合，使Y5复位，电动机停止搅动，同时Y5恢复接通的上升沿产生一个脉冲信号使Y3置位，混合液电磁阀YV3打开，开始放混合液。当液面下降到低液位SQL后，SQL由接通变为断开，而X6在恢复接通的上升沿产生一个脉冲信号使M11置位，T1延时20s后容器放空，混合液阀门关闭，同时地址号4的支路接通Y0，电磁阀YV1打开，液体A流入容器，开始下一个周期的循环。

6）停止操作。当按下停止按钮SB2时，X1常闭触点闭合，M10复位，地址号4的支路将不能接通Y0，即停止运行，不再循环。

 **思考与提高**

1）比较微分输出指令与触点边沿指令的异同点。

2）电磁抱闸断电制动在起重机械上得到广泛的应用，但如果用在机床等设备上，断电后因电磁抱闸的作用，手工调整工件的位置是非常困难的。机床上为准确定位和提高生产率，常用电磁抱闸通电制动的方式。要求：当电动机得电运转时，电磁抱闸线圈断电，闸瓦与闸轮分开无制动作用；当需要停转时按下停止按钮，电动机失电，电磁抱闸线圈得电，使闸瓦紧紧抱住闸轮制动；当电动机处于停转常态时（按下停止按钮3s后），电磁抱闸线圈无电，闸瓦与闸轮分开，这样操作人员可以用手扳动主轴进行工件调整或对刀等。请为其设计PLC控制程序，画出主电路和控制电路图。

**提示**：应用电动机停止时产生的下降沿信号或停止按钮断开时下降沿信号去接通电磁抱闸控制电路，之后再用定时器断开它。

## 小　结

1）基本指令编程主要是根据控制要求，凭借继电接触器控制系统设计经验直接设计满足电气控制要求的PLC控制程序，通常称为经验设计法或直接设计法。其典型特征是起（动）、保（保持即自锁）、停（停止）设计思想，其设计方法与步骤总结如下：

① 按所给的控制要求，将它们分解为多个基本的控制要求，分别设计这些基本控制程序，如正、反向控制程序。

② 根据制约关系选择自锁、联锁触点，设计自锁、联锁程序。

③ 根据运动、变化状态和控制要求，选择控制原则，如时间控制原则、限位控制原则等，选择、设计主令元件、检测元件和继电器。

④ 设置必要的保护，修改、完善程序。

2）软元件X、Y、M、T、C。它们和普通"硬"继电器的用法一样，且其常开、常闭触点能无限次使用（"硬"继电器触点有限）。

① 输入继电器X只能由外部输入信号驱动，在程序中只能出现它的触点而不能出现它的线圈。当外部常闭触点输入时，程序中应用常开触点。注意停止按钮的处理方法。

② 输出继电器Y只能由程序驱动，是控制程序对外输出的接口。当Y被驱动接通时，外部输出接口接通可驱动外部电器，如线圈、电磁阀、指示灯和小功率电动机等。

③ 辅助继电器M、定时器T、计数器C只能在程序中调用，不能对外部输出。积算型

定时器和计数器内的数据必须用 RST 指令才能清零。

3）SET/RST（置位/复位）指令。SET 使操作元件置 1 即接通，必须使用 RST 复位置 0。

4）边沿指令包括触点型边沿指令和输出型边沿指令。触点型边沿指令是指触点接通时的上升沿或触点断开时的下降沿产生一个扫描周期的脉冲信号。脉冲型微分输出指令 PLS、PLF 是指控制它的触点在接通时的上升沿或触点断开时下降沿驱动继电器 Y 或 M 输出一个扫描周期的脉冲信号。

5）常数 K、H、N。PLC 中 K 为十进制数，H 为十六进制数。N 主要是指嵌套的级数。

# 模块四 步进指令及编程方法

- FX 系列 PLC 状态转移图的构成方法及基本规则。
- 状态转移图转变为梯形图的方法。
- 选择性分支、并行性分支等多流程步进顺序控制的编程方法。
- PLC 控制系统的安装接线和控制程序的调试与修改方法。

## 任务一 台车自动往返控制

### 任务目标

1) 掌握 PLC 状态转移图的概念和构成方法。
2) 掌握 FX 系列 PLC 状态转移图转变为梯形图的方法，即步进指令的使用方法。
3) 掌握步进指令的计算机输入、调试方法与监视。

### 任务引入

在工业控制中，除了过程控制系统外，大部分控制系统属于顺序控制系统。所谓顺序控制系统是指按照生产工艺预先规定的顺序，在各个输入信号的作用下，根据内部状态和时间顺序，控制生产过程中的各个执行机构自动有序地进行操作的过程。一套完善的顺序控制系统中，为了适应各种功能要求，需有手动控制、点动控制、自动控制和回原点控制等功能。要实现这些复杂的功能，用基本指令编程的思想完成编程设计就显得相当复杂，而且设计出来的梯形图可读性差，调试、修改难度大，也很难从梯形图中看出工艺流程的控制思想。为此，PLC 提供了功能强大的步进指令。

### 相关知识

步进指令专门用于步进控制程序的编写。所谓"步进控制"是指控制过程按"上一个动作完成后，紧接着做下一个动作"的顺序控制。用步进指令设计程序时，为了方便、明了，往往是先分析或写出控制过程的工艺流程，根据工艺流程设计状态转移图，由状态转移图再画出梯形图。

## 一、状态转移图

状态转移图是一种将复杂的任务或工作过程分解成若干工序（或状态）表达出来，同时又反映出工序（或状态）的转移条件和方向的图。它既有工艺流程图的直观的特点，又有利于复杂控制逻辑关系的分解与综合。

## 二、状态转移图的构成

状态转移图是按工艺流程分步（状态）表达的控制意图，也称顺序功能图（简称SFC图）。它将一个复杂的顺序控制过程分解为若干个状态，每个状态具有不同的动作，状态与状态之间由转移条件分隔，互不影响。当相邻两状态之间的转移条件得到满足时，就实现转移，即上一个状态的动作或运动结束而下一个状态的动作或运动开始。例如，大家熟悉的台车往返运动，如图4-1a所示，按下起动按钮X0，台车前进（向右）碰到右限位开关X1后转为后退（向左），后退碰到左限位开关X2后停5s，5s后自动前进，再碰到右限位开关X1后转为后退，后退碰到左限位开关X2后停止运动（等待下次起动）。将整个运动过程分解为状态（或步、工序），如图4-1b所示。将运动过程用状态转移图表示，如图4-1c所示，其中S是状态元件（或称状态器），是构成状态转移图的基本元素，是PLC的软元件。$FX_{2N}$系列PLC有1000个状态元件，即：

S0~S9共10点，初始状态器，是状态转移图的起始状态。

S10~S19共10点，返回状态器，用作返回原点的状态。

S20~S499共480点，通用状态器，用作状态转移图的中间状态。

S500~S899共400点，保持状态器，具有掉电保持功能的通用状态器。

S900~S999共100点，报警用状态器，用作报警元件。

图4-1c所示状态转移图工作流程说明：程序开始，应进行初始的起动，使S0有效（执行S0状态的相关动作，如清零等）；当转换条件X0（起动按钮）动作接通（为ON）时，状态由S0转移到S20，在S20状态下，Y0接通，台车前进，S0状态自动切断；当碰到SQ2，转换条件X1动作，状态由S20转移到S21，在S21状态下，Y1接通，台车后退，S20状态自动切断；当碰到SQ1，转换条件X2动作，状态由S21转移到S22，在S22状态下，定时器开始计时，计时时间完成，T0将S22状态切断转移到S23状态……

## 三、构成状态转移图应注意的事项

1）状态元件序号从小到大，不能颠倒，但可缺号。

2）转移到下一个状态后上一个状态自动复位，即自动切断。

3）状态激活后，其后的梯形图输出驱动分支次序为：先直接驱动，再条件驱动，最后为转移条件驱动。

4）如果状态内采用OUT输出指令，当状态转移后，停止执行，但采用SET指令时，当状态转移后，继续执行，直到遇RET指令，才停止执行。

5）可存在双线圈，即在不同状态下，对同一元件，多次执行OUT指令。如在不同状态下，多次出现OUT Y0等。

6）步进指令（STL）之后的程序中不允许使用主控MC/MCR指令。

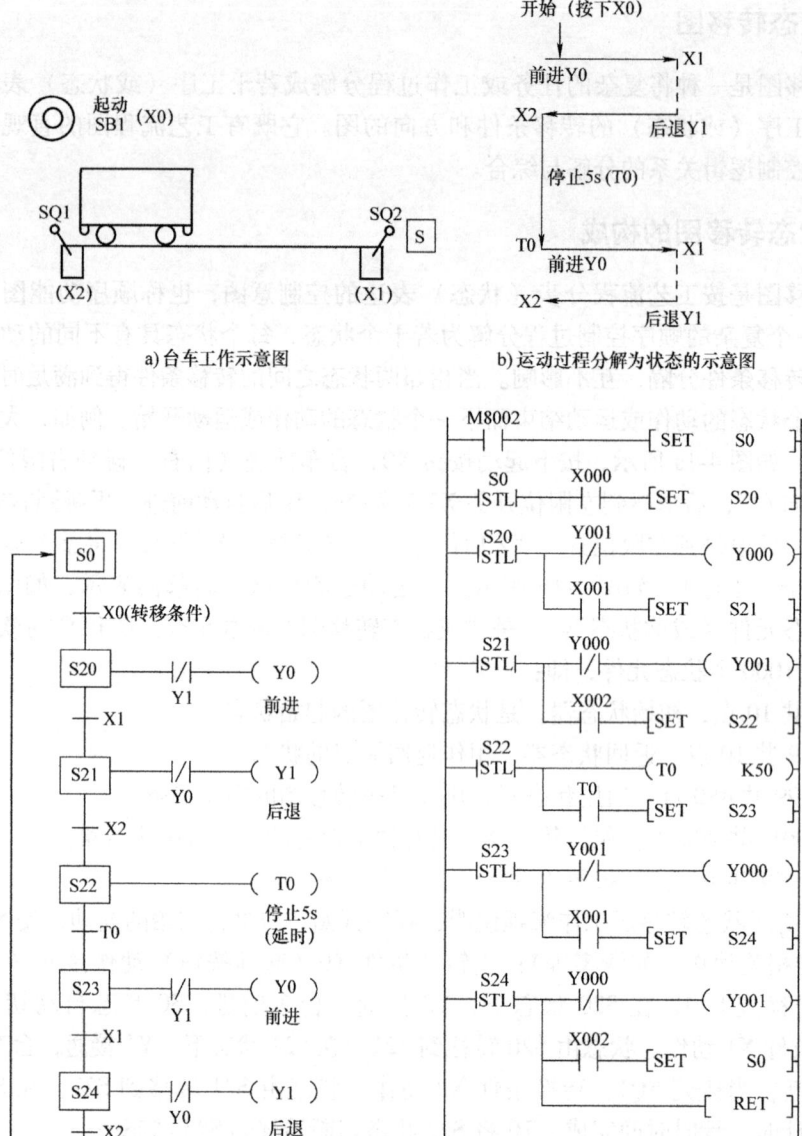

图 4-1 台车运动状态及状态转移图、步进梯形图

7）在状态转移中，可能在一个扫描周期内有多个状态同时动作。不允许同时动作的负载必须有联锁措施，相邻的两个状态不能使用同一个定时器。

8）状态置位的瞬间是一个脉冲信号，可进行计数。

## 四、状态转移图转变为梯形图

状态转移图建立后，需转换为梯形图或指令表才能输入 PLC 进行运行，在 $FX_{2N}$ 系列 PLC 中采用步进指令将状态转移图转变为梯形图。步进指令的梯形图表达如图 4-2 所示。

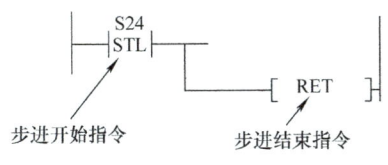
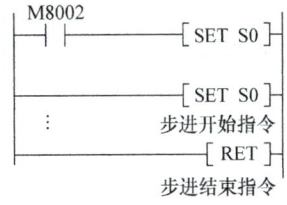

a) 人工画图或教材中的表达形式　　　　b) GX Works2 编程软件表达形式

图 4-2　步进指令梯形图

STL 指令：步进开始指令，从主母线上引出状态接点，激活该状态。

RET 指令：步进结束指令。步进顺控程序执行完毕，返回主母线。步进指令的最后接一条 RET 指令，表示步进指令执行完毕，必须有 RET 指令。

图 4-1d 所示为根据图 4-1c 台车运动状态转移图转变的梯形图。PLC 开始运行时，M8002 闭合瞬间，将 S0 置位，在 S0 状态下，按下 X0，置位 S20，在 S20 状态，Y0 置位，台车前进，碰到转移条件 X1，使 X1 闭合，置位 S21 并自动切断 S20，此时 Y1 置位，Y0 复位（断开）……在状态 S24，当转移条件 X2 闭合，置位 S0，程序返回 S0 状态，并且用 RET 结束步进指令。

 **合作与探究**

### 一、将台车运动的状态转移图转变为梯形图输入到 PLC 中运行并用计算机监视

### 二、简易汽车自动清洗机控制

**1. 控制要求**

1）按下起动按钮，喷淋阀门打开，同时清洗机开始移动。
2）当检测到汽车到达刷洗位置时，起动旋转刷刷洗汽车。
3）当检测到汽车离开清洗机时，清洗机停止移动，刷子停止旋转，喷淋阀门关闭。
4）按下停止按钮，任何时候都可以停止所有的动作。

请为它设计控制程序，并画出状态转移图和梯形图。

**2. 汽车自动清洗机控制程序设计的方法与步骤**

1）根据控制要求，分配 I/O 地址，见表 4-1。

表 4-1　I/O 地址分配表

| 输入 (I) | | 输出 (O) | |
| --- | --- | --- | --- |
| 地址编号 | 名称与代号 | 地址编号 | 名称与代号 |
| X0 | 起动按钮 SB1 | Y0 | 喷淋电磁阀 YV 线圈 |
| X1 | 汽车位置检测 SQ | Y1 | 清洗机移动 KM1 线圈 |
| X2 | 停止按钮 SB2 | Y2 | 旋转刷 KM2 线圈 |

2）PLC 的 I/O 接线图，如图 4-3 所示。

3）汽车自动清洗机状态转移图设计如图 4-4 所示。

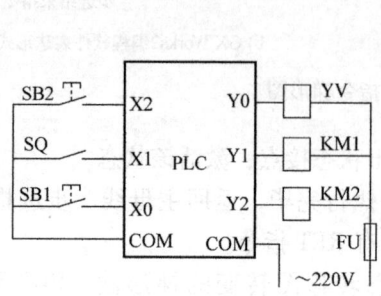

图 4-3　I/O 接线图

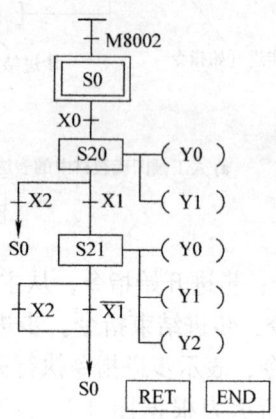

图 4-4　状态转移图

4）汽车自动清洗机控制程序梯形图如图 4-5 所示。

图 4-4 所示状态转移图说明：程序开始，M8002 初始化 S0，此时按下起动按钮 X0 即 X0=ON，S20 置位，Y0、Y1 接通，喷淋阀门打开、清洗机工作；当 X1 检测到汽车，X1=ON，S21 置位，Y0、Y1、Y2 均接通（S20 复位），汽车清洗机正常工作；当汽车离开，X1=OFF 即 $\overline{X1}$=ON（一般 X 为常开触点，$\overline{X}$ 为常闭触点），S21 复位，S0 置位，汽车清洗机停止工作。

### 三、步进顺控程序设计步骤小结

1）根据控制要求设置、分配 PLC 的 I/O 地址，画出 PLC 的外部（I/O）接线图。

2）将控制过程分解，为每个工序分配一个状态元件。状态元件由大到小，不可颠倒。

3）明确各状态的功能和作用。状态的功能是通过 PLC 驱动负载（如 Y、M、T、C 等）来完成的，负载可以由状态直接驱动，也可以由其他软元件触点的逻辑组合来驱动。

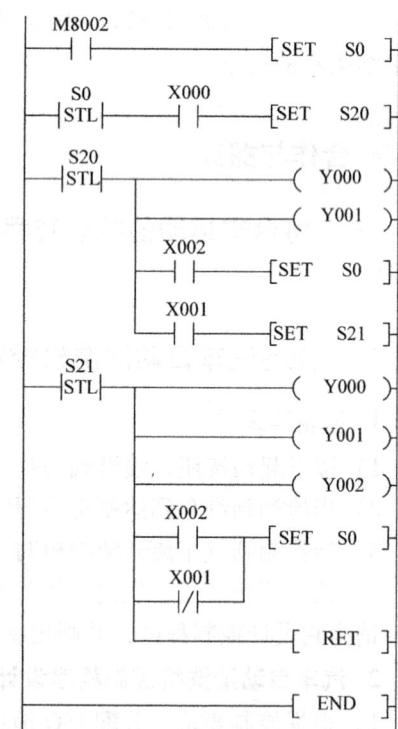

图 4-5　汽车自动清洗机控制程序梯形图

4）找出状态的转移条件和转移方向。状态的转移条件可以是单一的，也可以是多个条件的组合。

5）根据控制要求或加工工艺要求，画出顺序控制的状态流程图。

6）根据状态流程图画出相应的梯形图。

7）将梯形图输入到 PLC 进行调试、修改等。

 **任务评价**

此任务的评价标准见表 4-2。

表 4-2 评价标准

| 项　目 | 配分 | 评价标准 | 得分 |
|---|---|---|---|
| 设计、编写状态转移图 | 30 | 根据任务和控制要求，列出 PLC 的 I/O 分配表，画出 PLC 外部接线图，设计、编写状态转移图 | |
| 梯形图的编写 | 20 | 根据状态转移图编写梯形图 | |
| 梯形图输入与写出操作 | 10 | 方法正确、熟练 | |
| 元件安装与布线 | 25 | 在配电板上按要求配线和对 PLC 接线，配线方法正确、熟练，工艺美观 | |
| 输入/输出监控 | 5 | 监控操作方法正确，通过监控能理解其意义 | |
| 团队协作与纪律 | 10 | 遵守纪律，团队协作好 | |

 **思考与提高**

1）请将图 4-6 所示的状态转移图转变为梯形图，并对程序进行说明。

2）某机床液压动力滑台的自动工作过程示意图如图 4-7 所示，它分为原位、快进、工进（工作进给）和快退 4 步。每一步所要驱动的负载和转移条件已在图中标明，SQ1、SQ2、SQ3 为限位开关；Y1、Y2、Y3 为液压电磁阀线图；KP1 为压力继电器，当滑台运动到终点时 KP1 动作。请画出它的状态转移图并将其转变为梯形图。

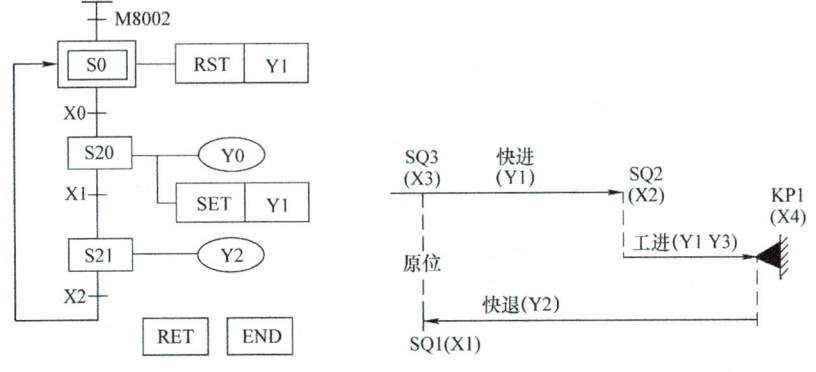

图 4-6　状态转移图　　图 4-7　某机床液压动力滑台自动工作过程示意图

## 任务二　全自动洗衣机程序控制

 **任务目标**

1）进一步掌握由生产工艺流程转变为状态转移图的方法。

2）学习、掌握状态转移图内部跳转与循环（计数）顺序控制的方法。

3）熟练掌握 FX 系列 PLC 状态转移图转变为梯形图的方法。
4）掌握步进指令的计算机输入、调试方法与监视。

### 任务引入

现代工业生产中，生产过程一般是按照一定的顺序重复循环的，如化工原料按一定比例配料的重复循环过程、洗衣机洗涤过程的重复循环等。它们的控制过程都遵循一定的规律：内部跳转与顺序循环控制。本任务探讨全自动洗衣机顺序循环过程的程序控制。

### 合作与探究

#### 一、全自动洗衣机控制程序设计

**1. 自动洗衣过程**

1）洗衣机接通电源后，按下起动按钮，首先打开进水阀进水，直到水位到达指定的高水位检测标志后，相应的高水位检测开关闭合，关闭进水阀，停止进水动作。
2）开始正向洗涤，驱动电动机正转 30s。
3）正转时间到，断开正向洗涤的控制信号，暂停 3s。
4）进行反向洗涤，驱动电动机反转 30s。
5）断开反向洗涤的控制信号，暂停 3s。
6）将以上正、反向洗涤过程循环执行 3 次。
7）正、反向洗涤结束后，打开排水阀排水，当水位下降到低水位时，开关断开。
8）驱动电动机执行脱水，工作 10s。
9）再循环执行第 2）~8）步的动作，一共 3 次。
10）上述 3 次大循环过程结束后，进行工作结束报警，即驱动蜂鸣器，报警 5s。

**2. 全自动洗衣机控制程序设计的方法与步骤**

1）根据控制要求，分配 I/O 地址，见表 4-3。

表 4-3　I/O 地址分配表

| 输入（I） | | 输出（O） | |
| --- | --- | --- | --- |
| 地址编号 | 名称与代号 | 地址编号 | 名称与代号 |
| X0 | 起动按钮 SB | Y0 | 进水电磁阀 |
| X1 | 高水位检测开关 SQH | Y1 | 正转接触器 KM1 线圈 |
| X2 | 低水位检测开关 SQL | Y2 | 反转接触器 KM2 线圈 |
| | | Y3 | 排水电磁阀 |
| | | Y4 | 脱水电动机 |
| | | Y5 | 报警 |

2）PLC 的 I/O 接线图，如图 4-8 所示。
3）根据洗衣过程设计状态转移图，如图 4-9 所示。

4）全自动洗衣机控制程序梯形图，如图4-10所示。

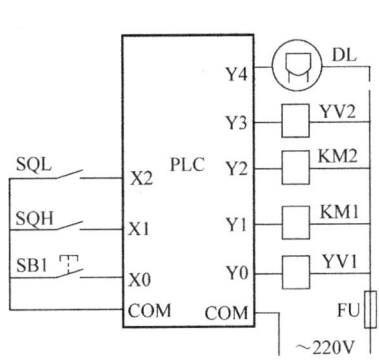

图4-8 I/O接线图

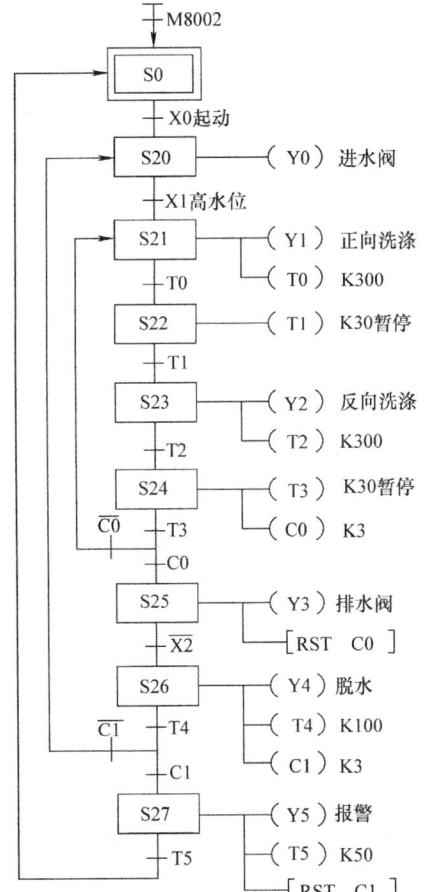

图4-9 全自动洗衣机状态转移图

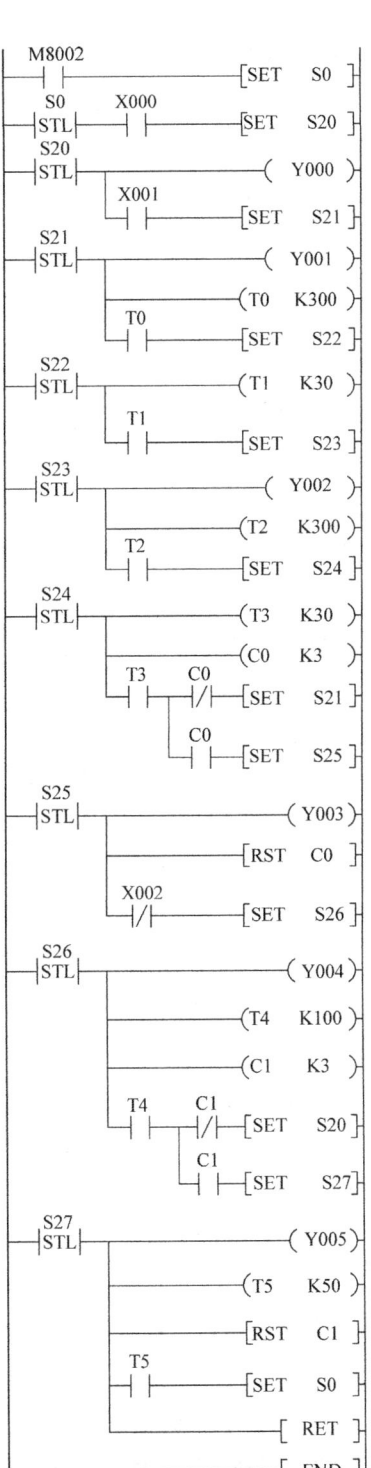

图4-10 全自动洗衣机控制程序梯形图

图 4-9 所示状态转移图设计说明：采用 M8002 在 PLC 上电后的第一个扫描周期内，进入初始状态 S0，按下起动按钮 X0，X0=ON，进入 S20 状态，之后按顺序执行。由全自动洗衣机的控制要求可知，整个洗衣过程包含两个内循环过程，采用计数器实现循环次数的控制。由于状态元件在置位的瞬间是一个脉冲信号，可用计数器 C 直接进行计数。因此，用计数器 C0 控制正反向洗涤 3 次，3 次未到，循环执行 S21~S24 状态；3 次计满，C0 常开触点闭合，断开此循环过程，执行 S25 状态。C1 的作用和 C0 相同，且应在程序的合适位置进行复位。

### 二、自动门控制程序设计

很多高档宾馆、银行、会议厅采用了自动门，方便人们进出。图 4-11 所示为自动门工作示意图，为实现自动控制，设置了相应的检测传感器，图中 X0 为光电传感器，当其检测到有人时，X0 接通，即 X0 = ON；无人时，X0 = OFF。X3 为关门极限位开关，用于控制自动门完全关闭到位；X2 为开门极限位开关（左右各一个），用于控制自动门完全打开到位；X4 为关门限速开关，当其闭合时，关门动作由高速转变为低速进行，使自动门平稳地关闭；X1 为开门限速开关，当其闭合时，控制开门动作由高速转变为低速进行，使自动门平稳地打开。开门动作：高速打开→低速打开；关门动作：高速关门→低速关门，如图 4-11b 所示。

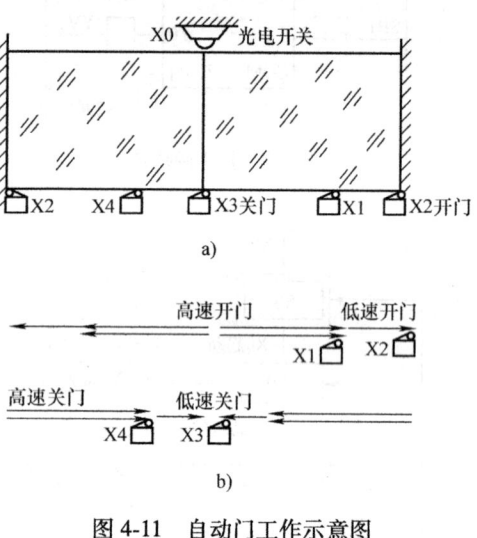

图 4-11 自动门工作示意图

**1. 自动门的控制要求**

（1）开门动作控制

1）当有人靠近门时，光电开关传感器检测到信号，首先执行快速开门动作。

2）当自动门高速打开到一定位置时，限速开关闭合，转为低速开门，直至开门极限位开关闭合。

3）门全部打开后，延时 2s，同时光电传感器检测无人，即转为关门动作。

（2）关门动作

1）先高速关门到一定位置时，限速开关闭合，转为低速关门，直至关门极限位开关闭合。

2）在关门期间，若检测到有人，则停止关门并延时 1s 转为开门动作（关门→慢开）。

**2. 自动门控制程序设计的方法与步骤**

1）根据控制要求，分配 I/O 地址，见表 4-4。

2）PLC 的 I/O 接线图，如图 4-12 所示。

表 4-4　I/O 地址分配表

| 输入（I） | | 输出（O） | |
| --- | --- | --- | --- |
| 地 址 编 号 | 名称与代号 | 地 址 编 号 | 名称与代号 |
| X0 | 光电传感器 SQ1 | Y0 | 高速开门继电器 KM1 |
| X1 | 开门限速开关 SQ2 | Y1 | 低速开门继电器 KM2 |
| X2 | 开门极限位开关 SQ3 | Y2 | 高速关门继电器 KM3 |
| X3 | 关门极限位开关 SQ4 | Y3 | 低速关门继电器 KM4 |
| X4 | 关门限速开关 SQ5 | | |

3）根据自动门控制过程设计状态转移图，其设计思想为：以开门（高速打开→低速打开）$\xrightarrow{\overline{X0}=ON,\ T}$ 关门（高速关门→低速关门）为主线设计主干程序，然后考虑在高速关门和低速关门期间，若光电开关检测到有人，X0＝ON，则延时 1s 后转为开门动作，构成两个内循环。其状态转移图如图 4-13 所示。

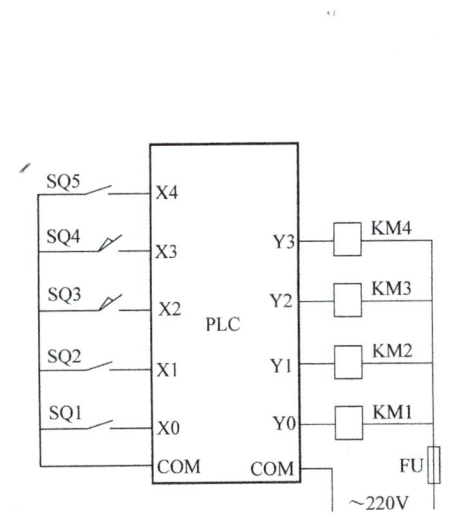

图 4-12　I/O 接线图

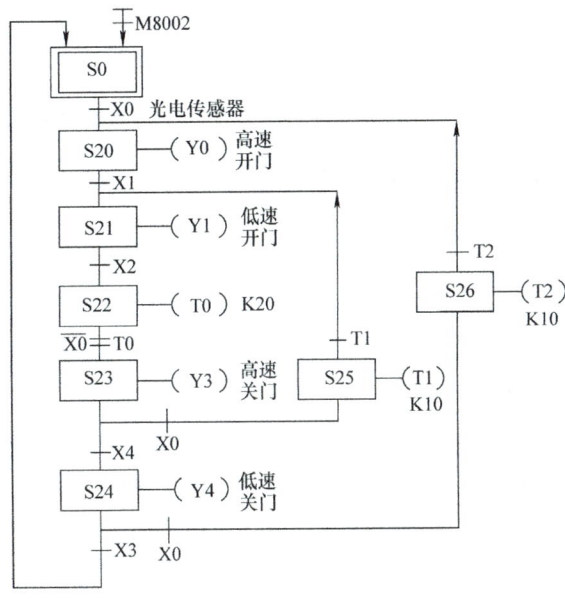

图 4-13　自动门控制状态转移图

4）自动门控制程序梯形图，如图 4-14 所示。

 **任务评价**

此任务的评价标准参考表 4-2。本模块其他任务的评价标准均参考表 4-2。

 **思考与提高**

若对本模块任务一思考与提高中题 2）增加一个自锁式按钮 SB，当按下 SB 即 SB 为 1 时，滑台循环 5 次后自动停下来；当不按 SB 即 SB 为 0 时，滑台单次循环后自动停下来。请

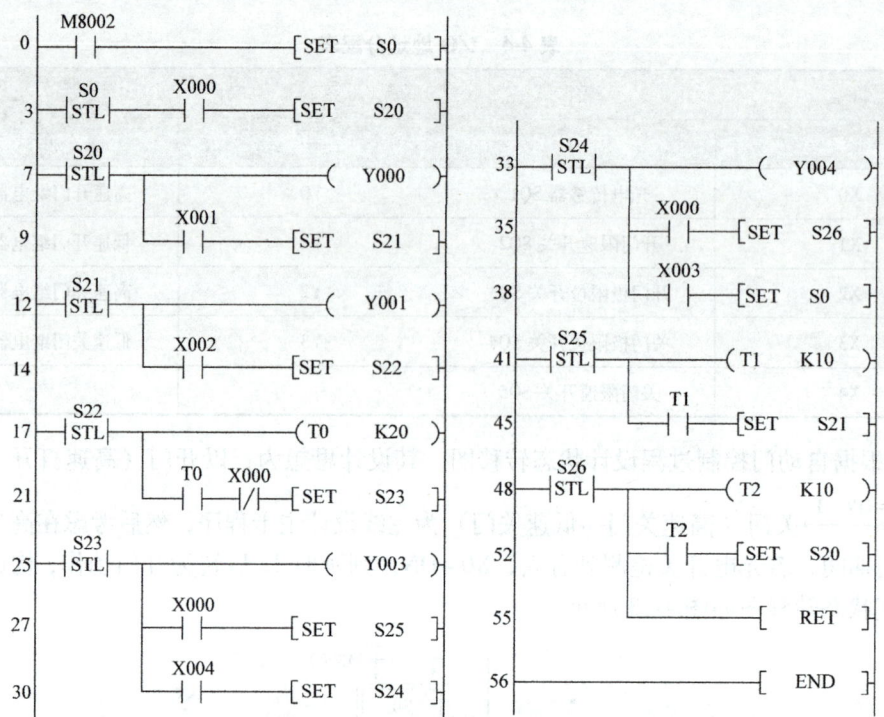

图 4-14 自动门控制程序梯形图

画出它的状态转移图和梯形图。

## 任务三 交通信号灯自动控制

 **任务目标**

1）掌握 FX 系列 PLC 状态转移图选择性分支流程的编程方法。
2）进一步掌握 PLC 状态转移图的编程方法及其转变为梯形图的方法。
3）熟练掌握步进指令的计算机输入、程序调试与监视方法。

 **任务引入**

现代都市车如流水，人来人往，繁忙的马路上交通信号灯指挥着过往的车辆和行人有条不紊地通过，它保证了道路的畅通和车辆、行人的安全。那么，我们如何用 PLC 实现它的自动控制呢？本任务介绍状态转移图选择流程编程方法在交通信号灯自动控制中的应用。

 **相关知识**

在本模块的前两个任务中，我们学习的状态转移图都是单流程的。在状态转移图中还有多分支流程，多分支流程可分为选择性分支流程和并行分支流程两种。

## 一、选择性分支流程状态转移图

选择性分支流程状态转移图是指从多个分支流程中选择执行其中一个流程的状态转移图。如图 4-15 所示,图中有三个分支流程,S0 为分支状态,根据状态 S0 的不同转移条件选择不同的分支流程。当 X0 为 ON 时,执行 S20 开始的分支流程;当 X4 为 ON 时,执行 S30 开始的分支流程;当 X10 为 ON 时,执行 S40 开始的分支流程。S43 为汇合状态,可由三个分支流程的 S22、S32、S42 中的任一状态驱动。与单流程一样,同一时间只能有一个状态开启。

## 二、选择性分支流程状态转移图转变为梯形图的编写方法

选择性分支流程状态转移图转变为梯形图(或指令表)的基本原理:顺序处理各分支流程,汇合状态作为每个分支流程最后的一个状态,最后表达汇合状态的转移。在图 4-15 所示选择性分支流程状态转移图中,先处理分支状态 S0 的输出驱动,再处理分支状态。当 X0 为 ON 时,应转移到 S20 开始的流程,包括汇合状态 S43;当 X4 为 ON 时,应转移到 S30 开始的流程,包括汇合状态 S43;当 X10 为 ON 时,应转移到 S40 开始的流程,包括汇合状态 S43;然后处理汇合状态 S43 的转移。图 4-15 所示选择性分支流程状态转移图的梯形图如图 4-16 所示。

**注意**:选择性分支的分支流程数最大为 8 个。

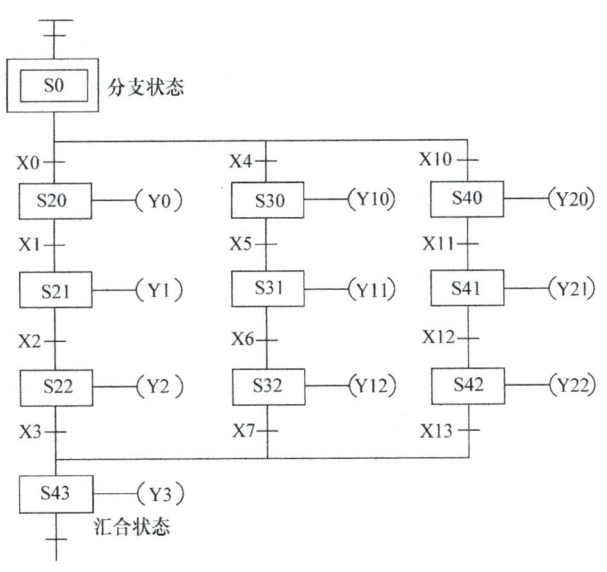

图 4-15　选择性分支(与汇合)流程状态转移图

## 合作与探究

### 一、交通信号灯系统自动控制

交通信号灯分东西、南北两组,分别有红、黄、绿三种颜色,如图 4-17 所示,因东西、

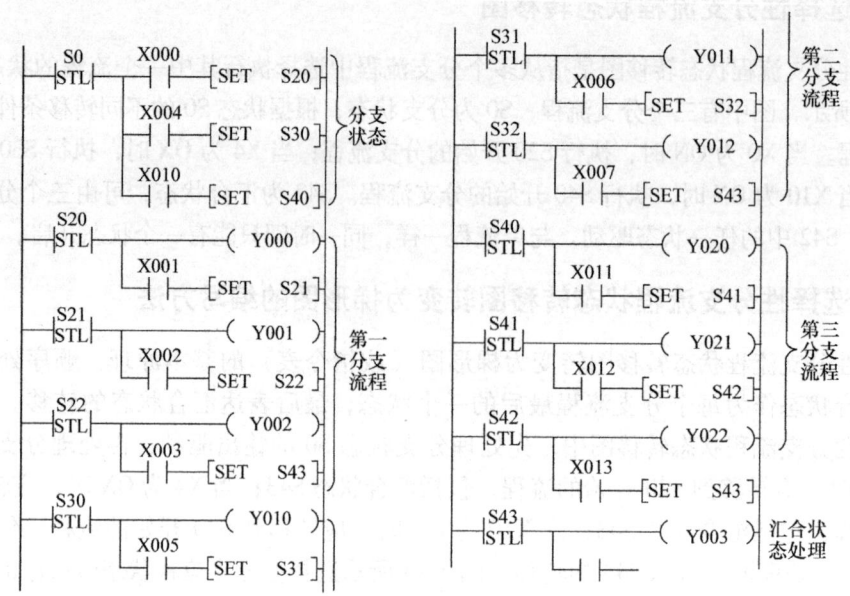

图 4-16 选择性分支（与汇合）流程梯形图

南北方向交通繁忙情况不一样，其控制要求如下：

自动开关 QF 合上后，东西绿灯亮 10s，最后 2s 黄灯开始闪亮（设每秒闪烁一次），对应南北红灯亮 10s；接着南北绿灯亮 14s，最后 2s 黄灯开始闪亮，东西红灯亮 14s；如此循环下去。

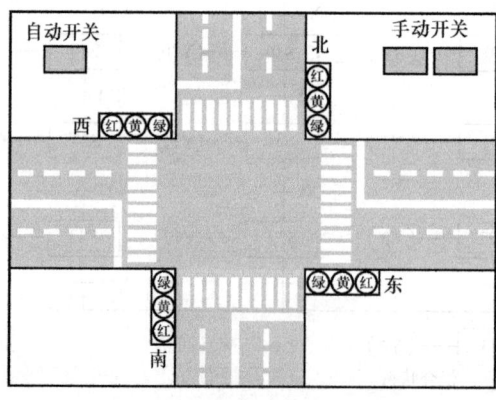

图 4-17 交通信号灯示意图

当某一方向有紧急事情时，手动开关 QS1 合上后，东西绿灯亮，南北红灯亮，或当 QS2 合上后，南北绿灯亮，东西红灯亮。

## 二、交通信号灯系统控制程序设计的方法与步骤

1）根据交通信号灯系统自动控制的要求，画出各信号灯的工作时序图，如图 4-18 所示。PLC 的 I/O 地址分配见表 4-5，I/O 接线示意图如图 4-19 所示。

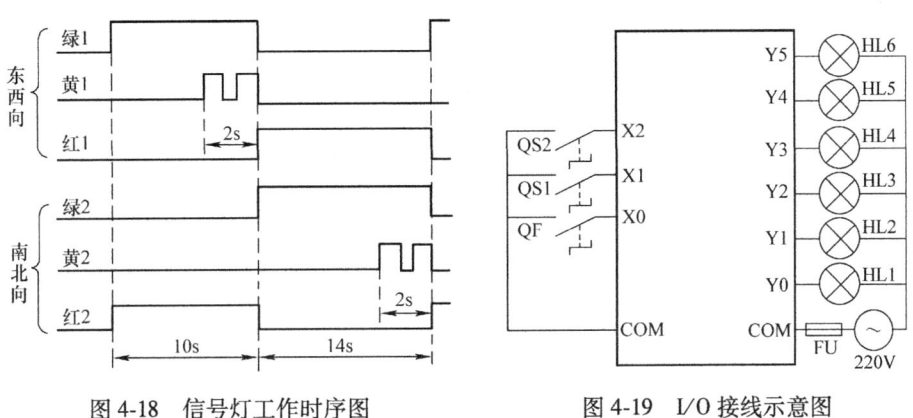

图 4-18 信号灯工作时序图　　　　图 4-19 I/O 接线示意图

表 4-5　I/O 地址分配表

| 输入（I） | | 输出（O） | |
| --- | --- | --- | --- |
| 地址编号 | 名称与代号 | 地址编号 | 名称与代号 |
| X0 | 自动开关 QF | Y0 | 东西绿灯 HL1 |
| X1 | 手动开关 SQ1 | Y1 | 东西黄灯 HL2 |
| X2 | 手动开关 SQ2 | Y2 | 东西红灯 HL3 |
|  |  | Y3 | 南北绿灯 HL4 |
|  |  | Y4 | 南北黄灯 HL5 |
|  |  | Y5 | 南北红灯 HL6 |

2）程序设计。根据时序图可设计出状态转移图，如图 4-20 所示。

图 4-20 所示的状态转移图采用了选择性分支结构，把自动状态与手动状态分开。自动状态为一个分支（S20 开始的流程），完成控制要求的东西和南北红绿黄灯的动作循环。手动状态为另一个分支（S26 开始的流程），完成东西和南北红绿灯强制的动作要求。当交通信号灯处于自动状态（QF 合上，X0 为 ON）的任何一个状态时，按下手动开关 QS1 或 QS2（X1 或 X2 为 ON），系统退出自动状态到 S0 后，进入相应的手动状态。

在程序中，靠在自动状态流程中各个状态转移条件并联的 X1 或 X2 常开触点，把当前动作状态转移到分支状态 S0，然后进入手动状态（S26 为 ON）。当释放手动开关 QS1 或 QS2（X1 或 X2 为 OFF）时，满足 S26 的转移条件，将动作状态转移到分支状态 S0。如果 QF 仍闭合，就又进入自动循环工作状态；如果 QF 断开，交通信号系统就进入停止等待状态。

3）将状态转移图转变为梯形图输入到 PLC 进行程序的试运行，观察 PLC 的输出是否符合控制要求。

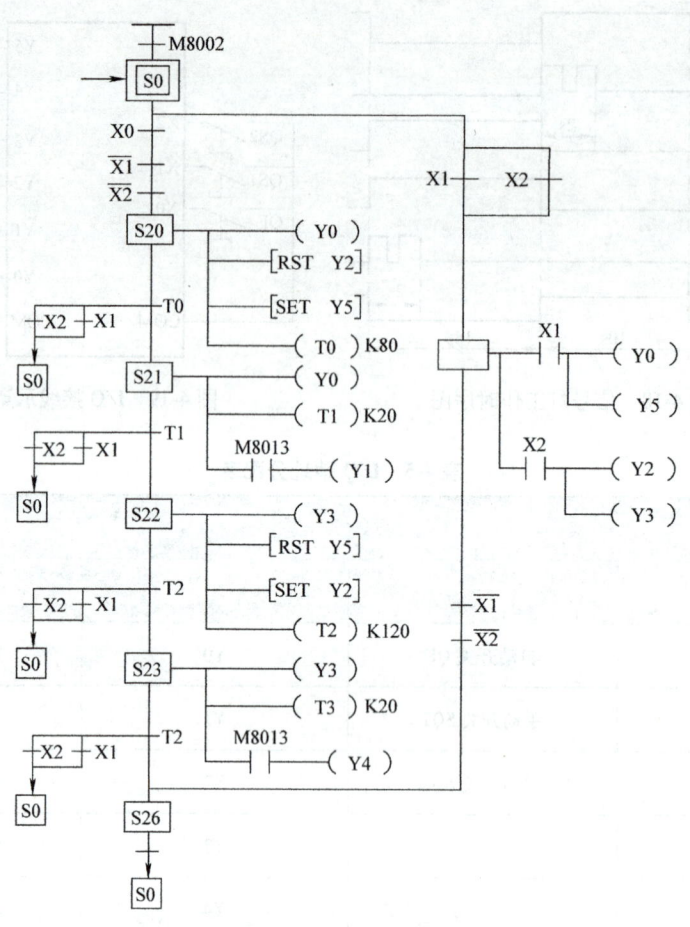

图 4-20 交通信号灯系统状态转移图

**思考与提高**

1）试一试：分别将 S20 与 S21、S22 与 S23 合并为一个状态，以减少程序对内存的占用和状态的编写时间，如何修改？

2）图 4-20 中的 S26（汇合状态）是一个虚拟状态，可以删除，删后就构成了选择分支非汇合的流程，应如何修改？请试一试，修改后将其输入到 PLC 中进行运行监视。

## 任务四　送料小车多位置卸料自动循环控制

**任务目标**

1）掌握 FX 系列 PLC 状态转移图的并行分支流程编程方法。

2）进一步掌握 FX 系列 PLC 的状态编程法和 PLC 程序的输入、调试与监视方法。

 **任务引入**

生产机械设备如运料小车常常有多种控制要求,例如自动装卸料运行、事故急停和点动等,那么如何用 PLC 进行程序控制呢？下面来学习和应用并行分支流程的编程方法。

 **相关知识**

## 一、并行分支流程

当某个状态的转移条件满足后,在该状态复位的同时,需要将多个状态置位以满足工作机械的控制要求,这种状态流程称为并行分支流程。图 4-21 所示为并行分支流程,图 a、b 中均有三个分支流程,其中图 a 为并行分支非汇合流程,图 b 为并行分支汇合流程。以图 4-21b 为例说明并行分支流程的工作情况：S0 为分支状态,一旦状态 S0 的转移条件 X0 为 ON,以 S20、S30、S40 开始的三个分支流程同时执行；S43 为汇合状态,当三个分支流程动作全部执行结束时,如 X7 为 ON,S43 就开启置位；若其中一个分支没执行完,S43 就不能开启置位。与单流程或选择性分支流程不同,并行分支流程在同一时间有两个或两个以上的状态开启。

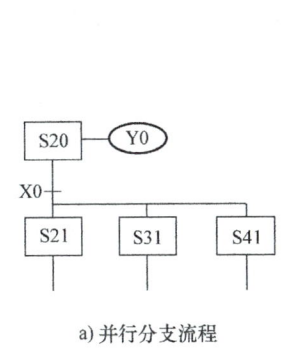
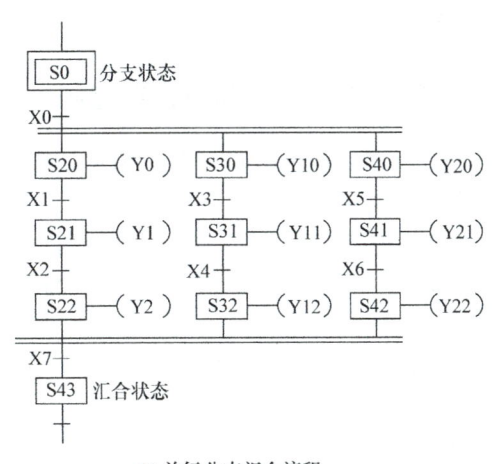

a) 并行分支流程　　　　　　　　　　b) 并行分支汇合流程

图 4-21　并行分支流程
a) 并行分支流程　b) 并行分支汇合流程

## 二、并行分支汇合流程状态转移图转变为梯形图

并行分支汇合流程状态转移图转变为梯形图（或指令表）的基本原则是先进行并行分支处理,再集中进行汇合处理。在图 4-21b 所示的并行分支汇合流程状态转移图中,当状态 S0 的转移条件 X0 为 ON 时,应依次转移到 S20、S30、S40 状态,然后依次处理以 S20、S30、S40 开始的分支流程,最后进行汇合状态 S43 的处理。并行分支汇合流程状态转移图转变为梯形图如图 4-22 所示。

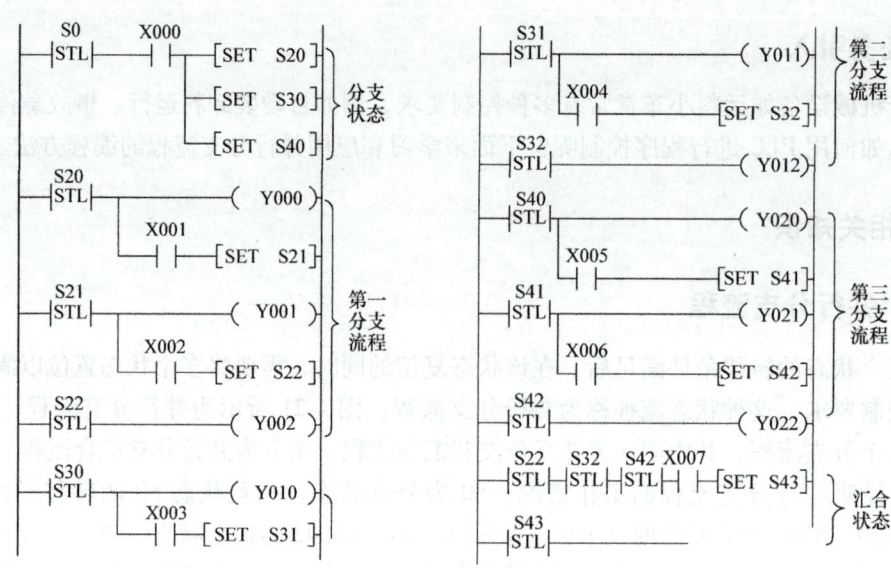

图 4-22 并行分支汇合流程的梯形图

 **合作与探究**

### 一、送料小车多位置卸料自动控制

小车送、卸料自动控制如图 4-23 所示，按钮 SB1 起动送料小车，按钮 SB2 停止送料小车，其工作流程与控制要求如下：

1) 按起动按钮 SB1，小车在 1 号仓停留 10s 装料后，第一次由 1 号仓送料到 2 号仓，碰限位开关 SQ2 后，在 2 号仓停留 5s，料斗卸料，然后空车返回到 1 号仓，碰限位开关 SQ1，停留 10s 装料。

2) 小车第二次由 1 号仓送料到 3 号仓，经过限位开关 SQ2 不停留，继续向前，当到达 3 号仓，碰限位开关 SQ3，停留 8s，料斗卸料，然后空车返回到 1 号仓，碰限位开关 SQ1，停留 10s 再装料。

3) 重复上述工作循环过程。送料小车系统循环三次后自动停止。

4) 当遇到紧急情况时，按下停止按钮 SB2，系统马上停止运行（SB2 即为急停按钮）。事故解除后按下起动按钮，系统继续按原循环运行。

### 二、程序设计方法与步骤

1) 列出 PLC 的 I/O 地址分配表，见表 4-6。

2) 画出 PLC 的 I/O 接线图，如图 4-24 所示。

3) 程序设计。送料小车装料、送料（前进）、卸料、返回（后退）等过程是顺序控制过程，每个工作事件（过程）都可以用一个状态来表示，用状态转移图设计较方便。

表 4-6  I/O 地址分配表

| 输入信号（I） | | 输出信号（O） | |
|---|---|---|---|
| 地址编号 | 名称与代号 | 地址编号 | 名称与代号 |
| X0 | 起动按钮 SB1 | Y0 | 向前接触器 KM1 |
| X1 | 停止按钮 SB2 | Y1 | 向后接触器 KM2 |
| X2 | 限位开关 SQ1 | | |
| X3 | 限位开关 SQ2 | | |
| X4 | 限位开关 SQ3 | | |

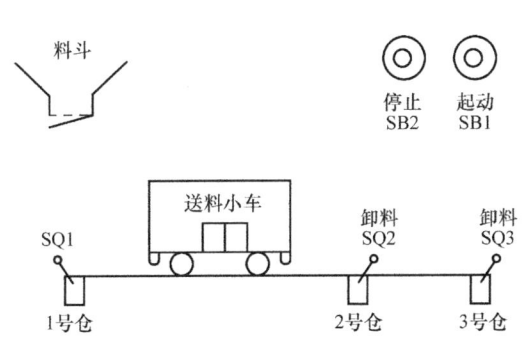

图 4-23  送料小车自动控制示意图

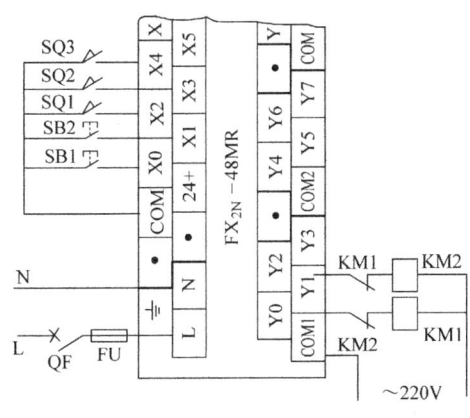

图 4-24  I/O 接线图

任务中的难点之一：当小车第二次到达 2 号仓时，经过（碰）限位开关 SQ2 不停留，继续向前。采用状态编程法正确选择状态的转移条件就可以很好地解决这个问题。小车第二次到达 2 号仓时，经过（碰）限位开关 SQ2 时，状态不转移，即限位开关 SQ2（X3）不是该状态的转移条件，而小车到达 3 号仓时，经过（碰）限位开关 SQ3（X4）时，状态才转移。

难点之二：遇到紧急情况时，系统马上停止与重新起动后继续进行。采用并行分支结构同时运行一个状态，并用内部辅助继电器的置位与复位解决。注意，此任务中系统马上停止，也可采用 M8034（输出禁止，即 PLC 的外部输出接点均为 OFF）。程序设计的状态转移图和梯形图分别如图 4-25 和图 4-26 所示。

系统循环三次后自动停止的问题，本任务采用系统产生脉冲计数即计数器解决。

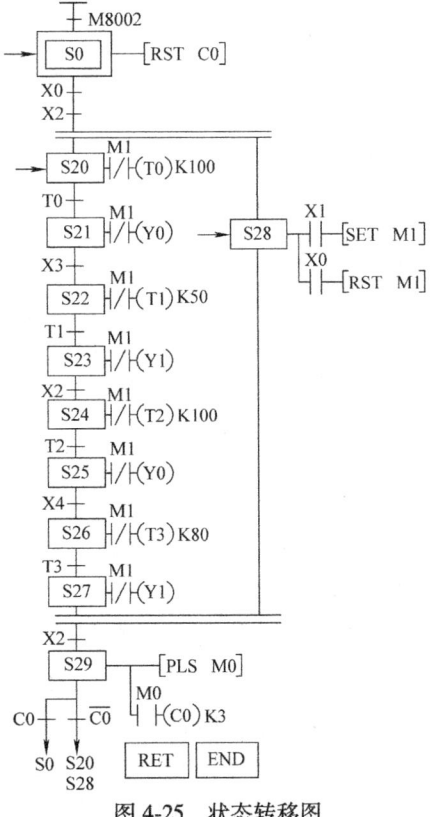

图 4-25  状态转移图

```
        M8002
   0    ──┤├──────────────────────[SET  S0 ]
          S0
   3    ──┤STL├────────────────────[RST  C0 ]
              X000  X002
   6          ──┤├──┤├────────────[SET  S20]
                                  [SET  S28]
          S20   M1
  12    ──┤STL├─┤/├──────────────(T0   K100)
                 T0
                ──┤├──────────────[SET  S21]
          S21   M1
  20    ──┤STL├─┤/├──────────────(Y000)
                X003
                ──┤├──────────────[SET  S22]
          S22   M1
  26    ──┤STL├─┤/├──────────────(T1   K50)
                 T1
                ──┤├──────────────[RET  S23]
          S23   M1
  34    ──┤STL├─┤/├──────────────(Y001)
                X002
                ──┤├──────────────[SET  S24]
          S24   M1
  40    ──┤STL├─┤/├──────────────(T2   K100)
                 T2
                ──┤├──────────────[SET  S25]
          S25   M1
  48    ──┤STL├─┤/├──────────────(Y000)
                X004
                ──┤├──────────────[SET  S26]
          S26   M1
  54    ──┤STL├─┤/├──────────────(T3   K80)
                 T3
                ──┤├──────────────[SET  S27]
          S27   M1
  62    ──┤STL├─┤/├──────────────(Y001)
          S28   X001
  65    ──┤STL├─┤├────────────────[SET  M1]
                X000
                ──┤├──────────────[RST  M1]
          S27   X28   X002
  70    ──┤STL├─┤STL├─┤├──────────[SET  S29]
          S29
  75    ──┤STL├──────────────────[PLS  M0]
                M0
  78            ──┤├──────────────(C0   K3)
                C0
  82            ──┤├──────────────[SET  S0]
                C0
  85            ──┤/├──────────────[SET  S20]
                                  [SET  S28]
  90                              [ RET ]
  91                              [ END ]
```

图 4-26 梯形图

4)输入程序并调试。将计算机编辑完成的 PLC 梯形图写出,输入到 PLC 中进行程序的调试运行。观察 PLC 输出是否符合控制要求。

## 思考与提高

1)对本任务提出的问题。

① 本程序在设计中存在一个缺点,主要在时间继电器上,请你把它找出来并修改。

② 如果送料小车电动机要求有过载保护(取热继电器的常闭触点),程序如何修改?

③ 小车正在进行多次循环运行,但因故要休息,需要停车(非急停,即随机停车,是指小车接收到停车命令后不立即停车,而是等待正在运行的该次循环结束后才停止),设为 X6,请对程序进行修改设计。

④ 送料小车正在运行,供电系统突然停电,来电后小车应按原动作进行,如何处理?

⑤ 本程序采用一个工作事件(过程)为一个状态,在程序的编写与计算机输入中较繁琐,能适当地压缩状态数吗?请试一试。

2)问题解决提示。

① T0、T1 应采用积算定时器,如 T250。因装料时突然急停,事故排除后重启,T0、T1 重新计时 10s,会导致装料过多溢出。注意,T250 应在适当的位置复位。

② 当有过载信号(热继电器的常闭触点断开)时,PLC 接点设为 X5(──┤/├──常闭触点)恢复接通,系统应立即停止。在图 4-25 中,在 S28 状态下,将 X5 与 X1 并联即可,如图 4-27a 所示。过载处理完毕后,按起动按钮 SB1(X0),小车按原动作进行。

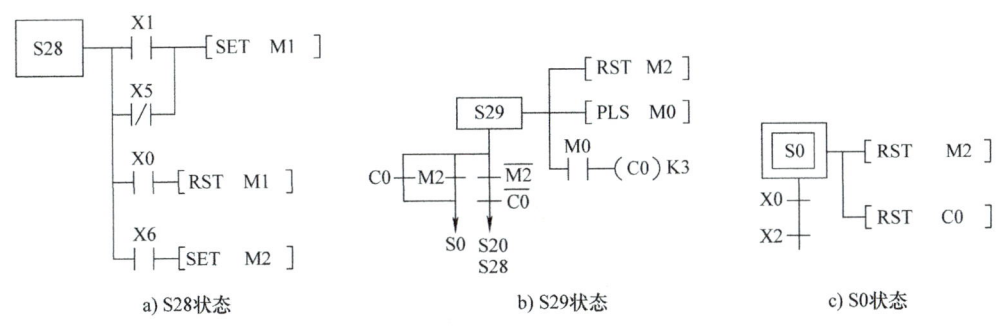

图 4-27 系统程序修改后的部分状态

③ 随机停车设为 X6，在 S28 状态下，增加 X6 驱动 SET M2，M2 及 $\overline{M2}$ 在 S29 状态下分别作为转移到 S0 及 S20、S28 的转移条件，在 S29 状态应对 M2 复位，如图 4-27b 所示。在 S0 状态应对 M2 复位，如图 4-27c 所示。

④ 突然停电，来电后小车应按原动作进行。在图 4-25 中，将 S0 之后的状态改为掉电保持型（S500~S899）或在图中增加掉电保持型继电器或在 S0 后增加一个选择分支进行点动/手动处理。

请结合本模块及问题解决提示，对系统进行改进设计。

3）请将模块三的任务六液体混合装置控制用步进指令编程。

# 任务五　带式输送机控制

## 任务目标

1. 进一步掌握 PLC 状态转移图的编程方法。
2. 在生产实践中综合运用顺序控制与选择性控制。
3. 掌握 $FX_{3U}$ 系列 PLC 输入端接线方法。

## 任务引入

在多台电动机拖动的生产设备上，各电动机的作用是不相同的，往往要求各电动机按一定的顺序起动，同时还要按另一种特定的顺序停止。如多条传送带组成的带式物料输送机、生产线工作组等都要求相应的电动机按一定的顺序起动、逆序停止等，以保证设备的工作安全和操作的合理性。本任务主要介绍综合运用顺序控制与选择性控制在多条传送带组成的带式物料输送机控制系统中的编程方法。

## 合作与探究

### 一、带式物料输送机控制要求

图 4-28 所示为带式物料输送机的示意图，控制要求如下：

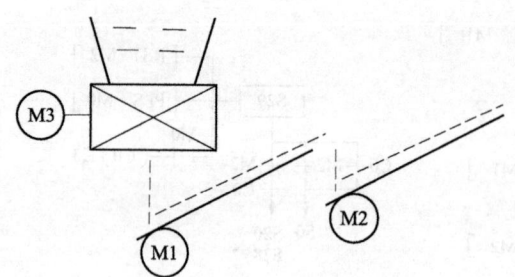

图 4-28 带式物料输送机示意图

1）正常起动顺序：M1 —Δt→ M3 —Δt→ M2
2）故障后起动顺序：M2 —Δt→ M1 —Δt→ M3
3）正常停机顺序：M3 —Δt→ M1 —Δt→ M2
4）故障停机（如 KH 动作）时一起停止。
5）手动控制：每个设备设有单独的控制开关实现起动与停止。

## 二、PLC 程序设计的方法与步骤

### 1. 主电路
采用一个接触器控制一台电动机，并用热继电器进行过载保护，电路图略。

### 2. 控制电路
1）根据控制要求确定 PLC 的 I/O 地址分配，见表 4-7。

表 4-7 I/O 地址分配表

| 输入（I） | | 输出（O） | |
| --- | --- | --- | --- |
| 地址编号 | 名称与代号 | 地址编号 | 名称与代号 |
| X0 | 起动按钮 | Y0 | 给料机 M3 |
| X1 | 停止按钮 | Y1 | 1号传动带机 |
| X2 | 手动按钮 | Y2 | 2号传动带机 |
| X3 | 急停按钮与热继电器常闭串联 | | |
| X10 | 给料机 M3 点动 | | |
| X11 | 1号传动带机点动 | | |
| X12 | 2号传动带机点动 | | |

2）采用 $FX_{3U}$-32MR PLC 实现带式物料输送机控制，I/O 接线如图 4-29 所示。

如果 S/S 端子与接 24V 端子相连接，则 0V 为输入公共端 COM，这与 $FX_{1N/2N}$ 相同，为低电平输入，称为漏型接法。反之，如果 S/S 端子与接 0V 端子相连接，则 24V 为输入公共端 COM，为高电平输入，称为源型接法。如果输入端为按钮类的开关信号，两种接法均可，如果输入端为传感器类的开关信号，则应根据传感器类型选择接法。关于传感器类型与 PLC 的连接可参阅模块九的任务一。

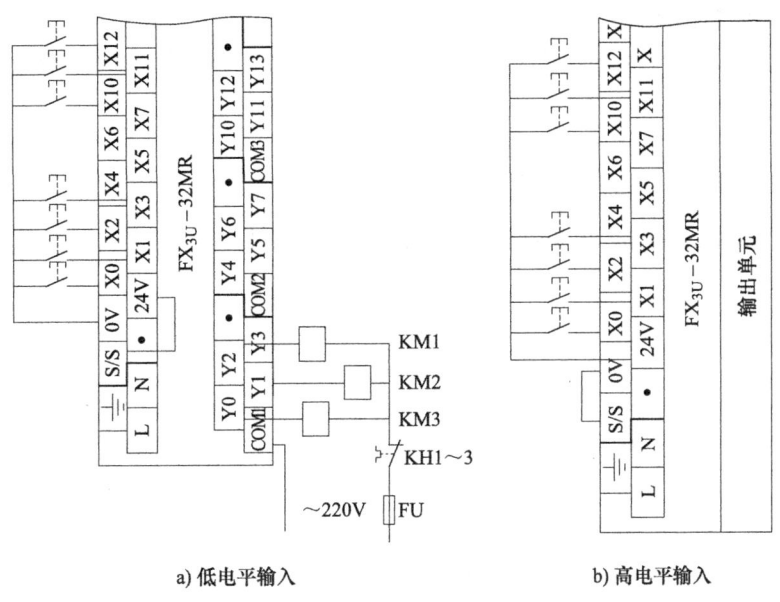

a) 低电平输入  b) 高电平输入

图 4-29 I/O 接线图

3) 状态转移图如图 4-30 所示。

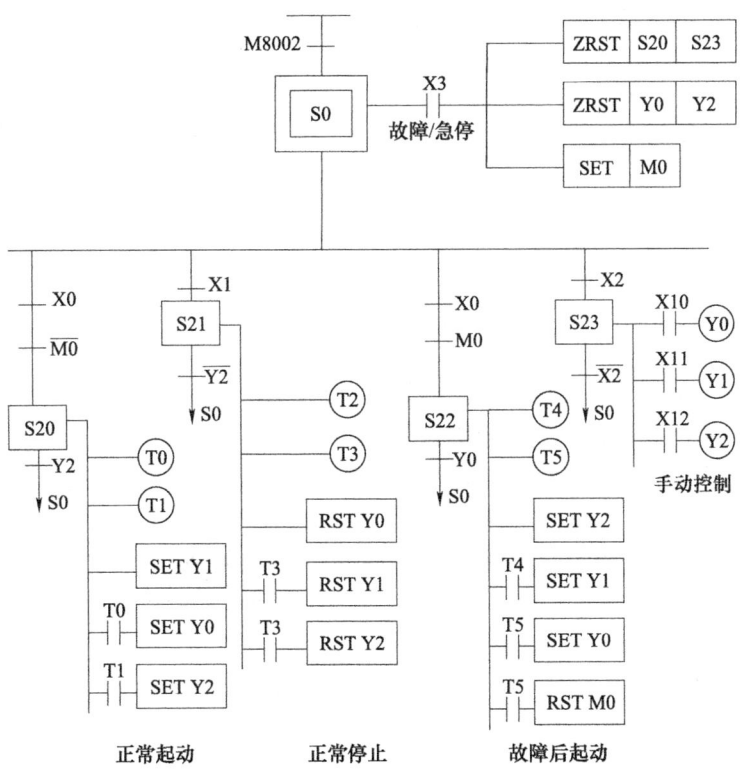

图 4-30 状态转移图

程序说明：每一个状态完成一个功能，在状态内由时间进行顺序控制。T0 = $\Delta t$，T1 =

$2\Delta t$，其他时间设置依此类推。

4）将状态转移图转变为梯形图输入到 PLC 进行程序的试运行，观察 PLC 的输出是否符合控制要求。

**思考与提高**

试编写 PLC 控制的电动机可逆能耗制动的状态转移图。

## 小　结

顺序控制采用步进指令编程可以使程序简单明了。应用步进指令编程时，一般是把控制对象的运动、变化情况分解成各运动动作或状态（工序），将输入条件、各状态的转移条件和输出控制按一定的顺序设计出状态转移图，然后再将状态转移图转变为梯形图，这种编程的方法也称状态编程法，其关键是正确设计出状态转移图。

步进顺控指令编程有单流程与多流程编程两种，多流程主要有以下几种分支形式：

（1）选择性分支编程　当某个状态的转移条件超过一个时，需要用选择性分支编程（不一定要汇合），如图 4-31a 所示。

（2）选择性汇合编程　如图 4-31b 所示，3 个分支状态 S29、S39、S49 汇合到状态 S50。在编制程序时，汇合状态应作为每一条分支的最后一个状态处理。

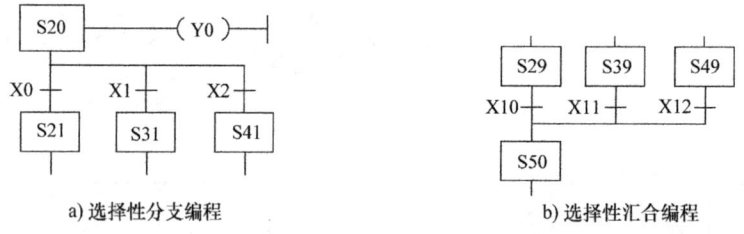

图 4-31　选择性分支程序

（3）并行分支编程　如果某个状态的转移条件满足，在将该状态复位的同时，需要将若干状态置位，这时应采用并行分支编程的方法，其程序如图 4-32a 所示。

（4）并行分支汇合编程　汇合前先对各分支流程分别处理，最后进行汇合状态的处理，其程序如图 4-32b 所示，3 条并行支路分别为 S29、S39、S49，最后汇合到 S50，编程时依次处理 S29、S39、S49 分支流程，最后进行汇合状态 S50 的处理。

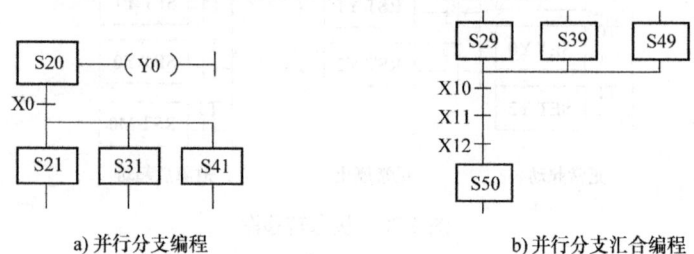

图 4-32　并行分支程序

**注意**：对于初始状态下（S0~S9），每一状态下的分支电路数总和不大于16个，并且在每一分支点的分支数不大于8个。

（5）部分重复的编程方法　在有些情况下，需要返回某个状态重复执行一段程序，可以采用部分重复的编程方法，如图4-33所示。

（6）同一分支内跳转的编程方法　在同一分支的执行过程中，有时由于某种需要需跳过几个状态，执行下面的程序，可采用同一分支内跳转的编程方法，如图4-34所示。

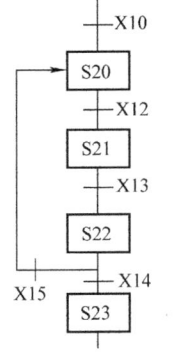
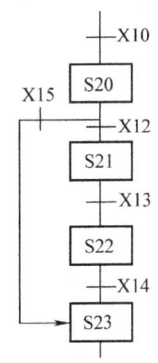

图4-33　部分重复的编程方法　　　图4-34　同一分支内跳转的编程方法

# 模块五　功能指令的应用

● 三菱 PLC 的 MOV、CMP、INC、DEC、SFTR、SFTL、SEGD（七段码显示）和触点比较等功能指令的应用。
● 条件跳转指令 CJ(P) 程序流的编程方法及应用。
● PLC 控制系统的安装接线和控制程序的调试与修改。
● PLC 抗干扰措施与日常维护。

## 任务一　小车呼叫控制

 **任务目标**

1）掌握 FX 系列 PLC 数据寄存器 D 的编号及属性。
2）掌握功能指令的一般表达形式及传送、比较等功能指令的使用。
3）掌握 PLC 的功能指令编程方法和 PLC 程序的输入、调试与监视方法。

 **任务引入**

通过前面的知识学习，我们已能用基本指令和步进指令对生产中一般性要求的控制系统进行程序编写，但对于复杂的控制系统还要用到功能指令。本任务将应用功能指令编写程序实现对小车在不同位置进行呼叫的控制。

 **相关知识**

### 一、功能指令的表达方式

PLC 的功能指令又称为应用指令，它能完成指定的功能，如前面学习的 SET、RST 指令等。功能指令由相应的助记符和操作数组成，如图 5-1 所示。

助记符是该功能指令的功能意义的英文缩写，如 MOV 是 MOVE 的缩写，可用计算机直接输入。

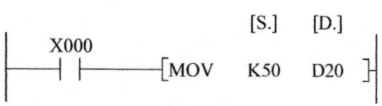

图 5-1　功能指令梯形图结构

操作数是指功能指令用于运算的元件或数据。它包括源操作数［S］、目标操作数［D］和数据个数（图 5-1 未表示出来）三部分。源操作数［S］的特点是指令执行后，其内容不改变，如图 5-1 所示的 K50；采用变址时用［S.］表示。

目标操作数［D］的特点是指令执行后，其内容将会改变，如图 5-1 所示的 D20；采用变址时用［D.］表示。

当一条指令中源操作数、目标操作数不止一个时，可用字母后加数字识别，如［S1.］、［S2.］，［D1.］、［D2.］等。

数据个数是对源操作数或目标操作数的个数进行补充说明，用 K 表示十进制，H 表示十六进制，如 K3 表示操作数为 3。

功能指令的执行方式分为连续执行和脉冲执行两种。当指令后面有 P 时，表示脉冲执行；当执行条件满足时，仅执行一个扫描周期（默认状态为连续执行方式）。对于不要求每个扫描周期都执行的指令，常用脉冲执行方式以缩短执行时间。当指令前面（或后面）有 D 时，表示该指令的数据为 32 位。

## 二、数据寄存器 D

数据寄存器 D 是存储数值、数据用的软元件，其编号及属性见表 5-1。

表 5-1　FX$_{2N}$ PLC 数据寄存器 D 的编号和属性

| 一般用途 | 掉电保持用途 | 掉电保持专用 | 特殊用途 | 变址用 |
|---|---|---|---|---|
| D0～D199<br>共 200 点 | D200～D511<br>共 312 点 | D512～D7999<br>共 7488 点 | D8000～D8255<br>共 256 点 | V0～V7<br>Z0～Z7<br>共 16 点 |

数据寄存器 D 可单个使用，如 D0、D10，为 16 位数据寄存器，也可将相邻两个数据寄存器组合，构成 32 位数据寄存器，大地址编号的为高 16 位，小地址编号的为低 16 位。当用 32 位（组合）指令时，只指定低位即可，例如指定了 D10，则其高位自动分配为 D11。考虑到编程习惯及外围设备的监控功能，一般将软元件编号的低位指定为偶数地址编号，如 D10、D12、D20 等，它们的实际组合是 D11D10、D13D12、D21D20。

## 三、传送指令 MOV

传送指令 MOV 就是将源操作数的内容原封不动地传送到目标操作数中，源操作数的内容不变，如图 5-2 所示。

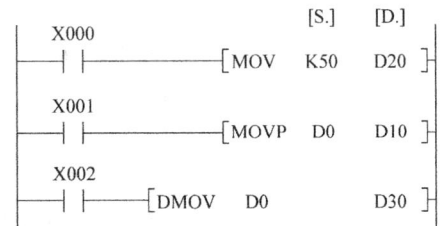

图 5-2　传送指令的使用

图 5-2 所示传送指令程序说明：

当 X0＝ON 时，运行连续执行型 16 位传送指令，每来一次扫描脉冲，将十进制数 50（源操作数）转换为二进制数后传送一次给 D20；当 X0＝OFF 时，不执行传送指令。

当 X1＝ON 时，运行脉冲执行型 16 位传送指令，指令只执行一次，将 D0 的内容传送给 D10。

当 X2=ON 时,运行连续执行型 32 位传送指令,将 D1、D0 组合的内容传送到 D30 中。

### 四、比较指令

比较指令有两数据比较（CMP）和区间比较（ZCP）两种。

（1）两数据比较指令 CMP　CMP 指令的功能是将两个源操作数 [S1.] 和 [S2.] 的数据进行比较,结果送到目标操作数 [D.] 中,指令表达如图 5-3 所示。当 X1=ON 时,进行比较,比较结果送到 M0~M2 中;当 X1=OFF 时,不进行比较,M0~M2 的状态保持不变。

（2）区间比较指令 ZCP　ZCP 指令的功能是将源操作数 [S.] 的数值与另外两个源操作数 [S1.]、[S2.] 形成的区间进行比较,结果送到目标操作元件 [D.] 中,且源操作数 [S1.] ≤ [S2.],指令表达如图 5-4 所示。当 X1=ON 时,执行 ZCP 指令,将 T2 的当前值与 K10 和 K15 相比较,结果送到 M3~M5 中。

```
        [S1.]  [S2.]  [D.]
X1
├┤──[CMP  K100   C2    M0]
  M0
  ├┤── K100>C2, M0=ON
  M1
  ├┤── K100=C2, M1=ON
  M2
  ├┤── K100<C2, M2=ON
```

图 5-3　CMP 指令的使用

```
        [S1.] [S2.] [S.] [D.]
X1
├┤──[ZCP  K10  K15  T2  M3]
  M3
  ├┤── K10>T2当前值, M3=ON
  M4
  ├┤── K10≤T2当前值≤K15, M4=ON
  M5
  ├┤── K15<T2当前值, M5=ON
```

图 5-4　ZCP 指令的使用

## 合作与探究

### 一、小车呼叫控制

如图 5-5 所示,SQ 为小车所停位置,按下按钮 SB 代表呼叫信号。当小车所停位置 SQ 的编号大于呼叫的 SB 编号时,小车往左运行至呼叫的 SB 位置后停止;当小车所停位置 SQ 的编号小于呼叫的 SB 编号时,小车往右运行至呼叫的 SB 位置后停止;小车所停位置 SQ 的编号等于呼叫的 SB 编号时,小车不动。试根据要求,编写 PLC 控制程序。

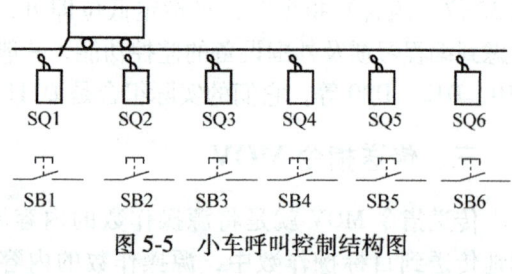

图 5-5　小车呼叫控制结构图

### 二、小车呼叫控制程序的设计方法与步骤

根据要求将小车所停位置的 SQ 编号传送到数据寄存器 D0 中,将呼叫小车的按钮 SB 的编号传送到数据寄存器 D1 中,对 D0 和 D1 进行比较,其结果驱动 Y0、Y1 工作（左、右移动）。

1）根据要求进行 I/O 地址分配,见表 5-2。

表 5-2 I/O 地址分配表

| 地址编号 | 名称与代号 | 地址编号 | 名称与代号 |
|---|---|---|---|
| X0 | 起动按钮 SB0 | X11 | 位置 1 行程开关 SQ1 |
| X1 | 位置 1 呼叫按钮 SB1 | X12 | 位置 2 行程开关 SQ2 |
| X2 | 位置 2 呼叫按钮 SB2 | X13 | 位置 3 行程开关 SQ3 |
| X3 | 位置 3 呼叫按钮 SB3 | X14 | 位置 4 行程开关 SQ4 |
| X4 | 位置 4 呼叫按钮 SB4 | X15 | 位置 5 行程开关 SQ5 |
| X5 | 位置 5 呼叫按钮 SB5 | X16 | 位置 6 行程开关 SQ6 |
| X6 | 位置 6 呼叫按钮 SB6 | Y0 | 小车左移交流接触器 KM1 |
|  |  | Y1 | 小车右移交流接触器 KM2 |

2) I/O 接线图如图 5-6 所示。

3) PLC 控制程序设计。小车呼叫控制梯形图如图 5-7 所示，当 X0 = ON 时，执行 CMP 指令。当 D0>D1 时，M0 = ON，Y0 接通，小车向左移动；当 D0<D1 时，M2 = ON，Y1 接通，小车向右移动；当 D0 = D1 时，M1 = ON，小车不动。

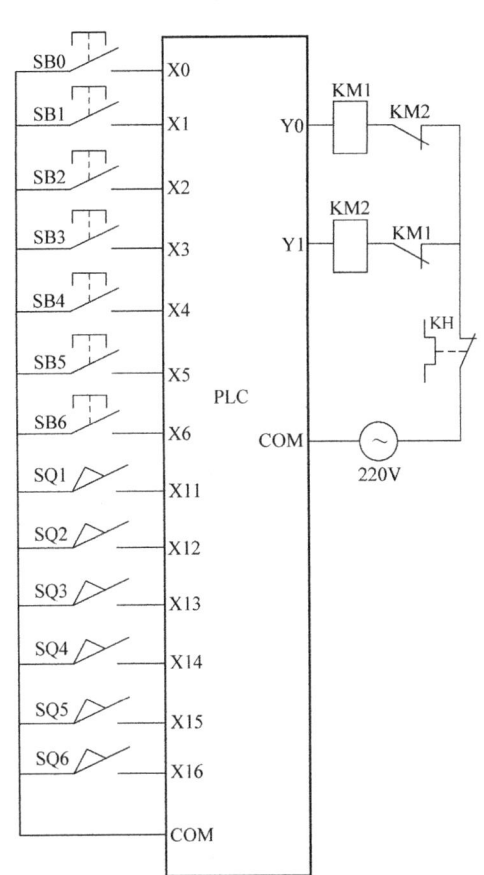

图 5-6 小车呼叫控制 I/O 接线图

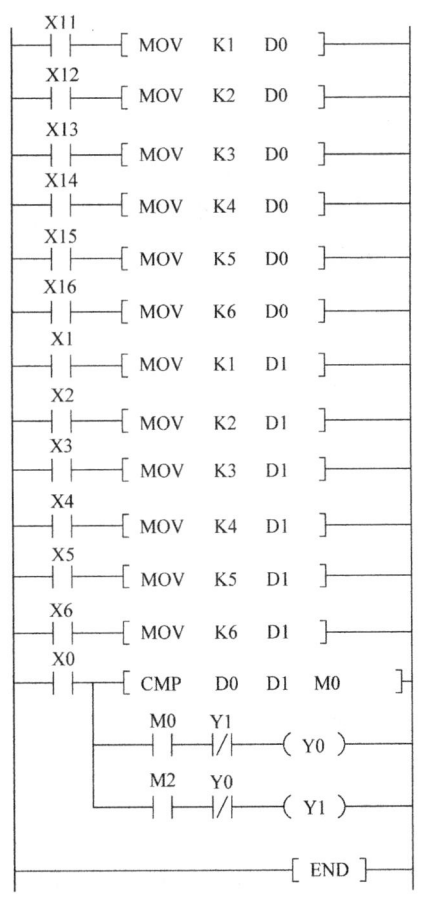

图 5-7 小车呼叫控制梯形图

4）将梯形图输入到 PLC 中进行调试运行并观察 D0、D1 中的数据变化。

**任务评价**

本任务的评价标准见表 5-3。

表 5-3　评价标准

| 项　　目 | 配分 | 评　价　标　准 | 得分 |
|---|---|---|---|
| 新知识学习 | 15 | 能理解本任务知识 | |
| 程序设计前的准备 | 10 | 根据任务和控制要求，列出 PLC 输入/输出分配表，画出 PLC 外围接线图 | |
| 程序设计 | 35 | 能熟练应用功能指令设计梯形图 | |
| 梯形图输入与写出操作 | 10 | 方法正确、熟练 | |
| 安装元件与布线 | 15 | 在配电板上按要求配线和对 PLC 接线，配线方法正确、熟练，工艺美观 | |
| 输入/输出监控 | 10 | 监控操作方法正确，通过监控能理解其意义 | |
| 团队协作与纪律 | 5 | 遵守纪律，团队协作好 | |

本模块其他任务的评价标准请参考该标准执行。

**思考与提高**

1）功能指令助记符是指令的＿＿＿＿＿＿＿＿＿＿缩写。
2）操作数是指＿＿＿＿＿＿＿＿＿＿，它包括＿＿＿＿＿＿＿＿＿＿。
3）功能指令后有字母 P 表示＿＿＿＿＿＿＿＿＿＿＿＿＿＿＿＿＿＿。
4）MOV 指令用于＿＿＿＿＿＿＿＿＿＿＿＿＿＿＿＿＿＿。
5）CMP 指令用于＿＿＿＿＿＿＿＿＿＿＿＿＿＿＿＿＿＿＿＿＿＿＿＿＿，ZCP 指令用于＿＿＿＿＿＿＿＿＿＿＿＿＿＿＿＿＿＿＿＿＿。

## 任务二　三相异步电动机星形—三角形减压起动控制（二）

**任务目标**

1）理解位元件、字元件及位元件组合而成的字元件的概念。
2）掌握组合字元件在编程中的应用。

**任务引入**

在编写 PLC 程序时，如果能对输出端直接赋值（置 1 或 0），可以使程序编写变得方便、简单，所编写的程序阅读起来也会一目了然。本任务采用对位组合元件直接赋值的方法，实现电动机星形—三角形减压起动控制。

 **相关知识**

可编程序控制器的编程元件根据内部位数的不同，可分为位元件和字元件。

**1. 位元件**

位元件是指用于处理 ON/OFF 状态的继电器，其内部只能存储一位数据（0 或 1），例如输出继电器 Y 和一般辅助继电器 M 等。

**2. 字元件**

字元件由 16 位寄存器组成，用于处理 16 位数据，如数据寄存器 D、计数器 C 和定时器 T 都是字元件。如果要处理 32 位数据，用两个相邻的数据寄存器就可以组成 32 位数据寄存器。

**3. 位元件组合成字元件**

一个位元件虽然只能表示一位数据，但是可以将 16 个位元件组合在一起，作为一个字元件使用，即用位元件组成字元件。以 4 个位元件为一组的原则来组合，例如 KnMi，其中 n 表示组数，规定一组有 4 个位元件，4n 为用位元件组成字元件的位数，即 K1 表示有 1 组共 4 位，K2 表示有 2 组共 8 位，K4 表示有 4 组共 16 位。

KnMi 中 i 为首位元件号，即字元件的最低位编号。如：K2M0 表示由 M7~M0 组成的 8 位数据，M0 是最低位，可存放的数据为 8 位；K4M10 表示由 M25 到 M10 组成的 16 位数据，M10 是最低位；K1Y0 表示由输出继电器 Y3~Y0 组成字元件，最低位是 Y0，存放 4 位数据；K4Y0 表示由 Y17~Y0 组成 16 位的字元件。

进行 16 位数据处理时，其数据可以是 4~16 位，即用 K1~K4 表示；进行 32 位数据操作时，数据可以是 4~32 位，则用 K1~K8 表示。

**4. 区间复位指令**

区间复位指令 ZRST 的功能是将 [D1.]~[D2.] 指定的元件号范围内的同类元件成批复位。图 5-8 所示为区间复位指令 ZRST 的使用说明。X0 = ON 时，C0~C10，D0~D10，Y0~Y3 之间的元件全部复位为 0 状态；当 X1 = ON 时，Y0~Y3 之间的输出继电器全部为 0 状态。

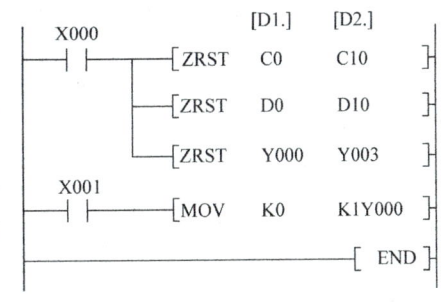

图 5-8 区间复位指令 ZRST 的使用说明

ZRST 指令使用注意事项：

1) [D1.] 的元件号应小于 [D2.] 元件号。
2) 操作数 [D.] 可取 T、C、D 或 Y、M、S，但 [D1.]、[D2.] 应为同类型元件。

 **合作与探究**

**一、电动机Y—△减压起动控制**

用位组合元件实现电动机的Y—△减压起动控制，电动机Y形起动 6s 后断开，再延时 0.4s 转换成△形运行。

## 二、Y—△减压起动控制程序设计

主电路和 PLC 的 I/O 接线图与模块三的任务五相同，即 X0 为起动按钮，X4 为停止按钮，Y0、Y1、Y3 分别接Y形、△形、主控接触器的线圈。由主电路和 PLC 的 I/O 接线图可知，Y3 输出，KM 得电，为电动机的起动/运动做准备。当 PLC 的 Y0 输出时，KM$_Y$ 得电，主电路将电动机的绕组连接成Y形；当 Y1 输出时，KM$_△$ 得电，电动机的绕组被接成△形。PLC 的控制程序梯形图如图5-9所示。

按下起动按钮，X0 = ON，梯形图的第一个梯级执行，将 K9（1001）送到输出端 K1Y0（Y3Y2Y1Y0）。由于 Y0 = Y3 = ON，KM 和 KM$_Y$ 得电，电动机做Y形起动。当转速上升到一定程度，即起动延时 6s 后，PLC 执行程序将 K2（0010）送到 Y3Y2Y1Y0，此时 Y0 = Y3 = OFF，只有 Y1 = ON，故 KM$_△$ 得电，电动机绕组被接成△形。由于 Y3 = OFF，电动机此时处于断电且转换为△形联结方式的状态，再经延时 0.4s 后，执行传送 K10（1010）到 Y3Y2Y1Y0，使 Y1 = Y3 = ON，PLC 控制主电路使电动机做△形运行，完成电动机的Y—△减压起动控制。当按下停止按钮 X4 或电动机超载时，电动机将停止运行。

### 思考与提高

1）8 个彩灯按照每 2s 隔灯交替点亮，反复循环进行，直到按下停止按钮为止。

程序设计提示：按照 Y7 ~ Y0 分别控制 8 个彩灯，将 K85（01010101）和 K170（10101010）分别传送给 K2Y0 即可，其梯形图如图 5-10 所示。

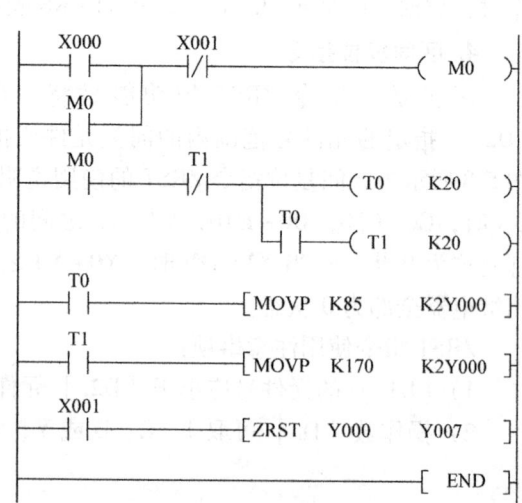

图 5-9　电动机Y—△减压起动控制梯形图　　　图 5-10　彩灯控制梯形图

2）三台电动机顺序延时 2s，即按下起动按钮 X0，电动机 1 起动运行，2s 后电动机 2 起动运行，再延时 2s 后电动机 3 起动运行。请用 MOV 指令为其设计控制程序。

# 任务三　一键控制电动机可逆运行与停止

 **任务目标**

1）掌握加1、减1、算术运算和触点比较指令。
2）掌握基本运算指令和触点比较指令在编程实践中的应用。

 **任务引入**

生产实践中许多机械设备有多个运动方向，例如，上升与下降、快/慢速前进与后退等，如果每个功能用一个按钮操作，不仅需要占用较多的 PLC 输入点，而且操作面板的布局也会显得繁杂。实践中设计人员常用一个按键完成多个功能。本任务主要学习和应用 PLC 基本功能指令，实现一键控制电动机可逆运行与停止。

 **相关知识**

**1. 加1、减1指令**

INC（加1）/DEC（减1）指令的功能是将［D.］中的内容自动加1/减1。其使用说明如图 5-11 所示：当 X0＝ON 时，D0 中的数加1；当 X1＝ON 时，D1 中的数减1。

INC（加1）/DEC（减1）指令一般采用脉冲方式，如果不采用脉冲方式，则每一个扫描周期都要执行一次加1/减1指令。

**2. 算术运算指令**

算术运算指令包括 ADD、SUB、MUL、DIV（二进制加、减、乘、除）指令，其使用说明如图 5-12 所示。

图 5-11　加1、减1指令的使用说明

图 5-12　算术运算指令的使用说明

ADD 指令是将指定的源元件（操作数）中的二进制数相加，将所得结果送到指定的目标元件（目标操作数）中，即 D0+D1→D2。

SUB 指令是将指定的源元件（操作数）中的二进制数相减，将所得结果送到指定的目标元件（目标操作数）中，即 D4−K2→D6。

MUL 指令是将指定的源元件（操作数）中的二进制数相乘，将所得结果送到指定的目标元件（目标操作数）中，即 D1×D2→D5D4。乘积的低 16 位数据送到 D4 中，高 16 位数据送到 D5 中。

DIV 指令是将指定的源元件（操作数）中的二进制数相除且［S1.］÷［S2.］，商送到指定的目标元件（目标操作数）［D.］中，余数送到［D.］的下一个元件中，即 D2÷D4，商送到 D6 中，余数送到 D7 中。

**3. 触点比较指令**

触点比较指令的使用格式如图 5-13 所示，它表示［S1.］与［S2.］的比较结果驱动继电器（如 Y、M 等），其中［S1.］、［S2.］适用于软元件（如 K、H、KnXn、KnYn、T、C、D 等）。图 5-13 中，当 T0≤K20 时，Y0 接通。

触点比较指令有＝（等于）、＜（小于）、＞（大于）、＜＞（不等于）、＜＝（小于或等于）、＞＝（大于或等于）等，适用于 LD、AND、OR 等触点连接形式。

【实验一】 将如图 5-14 所示的程序输入到 PLC 中，用计算机监视 Y0 的变化情况。

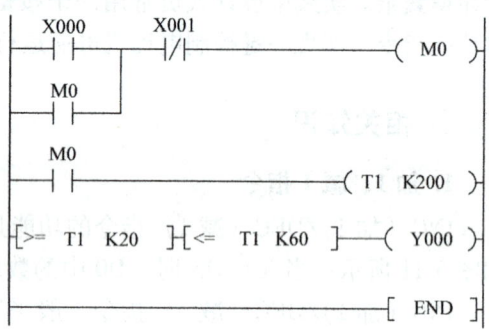

图 5-13 触点比较指令的使用格式　　图 5-14 触点比较指令实验

## 合作与探究

### 一、一键控制电动机可逆运行与停止

**1. 控制要求**

样板机运动平台有多种运动方式，其中控制面板上有一个按钮可完成正/反转和停止功能，即按一次按钮为起动正转，按两次为反转，按三次为停止。

**2. PLC 程序设计的方法与步骤**

(1) 主电路　主电路是正、反转控制电路。电路接线图略。

(2) 控制电路

1) 根据控制要求，I/O 分配如下：输入按钮为 X0，控制正、反转输出为 Y0、Y1。

2) 程序设计梯形图如图 5-15 所示。

### 二、加热器多档位调节功率控制

**1. 加热器多档位调节功率控制要求**

加热器只用两个操作按钮 SB1、SB2。SB1 为功率调节按钮，每按一次功率增加 0.5kW，第一次按下 SB1 选择功率第 1 档，功率为 0.5kW，第二次按下 SB1 选择功率第 2 档，功率为 1kW……共 7 档位功率调节，第八次按下 SB1 回零，加热器停止加热。随时按下 SB2，加热器停止加热。

**2. 加热器功率控制程序设计的方法与步骤**

（1）主电路 主电路如图 5-16 所示，其中接触器的三个主触点可并联使用，也可用小型继电器代替。在实验室，发热元件 R1、R2、R3 可用白炽灯代替。

（2）控制电路

1）根据控制要求，分配 I/O 地址，见表 5-4。

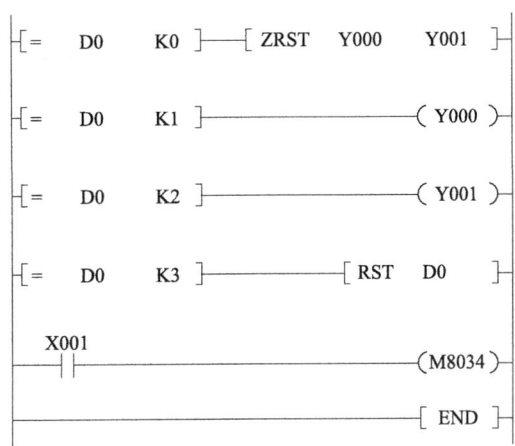

图 5-15 程序设计梯形图

表 5-4 I/O 地址分配表

| 输入（I） | | 输出（O） | |
|---|---|---|---|
| 地址编号 | 名称与代号 | 地址编号 | 名称与代号 |
| X0 | 功率调节按钮 SB1 | Y0 | R1 接触器 KM1 线圈 |
| X1 | 停止加热按钮 SB2 | Y1 | R2 接触器 KM2 线圈 |
|  |  | Y3 | R3 接触器 KM3 线圈 |

2）PLC 的 I/O 接线图如图 5-17 所示。

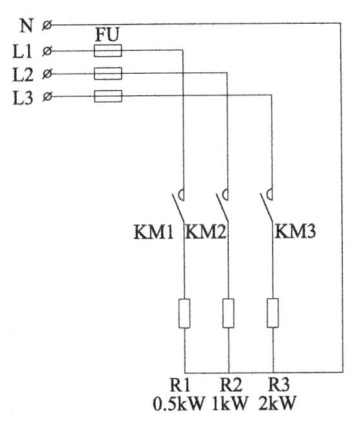

图 5-16 加热器主电路

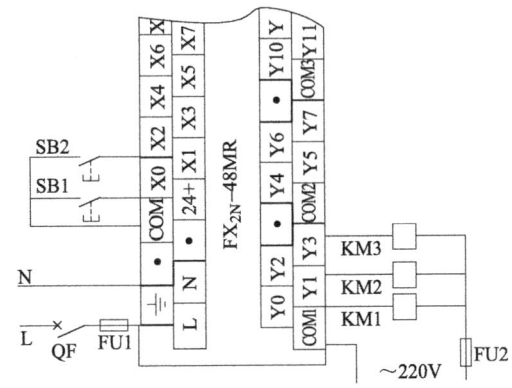

图 5-17 PLC 的 I/O 接线图

3）程序设计。输出继电器为 Y0~Y3，为尽量少占用输出继电器 Y，采用字元件 K1M0，由辅助继电器 M 控制输出继电器 Y，控制工序见表 5-5。控制程序梯形图如图 5-18 所示。

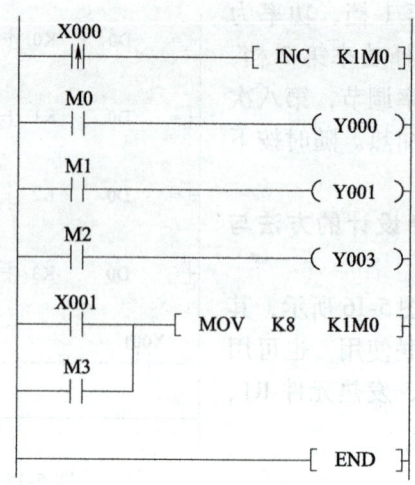

图 5-18 控制程序梯形图

表 5-5 字元件控制工序表

| 按 SB1 次数<br>（十进制） | 字元件 K1M0 | | | | 输出<br>继电器 Y | 输出功率<br>/kW |
|---|---|---|---|---|---|---|
| | M3 | M2 | M1 | M0 | | |
| K1 | 0 | 0 | 0 | 1 | Y0 | 0.5 |
| K2 | 0 | 0 | 1 | 0 | Y1 | 1 |
| K3 | 0 | 0 | 1 | 1 | Y1Y0 | 1.5 |
| K4 | 0 | 1 | 0 | 0 | Y3 | 2 |
| K5 | 0 | 1 | 0 | 1 | Y3 Y0 | 2.5 |
| K6 | 0 | 1 | 1 | 0 | Y3 Y1 | 3 |
| K7 | 0 | 1 | 1 | 1 | Y3 Y1Y0 | 3.5 |
| K8 | 1 | 0 | 0 | 0 | | 0 |

 **思考与提高**

用触点比较指令完成如图 5-19 所示交通灯的动作程序。

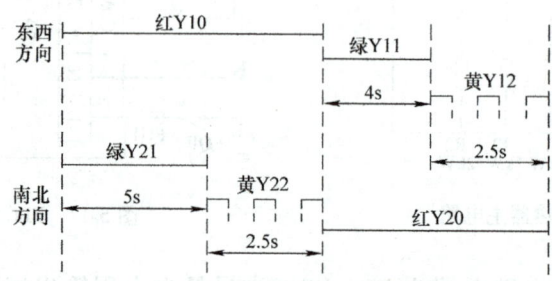

图 5-19 交通灯的动作程序

提示：交通灯动作程序梯形图如图 5-20 所示。

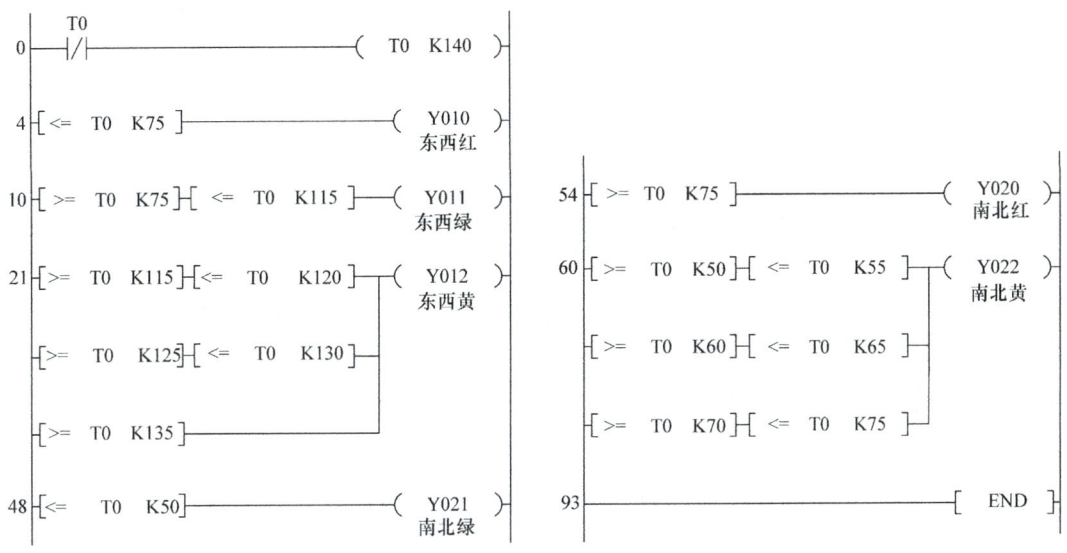

图 5-20 交通灯动作程序梯形图

## 任务四　艺术彩灯控制

 **任务目标**

1) 掌握循环右移、循环左移指令和位右移、位左移指令。
2) 掌握移位指令在编程实践中的应用。

 **任务引入**

节日里各种艺术彩灯按照一定的规律闪烁变化，给人们带来了无穷的乐趣。本任务将学习如何应用移位控制指令完成艺术彩灯的控制。

 **相关知识**

### 一、循环移位指令

循环右移（左移）指令是将 16 位或 32 位的各位数据循环向右（向左）移位的指令。循环右移指令与循环左移指令的使用说明分别如图 5-21、图 5-22 所示，当 X0 = ON 时，[D.] 指定的元件内各位数据向右（左）移 n 位，最低位的数据存放于进位标志 M8002 中，移出的 n 位依次移入左（右）端位，如图中 * 号标识。

### 二、移位指令

移位指令包括位右移 SFTR 指令和位左移 SFTL 指令。位右移 SFTR 指令是对 n1 位

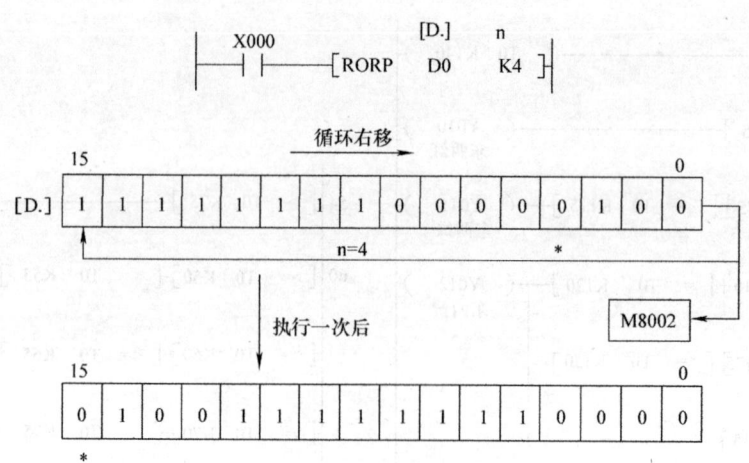

图 5-21 循环右移指令的使用说明

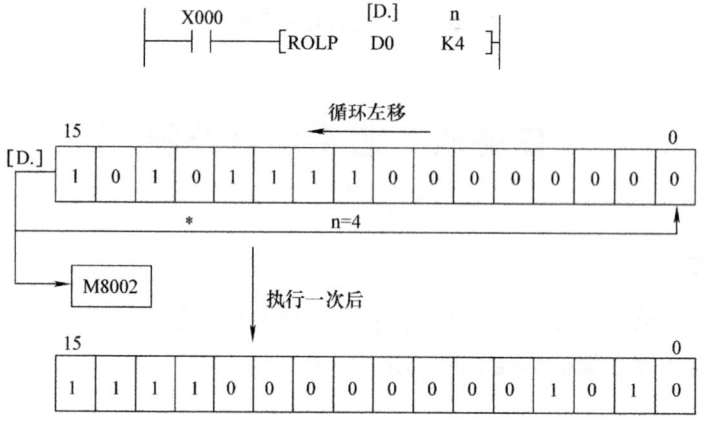

图 5-22 循环左移指令的使用说明

[D.] 所指定的位元件进行 n2 位 [S.] 所指定元件的位右移,其使用说明如图 5-23 所示。当 X0=ON 时,[D.] 指定的位元件 M0~M15 各位数据连同 [S.] 内 X0~X3(n2=4 位数据)向右移 4 位,X0~X3(4 位数据)从高端移入,M0~M3(4 位数据)从低端移出(溢

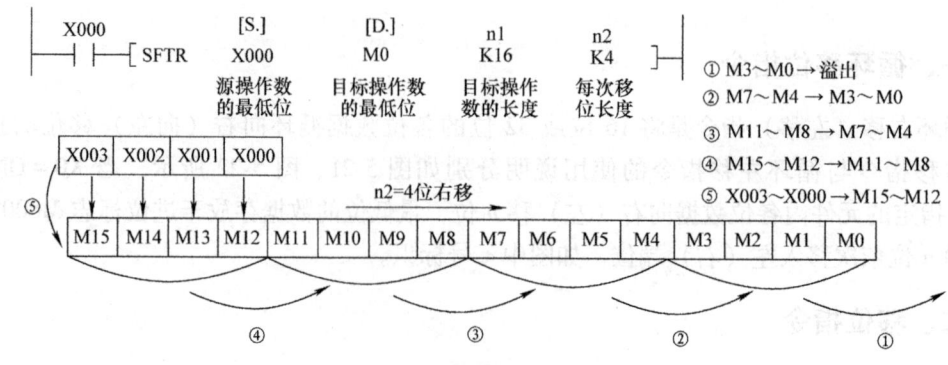

图 5-23 位右移指令的使用说明

出）。如图 5-23 中 n1＝5，表明移位寄存器的位（个）数只有 5 位，如图中 n2＝1，则每次只移 1 位。位左移指令的使用说明如图 5-24 所示，其移位与位右移指令类似。

【实验二】 将图 5-25a、图 5-25b 中的程序输入 PLC 中，点按 X0 后再点按 X1，观察输出 Y 的变化。

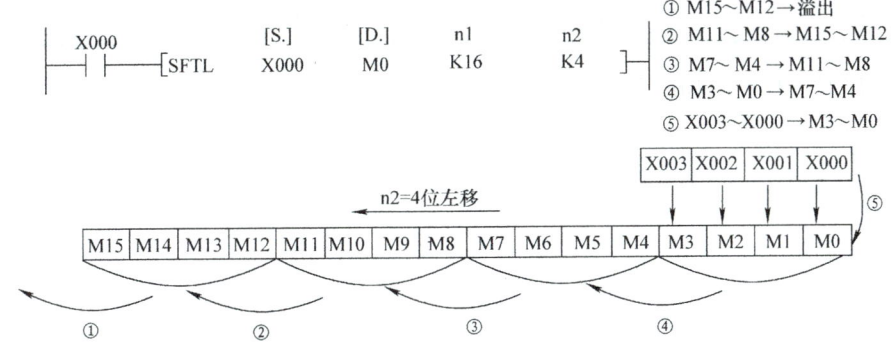

图 5-24 位左移指令的使用说明

a) 位右移　　　　　　　　　　　　b) 位左移

图 5-25 移位指令实验

## 合作与探究

### 一、艺术灯饰控制

**1. 控制要求**

图 5-26 所示为一艺术灯饰的造型图，上方 4 道灯饰呈拱门形，下部灯饰呈阶梯状，可组成拼花地板图案。4 道拱门灯饰由 Y0～Y3 控制，其由内向外每隔 1s 轮流点亮，当 Y3 亮后，停 2s，然后由外向内每隔 1s 轮流点亮；当 Y0 亮后，停 2s，重复上述过程。下部三层阶梯状灯饰，由 Y4～Y6 按上下中层依次变化的形式控制，每层间隔 1s，重复进行。

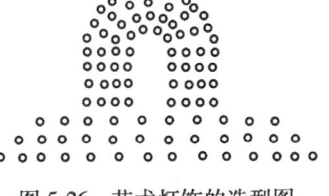

图 5-26 艺术灯饰的造型图

**2. 艺术灯饰控制程序设计的方法**

1) 按要求分配 I/O 地址，见表 5-6。

表 5-6　I/O 地址分配表

| 输入信号（I） | | 输出信号（O） | |
| --- | --- | --- | --- |
| 地址编号 | 名称与代号 | 地址编号 | 名称与代号 |
| X0 | 系统启动 | Y0~Y3 | 4 道拱门灯饰 |
| X1 | 系统停止 | Y4~Y6 | 阶梯状灯饰 |

2）程序设计梯形图如图 5-27 所示。

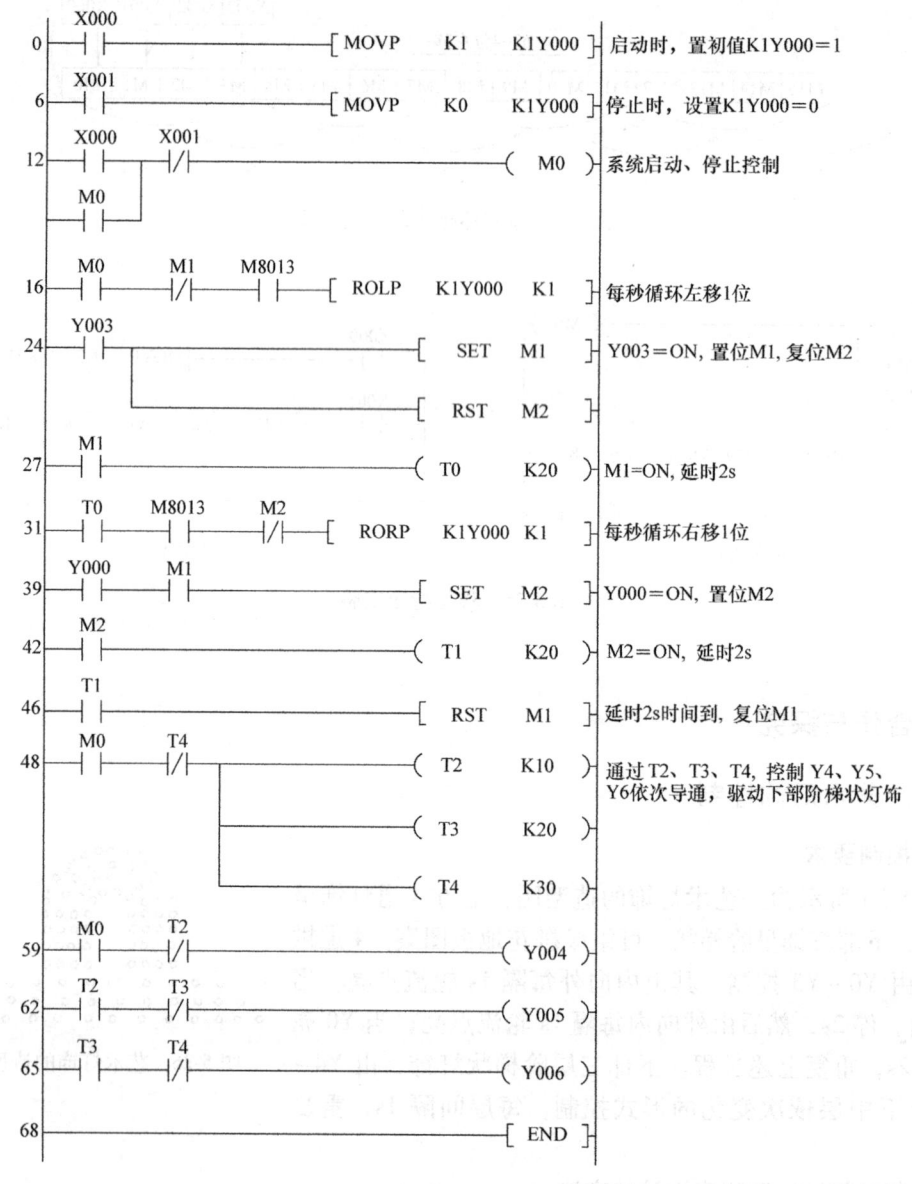

图 5-27　艺术灯饰程序设计梯形图

## 二、彩灯循环控制

### 1. 控制要求

运用移位指令控制 8 个彩灯，正序亮至全亮，反序熄至全熄，反复循环，彩灯状态变化时间为 1s。请设计其控制梯形图。

### 2. 程序设计方法

X0 启动系统，X1 停止系统。8 个彩灯分别由 Y0～Y7 控制。彩灯循环控制梯形图如图 5-28 所示。

```
X000 ─┬─────────────────────────────( M0 )   启动, M0=1
      │
  M0  │
 ─────┘

 M10   M0   M8013
 ─┤/├──┤├──┤├──[ SFTLP  M0  Y000  K8  K1 ]  依次点亮Y0～Y7

 Y007
 ─┤├──────────────────────( T0  K10 )  延时1s

 T0
 ─┤├─────────────────────[ SET  M10 ]  M10置位

                         [ RST  M0 ]   M0=0

 M10   M8013
 ─┤├──┤├────────────[ SFTRP  M0  Y000  K8  K1 ]  依次熄灭Y7～Y0

 Y000   M10
 ─┤/├──┤├─────────────────( T1  K10 )  延时1s

 T1
 ─┤├─────────────────────[ SET  M0 ]   置位M0, M0=1

                         [ RST  M10 ]  复位M10,重复上述过程

 X001
 ─┤├─────────────────────[ RST  M0 ]

                         [ RST  M10 ]

                         [ ZRST  Y000  Y007 ]  软元件批复位,停止

                         [ END ]
```

图 5-28  彩灯循环控制梯形图

 **思考与提高**

1）8 个彩灯由 Y0～Y7 控制，要求正序每隔一个亮至全亮，反序填空亮至全亮，之后全熄，反复循环。彩灯状态变化时间为 1s。请设计其控制梯形图。

2）喷水池模拟系统如图 5-29 所示，喷水池中央 E 处为高水柱，周围 A、B、C、D 处为低水柱。系统启动后喷水过程如下：高水柱（E）3s→停 1s→全部低水柱 2s→停 1s→AB 水柱 3s→停 2s→CD 水柱 3s→停 2s，反复循环。请用移位指令设计其控制程序。

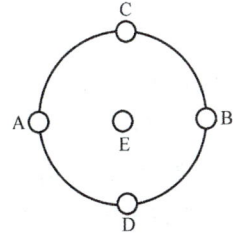

图 5-29  喷水池模拟系统

## 任务五　竞赛抢答器的制作

**任务目标**

1）掌握条件跳转指令 CJ(P) 的编程方法及应用。
2）进一步熟练掌握 PLC 程序的输入、调试、监视及七段数码管的接线方法。

**任务引入**

在各种知识竞赛中，经常用到抢答器，它能显示抢答者的编号、抢答违规的情况及限时作答等，可谓功能齐全。本任务将学习如何应用条件跳转指令 CJ(P) 设计抢答器的程序。

**相关知识**

**1. 跳转指令 CJ(P)**

CJ(P) 是条件跳转指令，当满足某个条件时，跳过顺序程序的某部分，从相应的标号 P 处往下执行，如图 5-30 所示。如果常开触点 X1 闭合，则执行 CJ 指令，程序 B 将跳过而不被执行，程序将跳到标号 P1 处，执行程序 C；如果常开触点 X1 断开，则不执行 CJ 指令，程序 A 执行完毕以后，按顺序执行程序 B 和程序 C。跳转指令的格式如图 5-30b 所示，图中 P1 为标号。

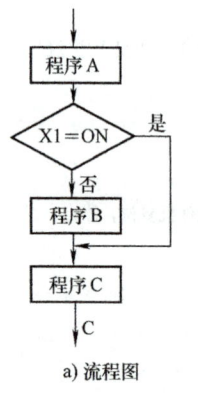
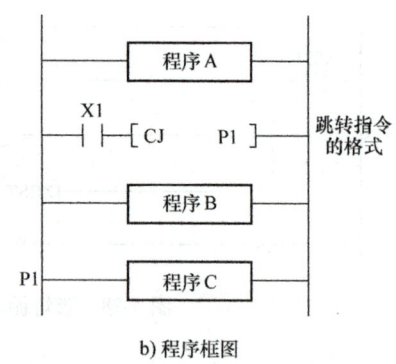

a) 流程图　　　　　　　　　　　b) 程序框图

图 5-30　跳转指令

**2. CJ(P) 跳转指令使用注意事项**

1）CJ(P) 跳转指令所使用的标号为 P0~P63 共 64 个，每个标号只限使用一次，否则将会出错。

2）当多个 CJ(P) 指令跳转到相同的终点时，可以使用相同的标号，如图 5-31 所示。

【实验三】　请将图 5-32 所示的程序输入 PLC 中，观察 Y0 状态，其中 X0 是选择开关。

实验解释：当 X0=OFF 时，CJ(P0) 不工作，点按闭合 X1，Y0 输出并自锁，当程序执行到 P0 处时，由于 X0 闭合，CJ(P1) 工作，程序跳转到 P1 处结束；当 X0=ON 时，CJ

（P0）工作，程序跳转到 P0 处，又因 X0 断开，CJ(P1) 不工作，闭合 X2，Y0 输出但不自锁。因此，这是一个电动机点动/连续的控制程序，其方式的选择由 X0 决定。

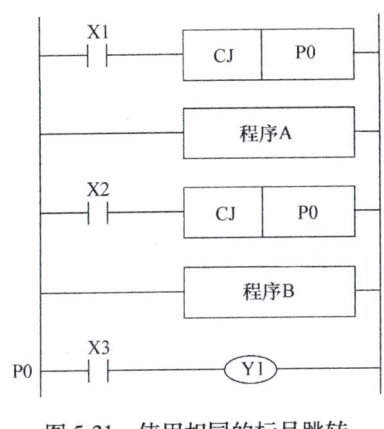

图 5-31　使用相同的标号跳转

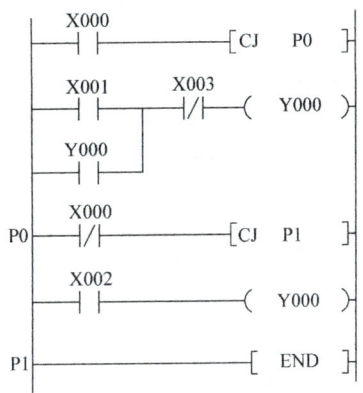

图 5-32　实验梯形图

### 3. 七段数码显示指令

七段数码显示（SEGD）指令是将源元件［S.］中的低 4 位指定的十六进制数 0~F 的数据译成七段数码显示的数据存入［D.］中，［D.］中的高 8 位数据不变。图 5-33 所示为七段数码显示（SEGD）指令的使用格式。

**【实验四】**　将图 5-34 所示的程序输入到 PLC 中，观察输出 Y0~Y7 的变化；改变［S.］中的值，如 H3、H4、H9，观察输出 Y0~Y7 的变化。

图 5-33　七段数码显示指令的使用格式　　　　图 5-34　七段数码显示指令实验

 **合作与探究**

竞赛抢答器的制作。

## 一、抢答器的控制要求

在知识竞赛中，共有 3 组队员参加，规则如下：主持人每念完一道题目后即发出"开始"的口令（按下开始按钮），此时，进入抢答状态，各队方可按抢答按钮抢答。如果抢答成功，则该组指示绿灯亮，主显示牌显示抢到的组号。主持人未发出"开始"的口令就发生抢答的，视为偷答。偷答发生时，该组红灯亮，电铃响，主显示牌显示偷答的组号。当有人偷答时，该题作废。每当下一道题开始前，由主持人（或工作人员）对灯及显示牌进行复位。请用 PLC 制作该抢答器。

## 二、抢答器的制作方法与步骤

1)按要求分配 I/O 地址,见表 5-7。

表 5-7  I/O 分配地址

| 输入信号(I) | | 输出信号(O) | |
|---|---|---|---|
| 地址编号 | 名称与代号 | 地址编号 | 名称与代号 |
| X1 | 1 组按钮 K1 | Y0/ Y1 | 1 组绿灯 HL1/红灯 HL2 |
| X2 | 2 组按钮 K2 | Y2/ Y3 | 2 组绿灯 HL3/红灯 HL4 |
| X3 | 3 组按钮 K3 | Y4/ Y5 | 3 组绿灯 HL5/红灯 HL6 |
| X4 | 开始按钮 K4 | Y6 | 电铃 |
| X5 | 复位按钮 K5 | Y10~Y16 | 七段码 |

2)PLC 的 I/O 接线如图 5-35 所示。

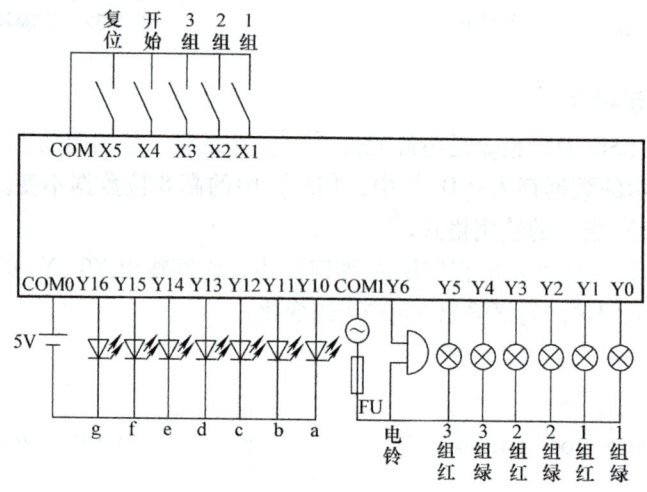

图 5-35  PLC 的 I/O 接线图

3)程序设计的梯形图如图 5-36 所示。

程序说明:在图 5-36 中,如果主持人尚未说"开始"(尚未按下开始按钮),K4 没闭合,X4=OFF,此时程序按顺序执行,即执行第 3~5 梯级。如此时有人抢答,该组红灯亮,且将该组组号通过译码指令送至输出,相应的数码管接通,显示组号;如果主持人已经按下开始按钮 K4,X4=ON,程序跳转至 P0 处,顺序执行下面语句。

### 思考与提高

在实际工程中,常用跳转指令来实现手动档与自动档之间的切换。例如,电动机的星形—三角形减压起动控制系统,可以用手动控制星形减压起动时间(根据电动机起动状况,人工用按钮将星形接法转变为三角形运行状态),也可以用时间继电器控制减压起动时间。请用 CJ(P) 跳转指令设计手动/自动星形—三角形减压起动控制系统。

提示:设置 X0 为手动/自动选择开关,X0=OFF,为自动;X0=ON,为手动。X1 为起动按钮,(自动兼手动起动),X2 为星形转变为三角形按钮,X3 为停止按钮。Y0、Y1、Y2

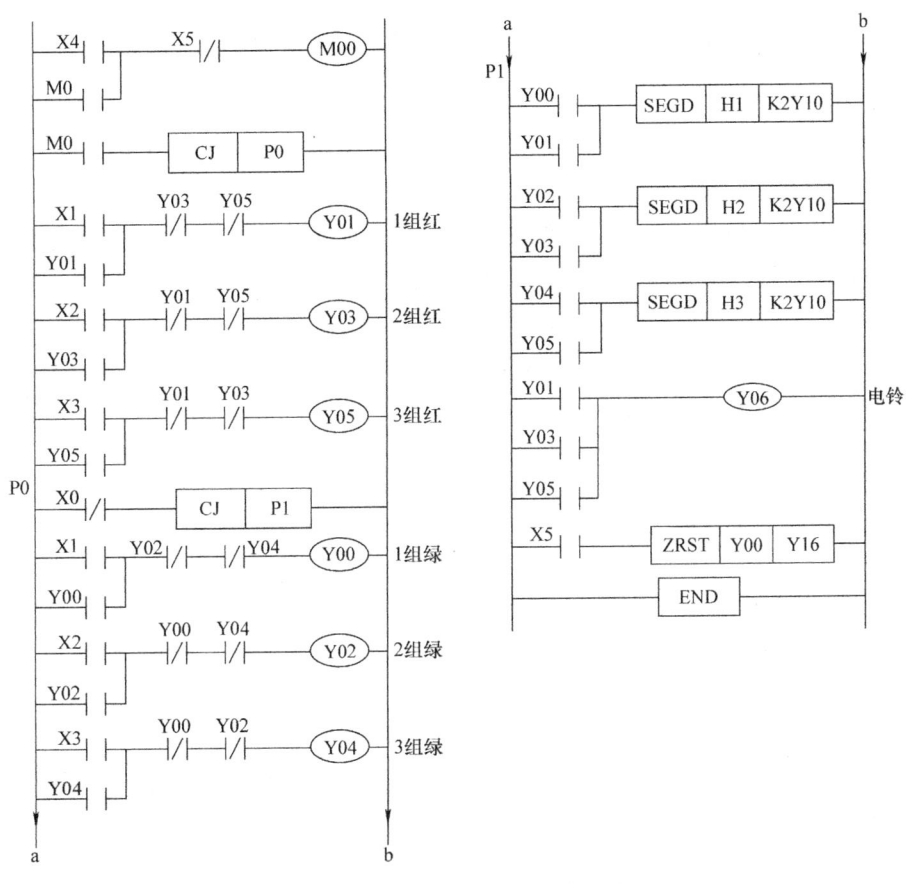

图 5-36 抢答器程序设计梯形图

分别为主输出、星形输出、三角形输出，其程序设计梯形图如图 5-37 所示。

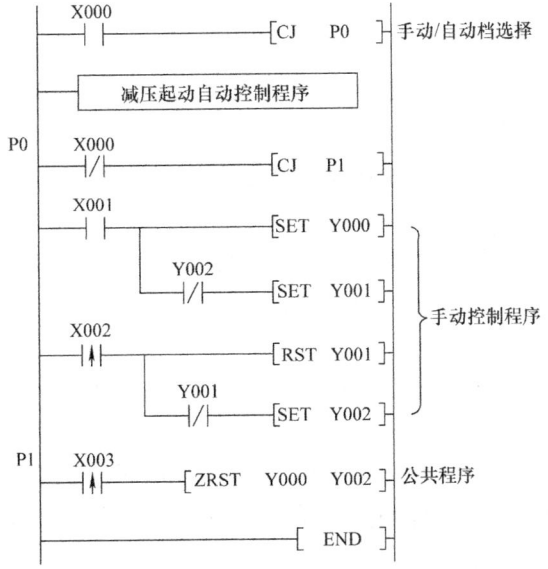

图 5-37 手动/自动星形—三角形减压起动控制程序设计梯形图

## 阅读材料　PLC 抗干扰措施与日常维护

### 1. PLC 抗干扰措施

PLC 是专为工业环境设计的装置，一般可以直接使用，但为了提高 PLC 工作的稳定性和可靠性，一般仍需采取抗干扰措施。

（1）电源回路的抗干扰措施　电源回路主要采用隔离变压器以及正确的接地线来克服干扰。一般说来，PLC 的交流电源线应单独走线进入控制柜，不能与其他直流信号线、模拟信号线捆绑在一起走线，以减少对其他控制线路的影响。

PLC 在使用时必须保证良好的接地，这样可以避免发生电压偶然冲击对 PLC 内部电路造成的损害。为了减少干扰，PLC 接地线必须专线专用，不能与其他动力设备的接地线串联使用，更不能通过水管、避雷线接地。

（2）输入输出接口的安全保护　当输入输出口连接电感类设备时，为了防止电路关断瞬间产生的高压对输入、输出口造成破坏，应在感性元件两端加保护元件。如图 5-38 所示，对于直流电源，应并接续流二极管，对于交流电路，应并接阻容电路。在阻容电路中，$R_c = 51\sim120\Omega$，$C = 0.1\sim0.47\mu F$，电容的额定电压应大于电源的峰值电压。续流二极管可采用 1A 的管子，其额定电压应大于电源电压的 3 倍。

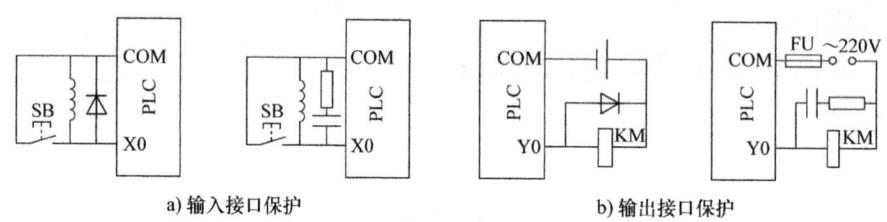

图 5-38　输入输出接口的安全保护

### 2. PLC 的维护

PLC 在设计时已经采取了很多保护措施，它的稳定性、可靠性、适应性都比较强。一般情况下，只要对 PLC 进行简单的维护和检查，就可以保证 PLC 控制系统长期稳定地工作。PLC 的日常维护主要包括以下几个方面：

（1）日常清洁与巡查　经常用干抹布或软毛刷为 PLC 的表面及接线端子除尘除污，以保持 PLC 工作环境的干净卫生；在巡视检查的过程中，应注意观察 PLC 的工作状况、自诊断指示灯及控制系统的运行情况，做好记录，发现问题应及时处理。

（2）定期检查与维护　在日常检查和维护的基础上，每隔半年应对 PLC 做一次全面停机检查。检查的主要项目包括：工作环境、电源电压、安装条件、输入输出端子的工作电压是否符合要求等；备份电池电压是否过低，连线、接插头是否松动；电气、机械部件是否有腐蚀或损坏等。

（3）备份电池（锂电池）的检查与更换　备份电池电压过低时，"BATT. V" LED 指示灯亮，应在一周内更换电池（一个月内电池仍有效）。备份电池的更换步骤如下（见图 5-39）：

1) 断开 PLC 机器的交流电源。
2) 用手指握住面板盖左角，抬起右侧，卸下面板盖。

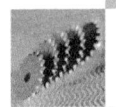

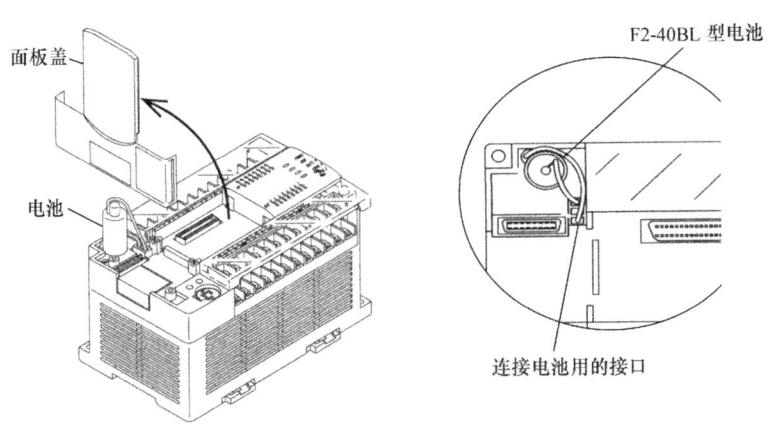

图 5-39　FX$_{2N}$ 系列 PLC 备份电池更换步骤

3) 从电池架中取出旧电池，拔出插座。
4) 在插座拔出后的 20s 内，插入新电池插座。
5) 插入新电池插座后盖上电池盖板。

# 小　结

1) 数据寄存器 D 是存储数值、数据用的软元件，可分为一般用途数据寄存器和掉电保持用数据寄存器及变址用数据寄存器 V、Z。D 可组合成 32 位数据寄存器，如 D11D10。

2) 传送指令 MOV 是将源操作数的内容原封不动地传送到目标操作数中且源操作数的内容不变。应用 MOV 指令传送数值时，需熟悉二进制与十进制的转换。

3) 比较指令有两数据比较（CMP）和区间比较（ZCP）两种，其比较结果驱动设定的继电器。应用 ZCP 指令时，需使源操作数 [S1.] ≤ [S2.]。

4) 触点比较指令有 =（等于）、<（小于）、>（大于）、<>（不等于）、<=（小于或等于）、>=（大于或等于）等，适用于 LD、AND、OR 等触点连接形式，其比较的结果驱动设定的继电器（如 M、Y 等），使用起来比 CMP 方便。触点比较适用于 KnXn、KnYn、T、C、D 等。

5) 位元件用于处理继电器的 ON/OFF 状态，它只能存储一位数据（0 或 1），如 X、Y、M 等。字元件由 16 位寄存器组成，用于处理 16 位数据，如 D、C、T 等都是字元件。位元件可合成字元件，组合原则是以 4 个位元件为一组，如 K1M0 表示最低位为 M0，组成的一组是 M3M2M1M0。

6) INC（加 1）/DEC（减 1）指令的功能是将数据源的内容自动加 1/减 1。四则算术运算 ADD、SUB、MUL、DIV（二进制加、减、乘、除）指令与其他功能指令的使用方法类同。

7) 移位控制指令常用的有循环移位和移位指令。循环移位有循环右移 ROR 和循环左移 ROL 两种。循环右移（左移）指令是将 16 位或 32 位的各位数据循环向右（向左）移位的指令。移位指令包括位右移 SFTR 指令和位左移 SFTL 指令。应用移位指令时必须搞清楚源操作数和目标操作数的最低位、目标操作数的长度及源操作数每次移位的长度。

8) CJ(P) 条件跳转指令是当满足某个条件时，跳过顺序程序的某部分至相应的标号 P 处往下执行，这样可以按操作者的要求去执行程序段，以适应生产的要求。

# 模块六　通用变频器的基本操作

导　读

- 通用变频器在生产中的应用。
- 通用变频器的基本组成及其工作原理。
- 三菱变频器的结构及其面板的拆装方法。
- 三菱变频器的标准接线及各端子的功能与使用方法。
- 三菱变频器各种控制模式的特点与操作方法。
- PLC 控制变频器的运行。
- 通用变频器的安装与维护。

## 任务一　通用变频器的认识

**任务目标**

1）懂得异步电动机变频调速原理及通用变频器的基本结构和工作原理。
2）了解三相异步电动机变频调速后的机械特性。
3）了解通用变频器在生产中的应用。

**任务引入**

　　公路上行驶的汽车，起动时速度很慢，行进中驾驶员会根据路面情况不断地更换档位，以改变行驶速度；机床在加工工件时，工人师傅也会根据机床切削面的不同，进行换档变速；生产、运输机械如机床、起重机、汽车、火车等在起动、运行、停止时，根据不同的要求需要有不同的速度，为了达到这一要求，人们必须采取相应的措施进行调速。调速技术广泛应用于各类机械传动中，如：机床加工需要根据工件精度的不同进行调速；电梯为了提高舒适度也需要调速；风机、泵类机械为了节能，要根据负载轻重调速；生产过程为了提高控制要求，还必须进行闭环速度控制等。
　　在电气化时代的今天，异步电动机拖动机械设备运行在工农业生产、国防科技、医药卫生、家用电器等领域得到了广泛应用，对异步电动机的调速控制是控制技术的核心。随着科学技术的进步，大功率晶体管电子技术的迅速发展，大规模集成电路和微机技术的突飞猛进，交流异步电动机变频调速技术已成为主要的交流调速方式。

## 相关知识

### 一、异步电动机的变频调速

由异步电动机的转速公式 $n=n_0(1-s)=(1-s)\dfrac{60f_1}{p}$ 可知，改变电动机的电源频率 $f_1$，以改变电动机的同步转速 $n_0$，从而实现调速，这种调速方法称为变频调速。由于电源频率 $f_1$ 可以连续调节，因此，变频调速可以实现无级调速，而且调速范围宽，平滑性好，具有优良的动、静态特性，是一种理想的高性能调速手段。

### 二、通用变频器的基本结构及工作原理

#### 1. 变频器

变频器是利用电力电子器件的通断作用，将工频交流电变换成频率、电压连续可调的交流电的电能控制装置，如图 6-1 所示。它结构简单，性能优越，广泛用于异步电动机调速。

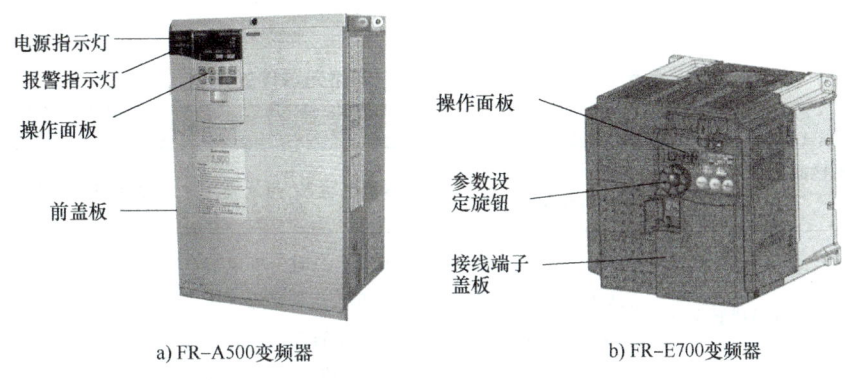

图 6-1 变频器的外形

#### 2. 通用变频器的基本结构

目前，通用变频器大多采用交—直—交变频变压方式，其基本构成框图如图 6-2 所示。其工作过程是：先把三相（或单相）工频交流电通过整流器（电路）变成直流电，又经逆变电路把直流电逆变成频率、电压在一定范围内任意可调的交流电。其中，变频的核心部分是逆变电路。

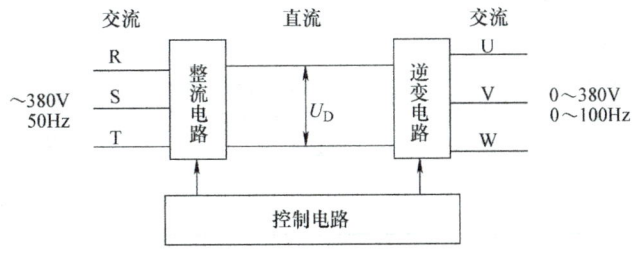

图 6-2 交—直—交变频器的基本构成框图

由图 6-2 可知，通用变频器主要由主电路和控制电路组成，主电路包括整流电路、直流电路和逆变电路三部分。

（1）通用变频器的主电路　图 6-3 所示为交—直—交变频器的主电路，其各部分的作用见表 6-1。

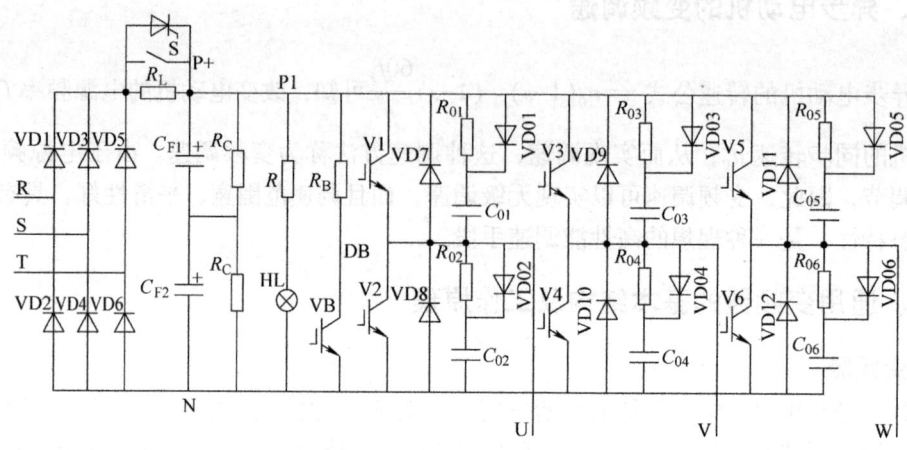

图 6-3　交—直—交变频器的主电路

表 6-1　交—直—交变频器主电路元器件的作用

| | 整流电路作用：将工频三相交流电变换成直流电 | | | |
|---|---|---|---|---|
| 元器件 | 三相整流电路 VD1～VD6 | 滤波电容器 $C_{F1}$、$C_{F2}$ 和均压电阻 $R_C$ | 限流电阻 $R_L$ 与开关 S | 电源指示灯 HL |
| 作用 | 将交流电变换成脉动直流电。若为三相电源，线电压为 $U_L$，则整流后的平均电压 $U_D = 1.35U_L$ | 滤平桥式整流后的电压纹波，保持直流电压平稳，$C_{F1}$、$C_{F2}$ 实际上是多个电容并联以提高容量，$C_{F1}$ 与 $C_{F2}$ 串联提高耐压能力，降低成本 | 接通电源时，将电容器 $C_F$ 的充电冲击电流限制在允许的范围内，以保护整流桥。而当 $C_F$ 充电到一定程度时，令开关 S 接通，将 $R_L$ 短路。在有些变频器里，S 由晶闸管代替 | HL 除了表示电源是否接通外，另一个功能是变频器切断电源后，指示电容器 $C_F$ 上的电荷是否已经释放完毕。在维修变频器时，必须等 HL 完全熄灭后才能接触变频器的内部电路部分，以保证安全 |
| | 逆变电路作用：将直流电逆变成频率、电压都可调的交流电 | | | |
| 元器件 | 三相逆变桥 V1～V6 | 续流二极管 VD7～VD12 | 缓冲电路 $R_{01}$～$R_{06}$、VD01～VD06、$C_{01}$～$C_{06}$ | 制动电阻 $R_B$ 和制动晶体管 VB |
| 作用 | 通过逆变管 V1～V6 按一定规律轮流导通和截止，将直流电逆变成频率、电压都可调的三相交流电 | 在换相过程中为电流提供通路 | 限制过高的电流和电压，保护逆变管免遭损坏 | 当电动机减速、变频器输出频率下降过快时，消耗因电动机处于再生发电制动状态而回馈到直流电路中的能量，以避免变频器本身的过电压保护电路动作而切断变频器的正常输出 |

（2）通用变频器的控制电路　变频器的控制电路为主电路提供控制信号，主要任务是

对逆变器开关器件进行开关控制和提供多种保护功能,其控制方式有模拟控制和数字控制两种。

通用变频器控制电路框图如图 6-4 所示,主要由主控电路、键盘与显示电路、控制电源电路与驱动电路、保护电路、外接输入/输出控制电路等构成。电路中各部分的功能见表 6-2。

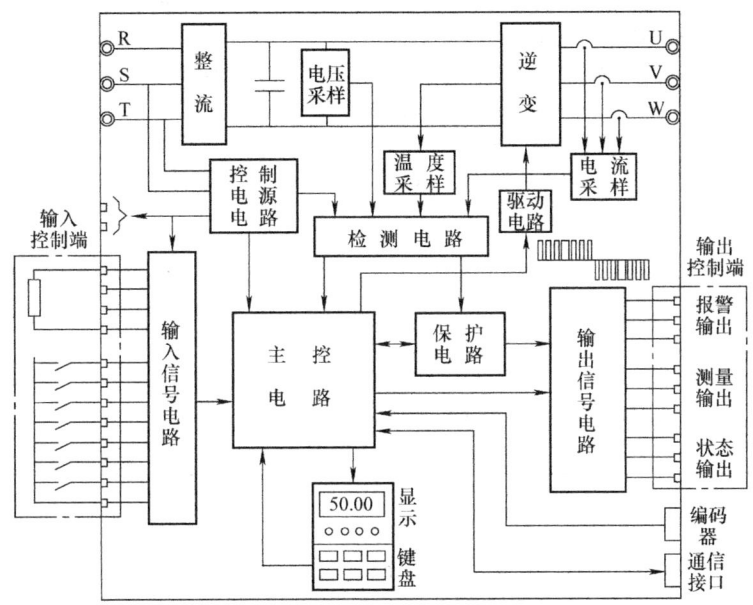

图 6-4 变频器控制电路框图

**表 6-2 控制电路各部分的功能**

| 部件 | 功能 |
|---|---|
| 主控电路 | 主控电路是变频器运行的控制中心,其核心器件是微控制器(单片微机)或数字信号处理器(DSP),其主要功能如下:<br>1)接收并处理从键盘、外部控制电路输入的各种信号,如修改数据、正反转指令等<br>2)接收并处理内部的各种采样信号,如主电路中电压与电流的采样信号、各部分温度的采样信号、各逆变管工作状态的采样信号等<br>3)向外电路发出控制信号及显示信号,如正常运行信号、频率到达信号等,一旦发现异常情况,立刻发出保护指令进行保护或停车,并输出故障信号<br>4)完成 SPWM(正弦脉宽)调制,将接收的各种信号进行判断和综合运算,产生相应的 SPWM 调制指令,并分配给各逆变管的驱动电路<br>5)向显示板和显示屏发出各种显示信号 |
| 键盘与显示电路 | 键盘与显示部分总是组合在一起。键盘向主控板发出各种信号或指令,主要用于向变频器发出运行控制指令或修改运行数据等。显示电路将主控电路提供的各种数据进行显示,大部分变频器配置了液晶或数码管显示屏,一般有 RUN(运行)、STOP(停止)、FWD(正转)、REV(反转)等状态,单位指示灯如 Hz、A、V 等,可以完成以下指示功能:<br>1)在运行监视模式下,显示各种运行数据,如频率、电压、电流等<br>2)在参数模式下,显示功能码和数据码<br>3)在故障状态下,显示故障原因代码 |

(续)

| 部件 | 功能 |
|---|---|
| 控制电源电路与驱动电路 | 变频器的内部电源普遍使用开关稳压电源，电源电路主要提供以下直流电源：<br>1) 主控电路电源。具有极好的稳定性和抗干扰能力的一组直流电源<br>2) 驱动电源。逆变电路中上桥臂的三只逆变管驱动电路的电源是相互隔离的三组独立电源，下桥臂的三只逆变管驱动电源则可共"地"。驱动电源与主控电路电源必须可靠地相互绝缘<br>3) 外控电源。为变频器外电路提供的稳恒直流电源<br>中小功率变频器的驱动电路往往与电源电路在同一块电路板上，驱动电路接收主控电路发来的SPWM调制信号，在进行光电隔离、放大后驱动逆变管的开关工作 |
| 外接输入/输出控制电路 | 外接电路可实现由电位器、主令电器（如按钮、继电器）及其他自控设备对变频器运行进行控制，并输出其运行状态、故障报警、运行数据、信号等，一般包括外部给定电路、外接输入控制电路、外接输出控制电路、报警输出电路等<br>在大多数中小容量通用变频器中，外接控制电路往往与主控电路设计在同一电路板上，以减小其整机的体积，提高电路可靠性，降低生产成本 |

### 3. 通用变频器的工作原理

（1）逆变的基本工作原理　将直流电变换为交流电的过程称为逆变，完成逆变功能的装置称为逆变器，它是变频器的核心部分。电压型逆变器的工作原理如图 6-5 所示，图中 V1、V2、V3、V4 为开关器件，组成单相逆变器，接到直流电源 P(+) 与 N(-) 之间，电压为 $U_D$，$R$ 为负载。当开关 V1、V2 与 V3、V4 轮流闭合和断开时，在负载上即可得到如图 6-5b 所示的交流电压波形，完成由直流到交流的逆变过程。实际单相逆变电路的结构和输出电压波形如图 6-6 所示。改变逆变器开关器件的导通与截止时间，就可改变输出电压的频率，完成变频。

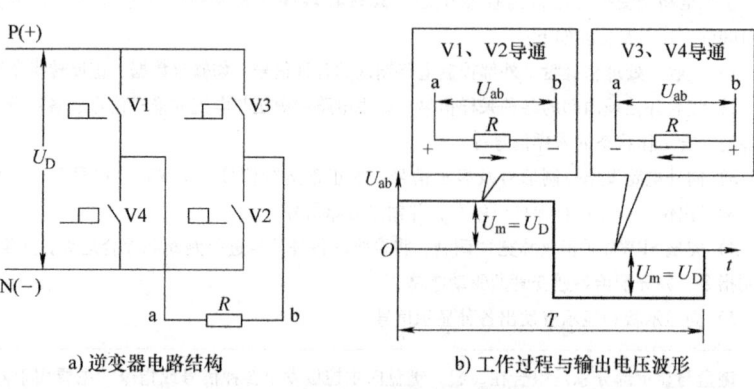

a) 逆变器电路结构　　　　b) 工作过程与输出电压波形

图 6-5　电压型逆变器的工作原理

生产中常用的变频器采用三相逆变电路，其电路结构如图 6-7a 所示。在每个周期中，各逆变器开关器件的工作情况如图 6-7b 所示，图中阴影部分表示各逆变管的导通时间。

下面以 U、V 之间的电压为例，分析三相逆变电路的输出线电压。

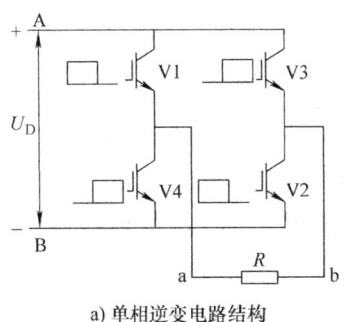
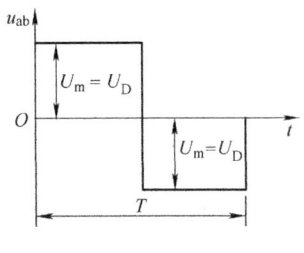

a) 单相逆变电路结构　　　　　　　　b) 输出电压波形

图 6-6　单相逆变电路和输出电压波形

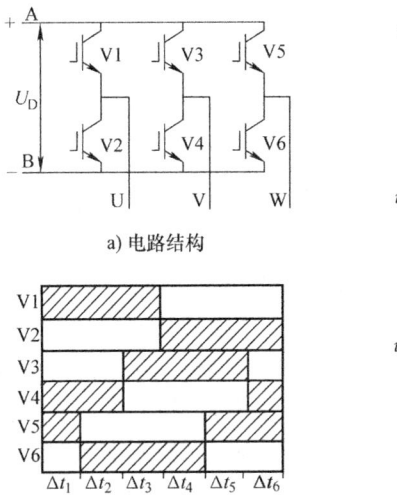
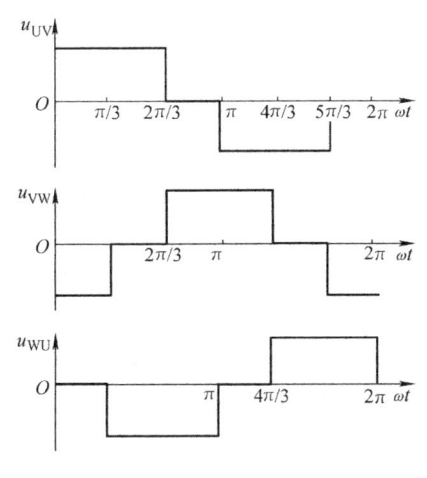

a) 电路结构

b) 各开关器件的导通情况　　　　　　c) 输出电压波形

图 6-7　三相逆变电路

1) 在 $\Delta t_1$、$\Delta t_2$ 时间内，V1、V4 同时导通，U 为 "+"、V 为 "-"，$u_{UV}$ 为 "+"，且 $U_m = U_D$。

2) 在 $\Delta t_3$ 时间内，V2、V4 均截止，$u_{UV} = 0$。

3) 在 $\Delta t_4$、$\Delta t_5$ 时间内，V2、V3 同时导通，U 为 "-"、V 为 "+"，$u_{UV}$ 为 "-"，且 $U_m = U_D$。

4) 在 $\Delta t_6$ 时间内，V1、V3 均截止，$u_{UV} = 0$。

由上述分析，可画出 U 与 V 之间的电压波形，同理可画出 V 与 W 之间、W 与 U 之间的电压波形，如图 6-7c 所示。从图中可看出，三相电压的幅值相等，相位互差 120°。

由此可见，只要按照一定的规律来控制 6 个逆变开关器件的导通和截止，就可把直流电逆变成三相交流电。因此，可在 6 个逆变开关器件导通规律不变的前提下，通过改变控制信号的频率来调节逆变后的交流电的频率。

由于电动机工作的自身特点，由此得到的交流电还不能直接用于电动机的调速控制，还需进一步改进、完善。

（2）$U/f$ 控制　$U/f$ 控制是在改变变频器输出电压频率的同时改变输出电压的幅值，以维持电动机磁通基本恒定,从而在较宽的调速范围内,使电动机的效率、功率因数不下降。$U/f$ 控制是目前通用变频器中广泛采用的基本控制方式。

三相交流异步电动机在工作过程中,铁心磁通接近饱和状态,使得铁心材料得到充分利用。在变频调速的过程中,当电动机电源的频率变化时,电动机的阻抗将随之变化,从而引起励磁电流的变化,使电动机出现励磁不足或励磁过强的情况。

在励磁不足时,电动机的输出转矩将减小,而励磁过强时,又会使铁心中的磁通处于饱和状态,使电动机中流过很大的励磁电流,增加电动机的铁耗和励磁铜耗,降低其效率和功率因数,并易使电动机温升过高。因此在改变频率进行调速时,必须采取措施保持磁通恒定并为额定值。

由异步电动机定子绕组感应电动势的有效值 $E=4.44kf_1N_1\Phi_m$,得

$$\Phi_m = \frac{E}{4.44kf_1N_1} \tag{6-1}$$

式中　$k$——定子绕组的绕组系数;
　　　$N_1$——每相定子绕组的匝数;
　　　$f_1$——定子电源的频率,单位为 Hz;
　　　$\Phi_m$——铁心中每极磁通的最大值,单位为 Wb。

从式(6-1)可以看出,要使电动机的磁通在整个调速过程中保持不变,只要在改变电源频率 $f_1$ 的同时改变电动机的感应电动势 $E$,使其满足 $E/f$ 为常数即可。但在电动机的实际调速控制过程中,电动机感应电动势的检测和控制较困难,考虑到正常运行的电动机的电源电压与感应电动势 $E$ 近似相等,只要控制电源电压 $U$ 和频率 $f$,使 $U/f$ 等于常数,即可使电动机的磁通基本保持不变,采用这种控制方式的变频器称为 $U/f$ 控制变频器。

由于电动机实际电路中定子阻抗上存在压降,尤其是当电动机低速运行时,感应电动势较低,定子阻抗上的压降不能忽略,采用 $U/f$ 控制的调速系统在工作频率较低时,电动机的输出转矩将下降。为了改善低频时的转矩特性,一般采用补偿电源电压的方法,即低频时通过适当提升电压 $U$ 来补偿定子阻抗上的压降,以保证电动机在低速区域运行时仍能得到较大的输出转矩,这种补偿功能称为变频器的转矩提升功能。

通用型变频器对电动机进行供电调速,一般要求兼有调压和调频功能,通常将这种变频器称为变频变压(VVVF)型变频器。

(3)脉冲宽度调制(PWM)技术　目前实现变频器变频变压功能应用较广泛的方法是脉冲宽度调制(PWM)技术。PWM 技术是指在保持整流得到的直流电压数值大小不变的条件下,在改变输出频率的同时,通过改变输出脉冲的宽度(或用占空比表示),达到改变等效输出电压的一种方法。

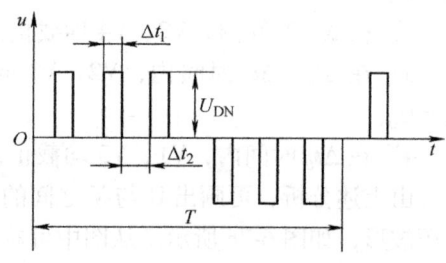

图 6-8　PWM 输出电压基本波形

PWM 的输出电压基本波形如图 6-8 所示。在半个周期内,输出电压平均值的大小由半周中输出脉冲的总宽度决定。在半周中保持脉冲个数不变而改变脉冲宽度,可改变半周内输出电压的平均值,从而达到改变输出电压有效值的目的。

PWM 输出电压的波形是非正弦波，用于驱动三相异步电动机运行时性能较差。如果使整个半周内脉冲宽度按正弦规律变化，即使脉冲宽度先逐渐增大，然后再逐渐减小，则输出电压也会按正弦规律变化。这就是目前变频器中应用最多的正弦 PWM 法，也称 SPWM。

如图 6-9 所示，在每半个周期内输出若干个宽度不同的矩形脉冲波，每个矩形波的面积近似对应正弦波各相应波形下的面积，则输出电压可近似认为与正弦波等效。如将一个正弦波的正半周

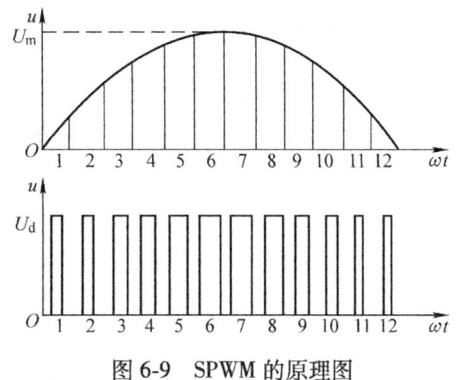

图 6-9 SPWM 的原理图

划分为若干个等份，每一等份正弦波下的面积可用一个与该面积近似相等的矩形脉冲来代替，则这若干个等幅不等宽的矩形脉冲的面积之和与正弦波所包围的面积等效。

### 三、三相异步电动机变频调速后的机械特性

（1）在基频 $f_{1N}$ 以下调速  在基频 $f_{1N}$（一般为电动机的额定频率）以下调速时，采用的是 $U/f$ 恒定控制方式。此时，电动机的机械特性基本上是平行下移的，如图 6-10 所示。由图可看出，在频率较低时最大转矩将减小（此时定子阻抗上的压降不能忽略，电动机主磁通有较大削弱），采用转矩提升后的特性曲线如图中的虚线所示。由于采用 $U/f$ 恒定控制时电动机主磁通基本恒定，所以在基频以下的调速属于恒转矩调速。

（2）在基频 $f_{1N}$ 以上调速  在基频以上调速时，频率可以从 $f_{1N}$ 向上增高，但电压 $U_1$ 不能超过额定电压 $U_{1N}$，最大值只能保持 $U_1 = U_{1N}$。由于在基频 $f_{1N}$ 以上变频调速时，电压 $U_1$ 保持不变，频率提高，同步转速随之提高，最大转矩减小，因此机械特性上移，如图 6-11 所示。频率提高而电压不变，气隙磁动势必然减弱，导致转矩减小，但由于转速升高了，可以认为输出功率基本不变。所以在基频以上变频调速属于弱磁恒功率调速。

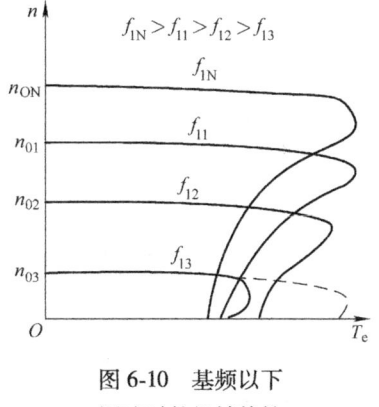

图 6-10 基频以下调速时的机械特性

把上述两种情况结合起来，可得如图 6-12 所示的异步电动机变频调速控制特性。

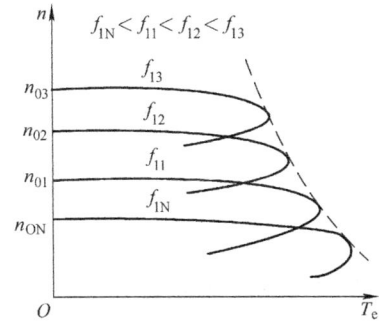

图 6-11 基频以上调速时的机械特性

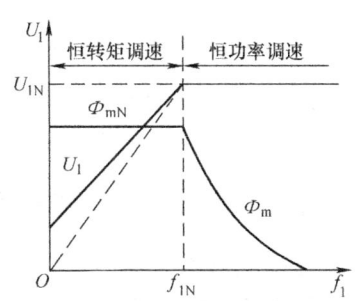

图 6-12 异步电动机变频调速控制特性

### 四、变频器在生产中的应用

变频器与笼型异步电动机的结合是交流电动机调速系统的最佳选择，它具有显著的节能效果、较高的控制精度及较宽的调速范围，便于使用和维护以及易于实现自动控制及远程控制等。变频器不仅可以用于标准电动机调速，而且可以用于其他调速电动机，从工厂设备到家用空调都可以采用，在节能、减少维修、提高产量、保证质量等方面都取得了明显的经济效益。目前，变频器已在钢铁、有色冶金、油田、炼油、石化、纺织印染、医药、造纸、高层建筑供水、建材及机械行业得到广泛应用。变频器的应用领域见表6-3。

表6-3 变频器的应用领域

| 应用效果 | 领域（用途） | 应用方法 | 应用变频器前的控制方式 |
| --- | --- | --- | --- |
| 节能 | 鼓风机、泵、搅拌机、挤压机、精纺机 | 1）调速运转<br>2）采用工频电源恒速运转与采用变频器调速运转相结合 | 1）采用工频电源恒速运转<br>2）采用挡板、阀门控制<br>3）机械式变速器<br>4）液压联轴器 |
| 省力及自动化 | 各种搬运机械 | 1）多台电动机以比例速度运转<br>2）联动运转，同步运转 | 1）机械式变速减速机<br>2）定子电压控制<br>3）电磁滑差离合器控制 |
| 提高产量 | 机床、搬运机械、纤维机械 | 1）增速运转<br>2）消除或缓冲起动、停止引起的不良情形 | 1）采用工频电源恒速运转<br>2）定子电压控制 |
| 提高设备的效率（节省设备） | 金属加工机械 | 采用高频电动机进行高速运转 | M-G装置 |
| 减少维修（恶劣环境的对策） | 纤维机械（主要为纺纱机）、机床的主轴传动、生产流水线、车辆传动 | 取代直流电动机 | 直流电动机 |
| 提高质量 | 机床、搅拌机、纤维机械、制茶机 | 选择无级的最佳速度运转 | 采用工频电源恒速运转 |
| 提高舒适性 | 空调机 | 采用压缩机调速运转，进行连续温度控制 | 采用工频电源的通、断控制 |

## 合作与探究

### 一、变频器的型号与结构

认真观察三菱FR-E500、FR-E700系列通用变频器的外形。图6-13所示为FR-E740-1.5K通用变频器的型号、结构与各部分的名称。

### 二、通用变频器前盖板的拆卸与安装

变频器要进行接线，需拆开前盖板，因此前盖板的拆卸与安装很重要。

**1. FR-E740系列通用变频器前盖板的拆卸与安装**

1）前盖板的拆卸与安装。拆卸时，将前盖板沿图6-14a所示箭头方向向前拉，将其卸

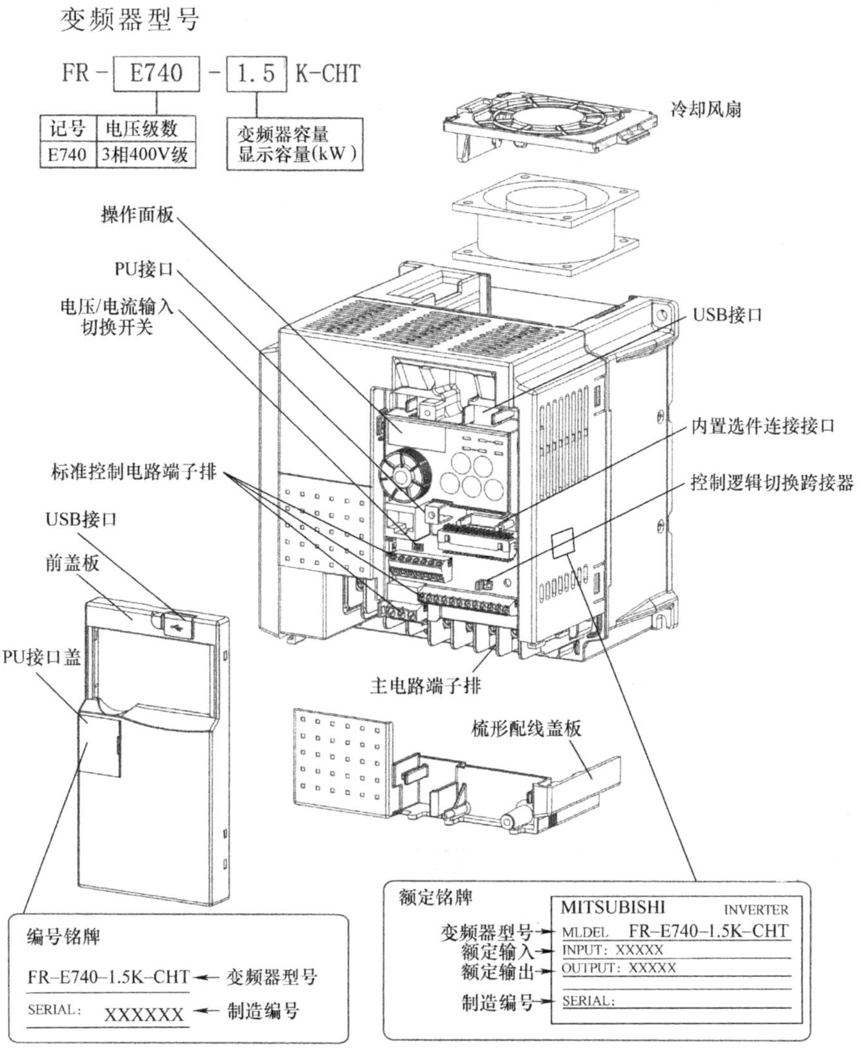

图 6-13　FR-E740-1.5K 通用变频器的型号、结构与各部分名称

下；安装时，将前盖板对准主机正面笔直装入，如图 6-14b 所示。

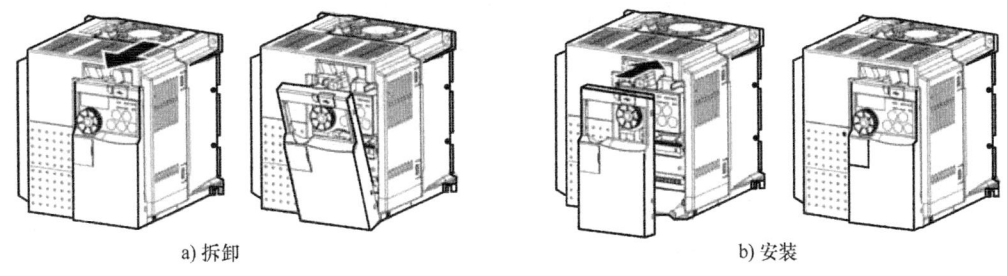

图 6-14　前盖板的拆卸与安装

2）配线盖板的拆卸与安装。将配线盖板向前拉即可简单卸下，如图 6-15 所示。安装时，请对准安装导槽将盖板装在主机上。

3）观察接线端子布局与标识。图 6-16 所示为 FR-E740 主回路接线端子图，各端子功能见表 6-4。

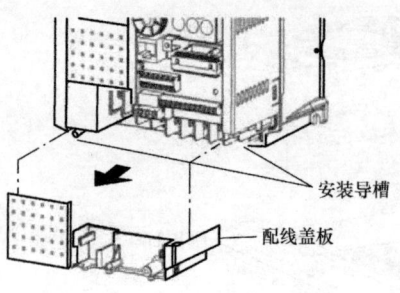

图 6-15  配线盖板的拆卸

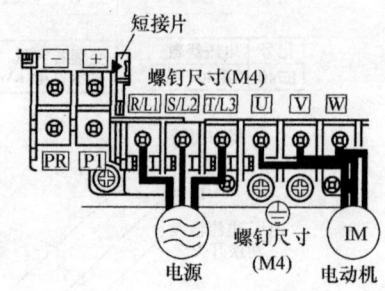

图 6-16  FR-E740 主回路接线端子图

表 6-4  主回路接线端子功能

| 端子名称 | 端子功能 | 端子功能说明 |
| --- | --- | --- |
| R/L1、S/L2、T/L3 | 交流电源输入端 | 一般通过空气断路器连接电源 |
| U、V、W | 变频器输出端 | 接电动机 |
| P/+、PR | 连接制动电阻器 | 在端子 P/+—PR 间连接制动电阻器（FR-ABR） |
| P/+、N/- | 连接制动单元 | 连接制动单元、高功率因数变流器 |
| P/+、P1 | 连接改善功率因数的直流电抗器 | 拆下端子 P/+—P1 间的短接片，连接直流电抗器，无需直流电抗器时不能拆下短接片 |
| ⏚ | 接地端子 | 变频器外壳必须接地 |

## 2. FR-E540 系列通用变频器前盖板的拆卸与安装

FR-E540 系列通用变频器的展开图如图 6-17 所示。

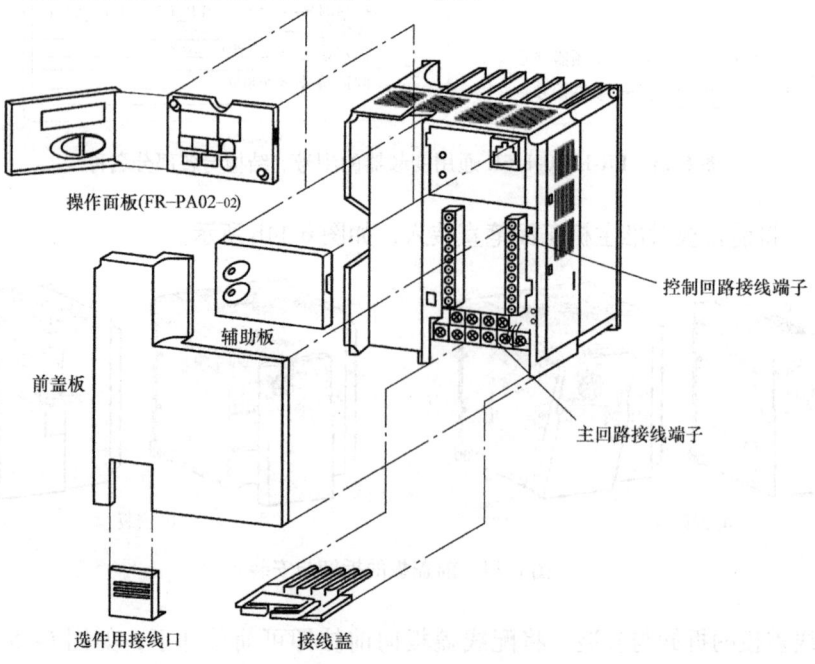

图 6-17  FR-E540 系列通用变频器的展开图

1）拆卸。前盖板是由位于 A、B、C 位置的插销固定的。如图 6-18 所示，按箭头方向以 C 为支点，同时按下 A、B，取下前盖板。

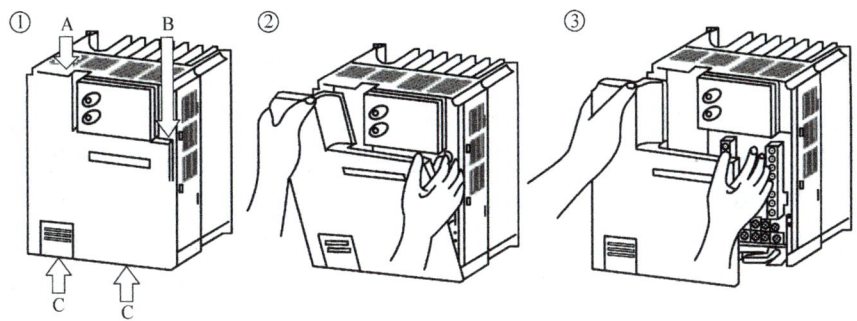

图 6-18　前盖板的拆装

2）安装。接线完毕后，将前盖板的插头插入变频器底部的插孔，然后将盖板完全推入机身，固定好插头。

3）观察接线端子布局与标识。图 6-19 所示为其主回路接线端子，各端子功能与 FR-E740 相同。

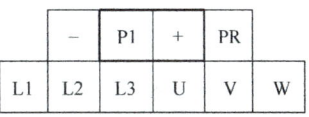

图 6-19　主回路接线端子

注意：为确保安全，拆卸、安装前盖板前请断开电源。

 **任务评价**

此任务的评价标准见表 6-5。

表 6-5　评价标准

| 项　　目 | 配　　分 | 评价标准 | 得　　分 |
| --- | --- | --- | --- |
| 识读铭牌 | 30 | 能完全正确识读。错 1 处扣 20 分，错 2 处不得分 | |
| 前盖板的拆卸与安装 | 30 | 能完全正确拆卸与安装。有 1 处不规范扣 20 分，有 2 处不得分 | |
| 操作面板拆卸与安装 | 30 | 同上 | |
| 团结协作与安全生产 | 10 | 据情况而定 | |

 **思考与提高**

1）为什么要对生产机械进行调速？
2）变频器一般由哪几部分组成？
3）简述前盖板拆卸与安装的方法。
4）简述变频器的工作原理。

## 任务二　变频器操作面板（PU）控制电动机正反向运行

 **任务目标**

1）熟悉变频器基本参数的功能。

2）掌握变频器功能单元及参数设置方法。
3）熟练掌握利用变频器控制电动机连续运行的方法。

**任务引入**

升降机是工厂生产机械中常见的设备，其上升与下降是由电动机的正反转运行来拖动的。为了安全、高效、节能，人们已广泛应用通过变频器控制三相笼式异步电动机正反转来牵引重物上升与下降。其起始和结束阶段，电动机的转速不能太快，否则会因惯性作用对机械设备及被起吊的物体产生较大的冲击力，影响机械设备的使用寿命或损坏被起吊的物体。那么，如何利用变频器操作面板（PU）控制电动机正反向变速运行呢？下面就来学习变频器的参数设置和面板操作方法。

**相关知识**

基本功能参数的功能如下：

（1）转矩提升（Pr.0） 用于设定电动机起动时的转矩大小，主要用于改善电动机低频低速起动和运行的转矩性能，一般最大值设定为 10%。

（2）上限频率（Pr.1）和下限频率（Pr.2） 用于设定电动机运转上限频率和下限频率的两个参数。电动机运行时，变频器的输出频率被钳位在设定的上限频率和下限频率范围内，如图 6-20 所示。

（3）基底频率（Pr.3） 用于调整变频器输出到电动机的额定值。对于标准电动机，设定为电动机的额定频率。当电动机需在工频电源与变频器之间切换运行时，设定为电源频率。

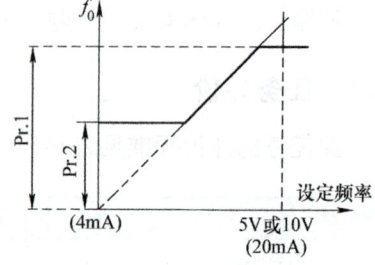

图 6-20 Pr.1、Pr.2 参数功能图

（4）多段速度（Pr.4、Pr.5、Pr.6） 用于设置多段不同的运行速度，通过输入端子进行各段速度间的切换。各输入端子的名称与参数之间的对应关系见表 6-6。

表 6-6 各输入端子名称与参数之间的对应关系

| 输入端子 | RH | RM | RL | RM、RL | RH、RL | RH、RM | RH、RM、RL |
|---|---|---|---|---|---|---|---|
| 参数号 | Pr.4 | Pr.5 | Pr.6 | Pr.24 | Pr.25 | Pr.26 | Pr.27 |

Pr.24、Pr.25、Pr.26 和 Pr.27 也是多段速度的运行参数，与 Pr.4、Pr.5、Pr.6 组成七种运行速度。

设定多段速度参数时，应注意以下几点：
1）在变频器运行期间，每种速度（频率）均能在 0~400Hz 范围内被设定。
2）多段速度在参数单元 PU 运行和外部运行时都可以设定。
3）多段速度比主速度优先。
4）以上各参数之间的设定没有优先级。

（5）加、减速时间（Pr.7、Pr.8）及加、减速基准频率（Pr.20） Pr.7、Pr.8 分别用

于设定电动机加速、减速时间，加速时间 Pr.7 的值设得越大，加速时间越长；减速时间 Pr.8 的值设得越大，减速越慢。Pr.20 是加、减速基准频率，Pr.7 设定的值就是从 0Hz 加速到 Pr.20 所设定的基准频率的时间，Pr.8 设定的值就是从 Pr.20 所设定的基准频率减速到 0Hz 的时间，如图 6-21 所示。

（6）电子过流保护（Pr.9） 通过设定电子过流保护的电流值，可防止电动机过热。当控制一台电动机运行时，此参数的值应设为 1~1.2 倍的电动机额定电流。

（7）直流制动相关参数（Pr.10、Pr.11、Pr.12） Pr.10 是直流制动时的动作频率，Pr.11 是直流制动时的动作时间（作用时间），Pr.12 是直流制动时的电压（转矩）。通过这三个参数的设定，可以提高停止的准确度，使之符合负载的运行要求，如图 6-22 所示。

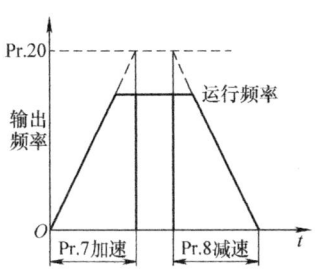

图 6-21 Pr.7、Pr.8 参数功能图

（8）起动频率（Pr.13） 用于设定电动机开始起动时的频率，如图 6-23 所示。

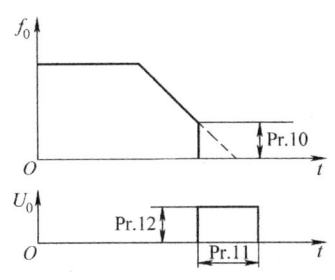

图 6-22 Pr.10、Pr.11、Pr.12 参数功能图

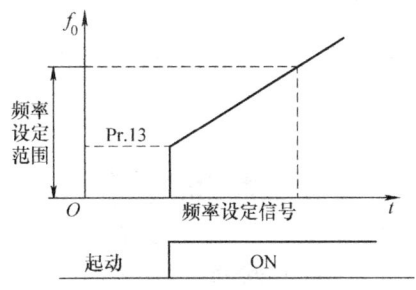

图 6-23 Pr.13 参数功能图

（9）MRS 端子输入选择 用于选择 MRS 端子的逻辑，如图 6-24 所示。

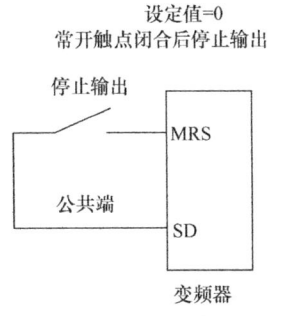
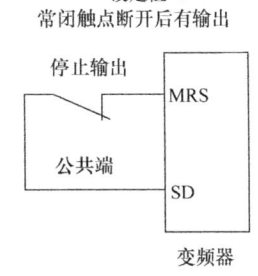

图 6-24 MRS 端子输入选择

（10）参数禁止写入选择（Pr.77）和防止逆转选择（Pr.78） Pr.77 用于参数写入禁止或允许，主要用于防止参数被意外改写。Pr.78 用于泵类设备，防止反转。Pr.77、Pr.78 的具体设定值及相应功能见表 6-7。

表 6-7　Pr. 77、Pr. 78 的设定值及相应功能

| 参 数 号 | 设 定 值 | 功　　能 |
|---|---|---|
| Pr. 77 | 0 | 在"PU"模式下，仅限于停止时可以写入（出厂设定） |
| | 1 | 不可写入参数，但 Pr. 75、Pr. 77、Pr. 79 参数可以写入 |
| | 2 | 即使运行时也可以写入 |
| Pr. 78 | 0 | 正转、反转均可（出厂设定） |
| | 1 | 不可正转 |
| | 2 | 不可反转 |

## 合作与探究

### 一、变频器的操作面板及其功能

认真观察三菱 FR-E540、FR-E700 系列变频器的操作面板（功能单元）。图 6-25 所示为 FR-E540 系列变频器操作面板，图 6-26 所示为 FR-E700 系列变频器操作面板，其相关功能及状态显示分别见表 6-8 和表 6-9。

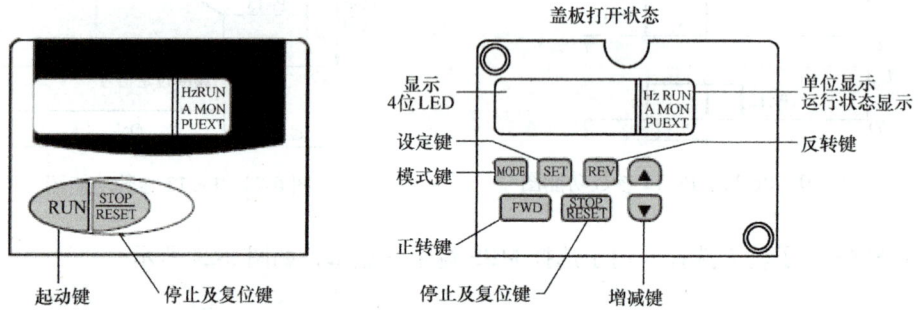

图 6-25　FR-E540 系列变频器操作面板

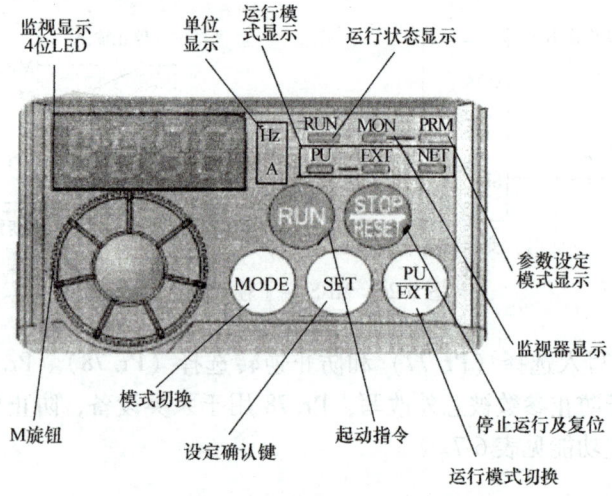

图 6-26　FR-E700 系列变频器操作面板

表 6-8 各按键功能

| 按　键 | 功　能　说　明 | 备　注 |
|---|---|---|
| MODE | 用于选择操作模式或设定模式。MODE 键和 PU/EXT 键同时按下可用来切换运行模式 | |
| SET 或 (SET) | 用于确定频率和参数的设定 | |
| ▲/▼ 或 旋钮 | 用于连续增加或减小运行频率，在设定模式下按下此键或旋转旋钮，可连续设定参数 | |
| STOP RESET | 用于停止运行<br>用于保护功能动作、输出停止时，复位变频器 | |
| FWD | 用于给出正转指令 | FR-A500 系列 |
| REV | 用于给出反转指令 | |
| (RUN) | 起动命令，通过 Pr.40 设定，可以选择旋转方向 | FR-E700 系列 |
| PU/EXT | 用于运行模式切换，切换 PU/外部运行模式。使用外部运行模式时请按此键，EXT 灯处于点亮状态；切换组合模式时，可同时按下此键与 MODE 键 0.5s | |

表 6-9　LED 状态显示

| 显　示 | 说　明 | |
|---|---|---|
| Hz | 显示频率时点亮 | |
| A | 显示电流时点亮 | |
| V | 显示电压时点亮。FR-E700 系列无此灯，显示电压时，Hz、A 灯熄灭 | |
| MON | 监视显示模式时点亮 | |
| PU | PU 操作模式时点亮 | PU、EXT 均亮表示 PU 和外部操作组合模式 |
| EXT | 外部操作模式时点亮 | |
| FWD | 正转时闪烁 | |
| REV | 反转时闪烁 | |
| RUN | 运行状态显示，点亮/闪烁。正转运行，点亮或慢闪烁；反转运行，快闪烁 | |
| PRM | 参数设定模式时点亮 | |

## 二、变频器面板操作

通过操作变频器的面板可改变监视模式、设定运行频率、设定参数、显示相关内容等。

### 1. 改变监视模式

按 MODE 键，可改变监视模式，如图 6-27 所示。

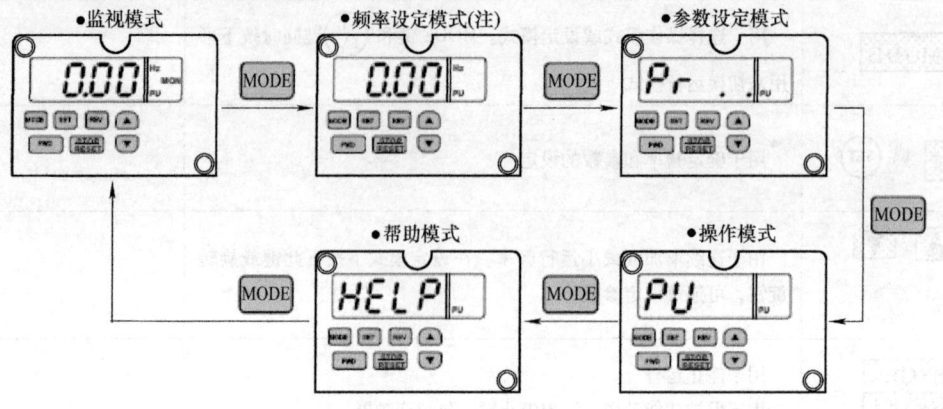

图 6-27 改变监视模式

### 2. 监视运行中的参数

按 SET 键，可监视运行中的参数，其操作如图 6-28 所示。

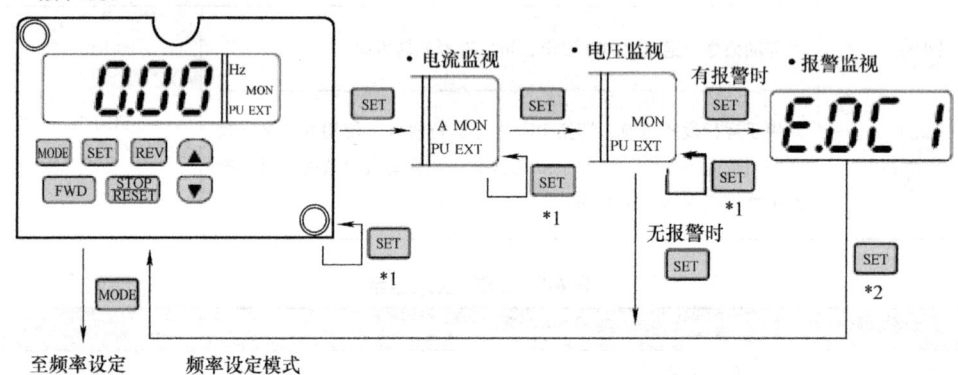

图 6-28 改变监视类型（运行的参数）的操作方法

**注意**：按下标有"*1"的 SET 键超过 1.5s 能把监视模式改为上电监视模式；按下标有"*2"的 SET 键超过 1.5s 能显示包括最近 4 次的错误指示。

### 3. 设定运行频率

在 PU 操作模式下设定运行频率，如图 6-29 所示。用 ▲/▼ 键增减或 ◎ 左右旋动改变频率数值的设定。

### 4. 参数清除

进行变频器相关数据设置前，需清除有关设置，将参数值初始化为出厂设定值，校准值不被初始化！Pr.77（参数功能号）设定为"1"时，即选择参数写入禁止，参数值不能被清除。图 6-30 所示为参数清除的方法。

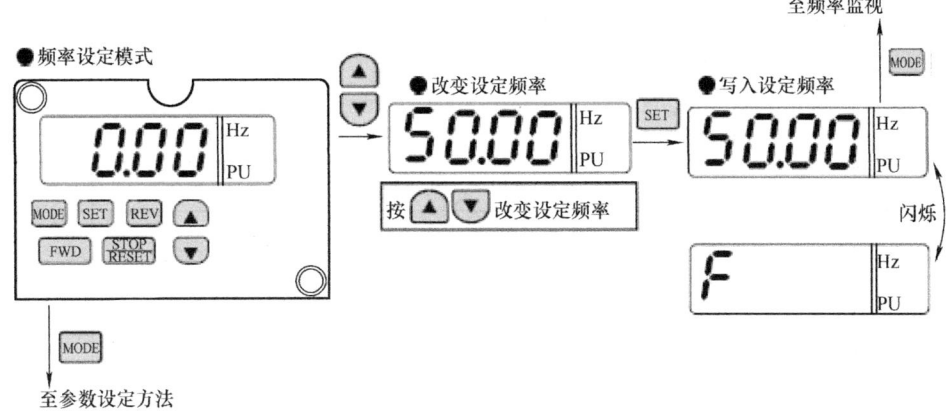

图 6-29 设定运行频率

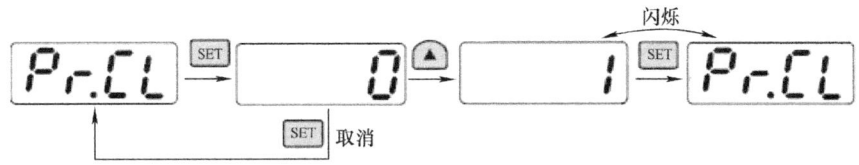

图 6-30 参数清除的方法

**5. 全部消除操作**

将参数值和校准值全部初始化为出厂设定值。注意：Pr. 75 不能被初始化。图 6-31 所示为参数全部清除的方法。

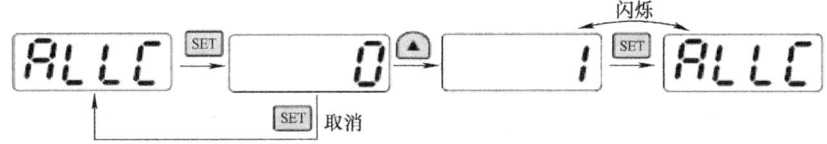

图 6-31 参数全部清除的方法

**6. 参数设定**

要使变频器按一定的模式和要求运行，必须设置相应的参数。变频器常用的参数较多，参见附录 B，其基本功能参数见表 6-10。

表 6-10 基本功能参数

| 参数号（Pr.） | 参数名称 | 设定范围 | 出厂设定值 | 备注 |
|---|---|---|---|---|
| 0 | 转矩提升 | 0~30% | 3%或2% | |
| 1 | 上限频率 | 0~120Hz | 120Hz | |
| 2 | 下限频率 | 0~120Hz | 0Hz | |
| 3 | 基底频率 | 0~400Hz | 50Hz | |
| 4 | 多段速度（高速） | 0~400Hz | 60Hz | |

(续)

| 参数号（Pr.） | 参 数 名 称 | 设 定 范 围 | 出厂设定值 | 备 注 |
|---|---|---|---|---|
| 5 | 多段速度（中速） | 0~400Hz | 30Hz | |
| 6 | 多段速度（低速） | 0~400Hz | 10Hz | |
| 7 | 加速时间 | 0~3600s | 5s | |
| 8 | 减速时间 | 0~3600s | 5s | |
| 9 | 电子过流保护（电动机过热保护） | 0~500A | 据额定电流整定 | |
| 10 | 直流制动动作频率 | 0~120Hz | 3Hz | |
| 11 | 直流制动动作时间 | 0~10s | 0.5s | |
| 12 | 直流制动电压 | 0~30% | 4% | |
| 13 | 起动频率 | 0~60Hz | 0.5Hz | |
| 15 | 点动频率 | 0~400Hz | 5Hz | |
| 16 | 点动加减速时间 | 0~360s | 0.5s | |
| 17 | MRS端子输入选择 | 0,2 | 0 | |
| 20 | 加、减速参考频率 | 1~400Hz | 50Hz | |
| 77 | 参数禁止写入选择 | 0,1,2 | 0 | |
| 78 | 防止逆转选择 | 0,1,2 | 0 | |
| 79 | 操作（运行）模式选择 | 0~4 | 0 | |

表6-10中，Pr.79"操作（运行）模式选择"是一个比较重要的参数，它确定变频器在什么模式下运行，其具体工作模式见表6-11。

表6-11 Pr.79设定值及其相对应的工作模式

| Pr.79设定值 | 工 作 模 式 |
|---|---|
| 0 | 电源接通时为外部操作模式，通过增、减键可以在外部和PU间切换FR-E700，通过 $\frac{PU}{EXT}$ 可以在外部和PU间切换 |
| 1 | PU操作模式（参数单元操作），起动信号和运行频率均由PU面板设定 |
| 2 | 外部操作模式，起动信号和运行频率均由外部输入 |
| 3 | 外部/PU组合操作模式1<br>运行频率——从PU输入，由增、减键或旋钮设定或由外部信号多段速度设定<br>起动信号——外部端子SFT、STR输入 |
| 4 | 外部/PU组合操作模式2<br>运行频率——外部输入（端子2、5、10，多段速度选择）<br>起动信号——从PU输入（由正转FWD键、反转REV键或RUN键设定） |

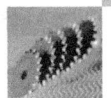

（1）参数设定方法　参数值的设定用▲/▼键增减或 ⊙ 左右旋动来改变，然后按下 SET 键 1.5s 写入设定值并更新。例如把 Pr.79 "运行模式选择"设定值从 "2"（外部操作模式）变更到 "1"（PU 操作模式），其设定方法如图 6-32 所示。图中 "P.79" 与 "1" 之间交替闪烁，表明设置成功，否则，表明设置未成功，应从最初处开始，再来一次。其他的设置类似。

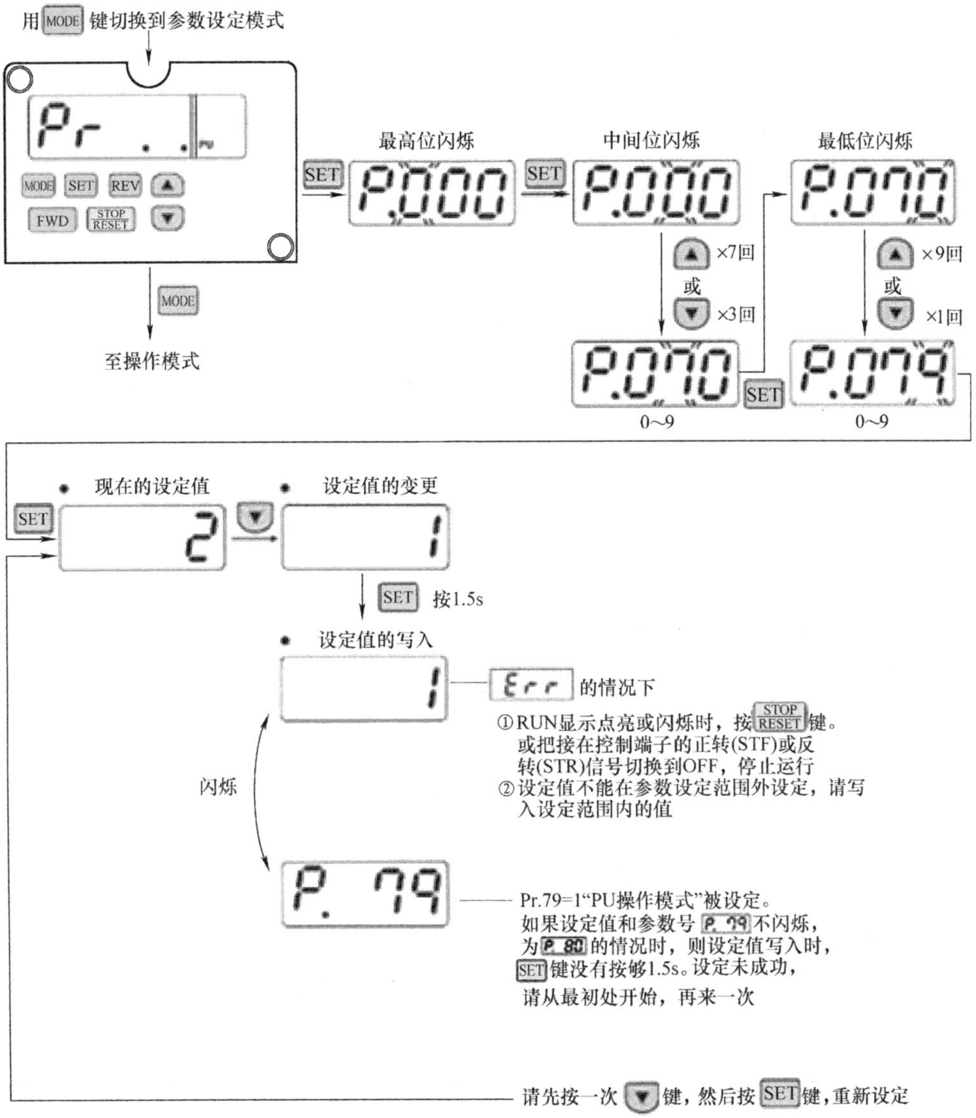

图 6-32　参数设定方法

查表 6-10 或附录 B 可知，上限频率的功能码为 Pr.1，其预置有下面两种方法：

1) 方法一。

① 按下 MODE 键至参数给定模式，此时显示 "Pr…"。

② 按下▲/▼键改变功能码，使功能码为1。
③ 按下 SET 键，读出原数据。
④ 按下▲/▼键更改数据为 50Hz。
⑤ 按下 SET 键 1.5s，写入给定。

2）方法二。
① 按下 MODE 键至参数给定模式，此时显示"Pr…"。
② 按下 SET 键，再用▲/▼键逐位将功能码翻至 P.001。
③ 按下 SET 键，读出原数据。
④ 按下▲/▼键将原数据改为 50Hz。

（2）给定频率的修改　例如，将给定频率修改为 40Hz，其方法如下：
1）按下 MODE 键至运行模式，选择 PU 运行（PU 灯亮）。
2）按下 MODE 键至频率设定模式。
3）按下▲/▼键，修改给定频率为 40Hz。

### 三、PU 模式控制电动机正反向变频运行

PU 模式运行就是利用变频器的操作面板输入给定频率和起动信号。

**1. 主电路接线**

按图 6-33a 所示，将电源、变频器、电动机三者连接起来，电动机为Y形接法。

**注意**：切不可将 R、S、T 与 U、V、W 端子接错，否则，会烧坏变频器。

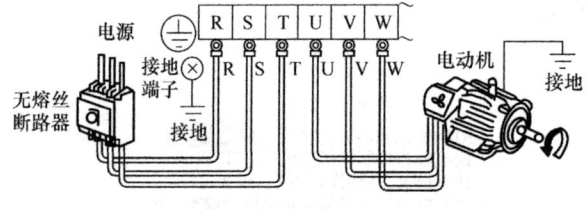
a) 变频器主电路接线

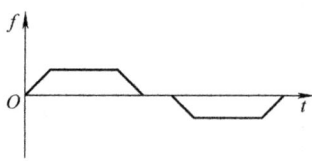
b) 正反转运行曲线

图 6-33　变频器控制电动机运行

**2. 参数设定及运行频率设定**

按照图 6-33b 所示运行曲线和控制要求确定有关参数，然后进行设定。
1）参数设定见表 6-12。

表 6-12　参数设定

| 参数名称 | 参数号 | 设置数据 |
| --- | --- | --- |
| 上升时间 | Pr.7 | 4s |
| 下降时间 | Pr.8 | 3s |
| 加、减速基准频率 | Pr.20 | 50Hz |
| 基底频率 | Pr.3 | 50Hz |

(续)

| 参 数 名 称 | 参 数 号 | 设 置 数 据 |
|---|---|---|
| 上限频率 | Pr. 1 | 50Hz |
| 下限频率 | Pr. 2 | 0Hz |
| 运行模式 | Pr. 79 | 1 |

2）运行频率。运行频率分别设定为：第一次 20Hz，第二次 30Hz，第三次 50Hz。

3）参数设定。

① 按操作面板上的 MODE 键两次，显示"参数设定"画面，在此画面下设定参数 Pr. 79 = 1，"PU"灯亮。

② 按表 6-12 依次设定相关参数。

③ 再按操作面板上的 MODE 键，切换到"频率设定"画面下，设定运行频率为 20Hz。

④ 返回"监视模式"，观察"MON"和"Hz"灯亮。

⑤ 按 FWD 键，电动机正向运行在设定的运行频率上（20Hz），同时，FWD 灯亮。

⑥ 按 REV 键，电动机反向运行在设定的运行频率上（20Hz），同时，REV 灯亮。

⑦ 再分别在"频率设定"画面下改变运行频率为 30Hz、50Hz，重复第⑤步和第⑥步，反复练习。

### 四、FR-E740 的基本操作

FR-E740 的基本操作与 FR-E540 基本相同，前者是用 M 旋钮切换模式，速度较快，后者是用增、减键进行模式切换。

1）各种模式间的切换与基本操作。图 6-34 所示为 FR-E740 的基本操作。

2）操作（运行）模式选择（Pr. 79）的设定方法如图 6-35 所示。

3）变更参数的设定值。如将上限频率（Pr. 1）变更为 50Hz，其操作如图 6-36 所示。其他的参数设定与此方法相同。图 6-37 所示为将电动机的加速时间（Pr. 7）设定为 10s 的操作过程。

4）PU 运行模式。可设置 Pr. 79 = 1（固定 PU 模式），也可用 $\boxed{\tfrac{PU}{EXT}}$ 键直接切换（Pr. 79 = 0模式）。以 30Hz 的运行频率为例（其他参数见表 6-12，设置方法参考图 6-37），其操作如图 6-38 所示。

5）M 旋钮调节频率运行。用 M 旋钮将频率从 0 逐渐变到某一数值，操作如下：

① 在监视状态下按 $\boxed{\tfrac{PU}{EXT}}$ 键，进入 PU 模式，设置 Pr. 161（频率设定/键盘锁定操作）= 1。

② 按 RUN 键运行变频器，旋转 M 旋钮，频率逐渐上升。不必按 SET 键。

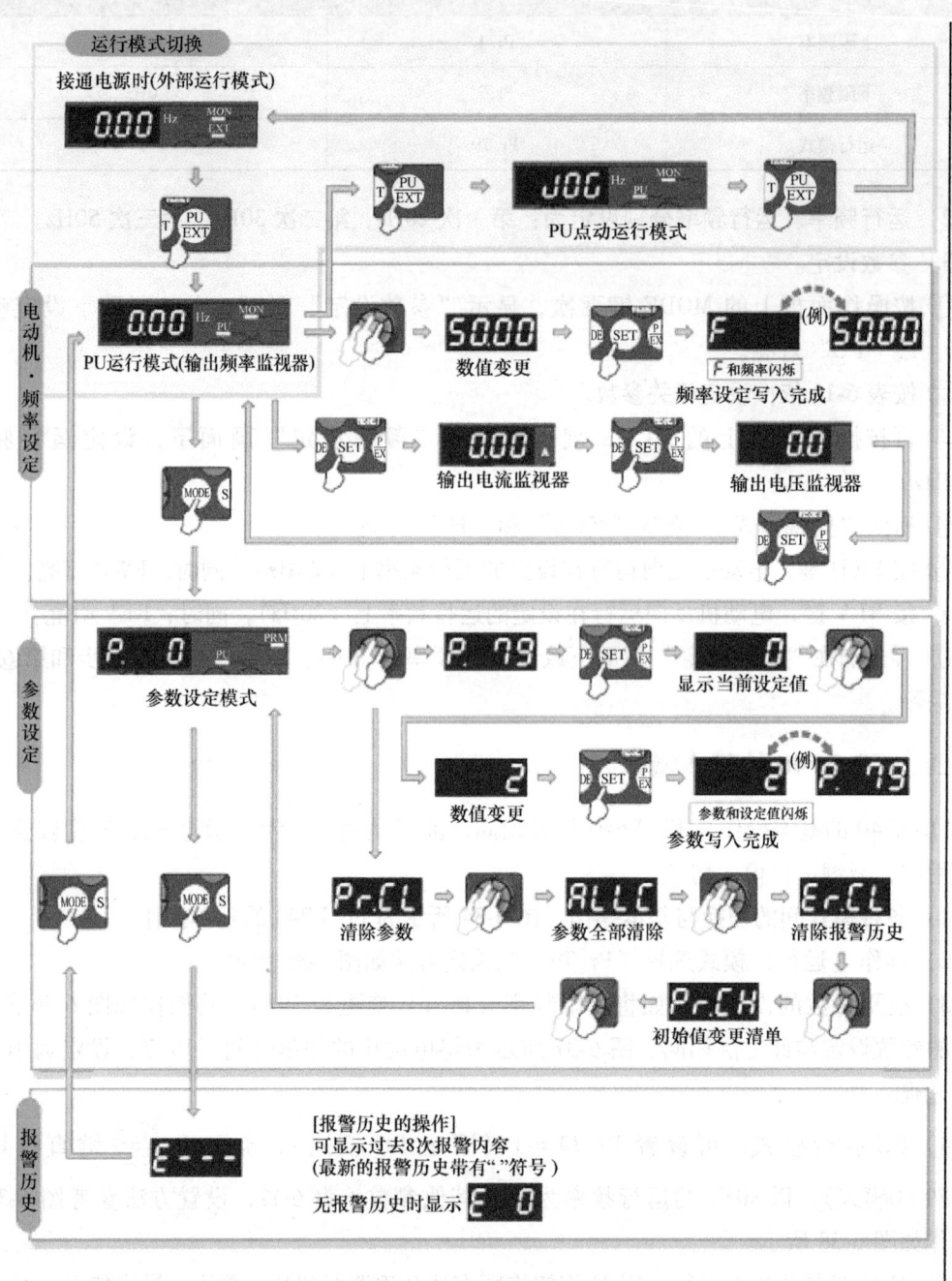

图 6-34  FR-E740 的基本操作

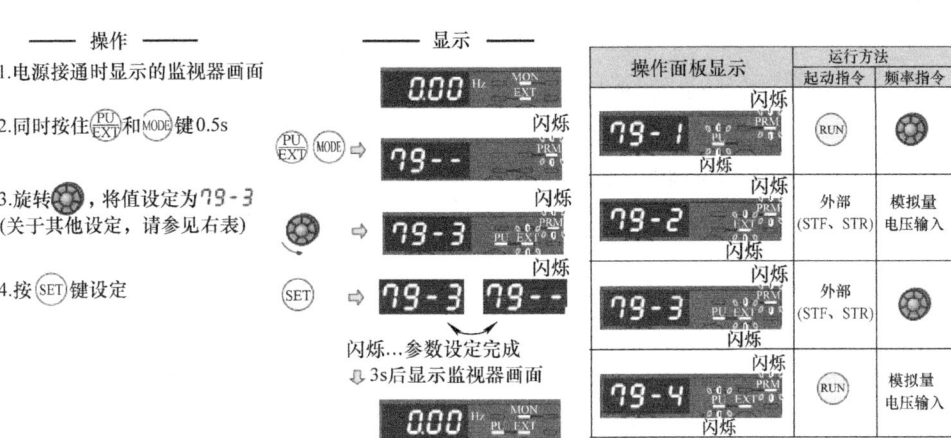

图 6-35 运行模式选择（Pr.79）的设定方法

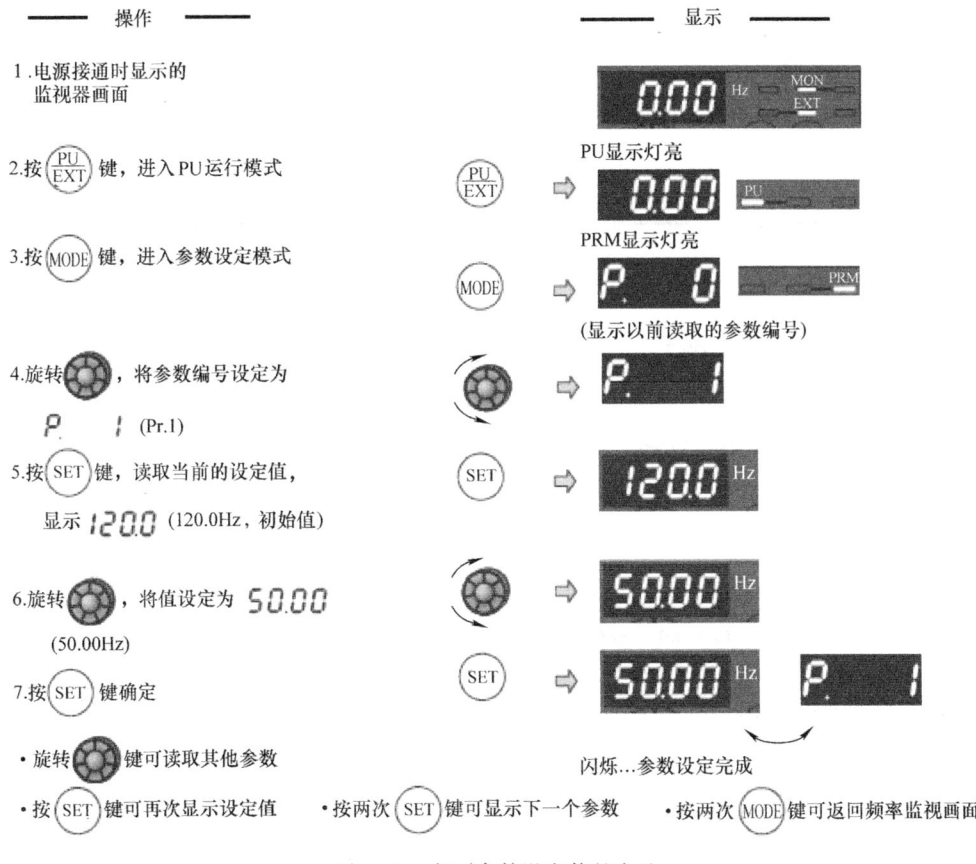

图 6-36 变更参数设定值的方法

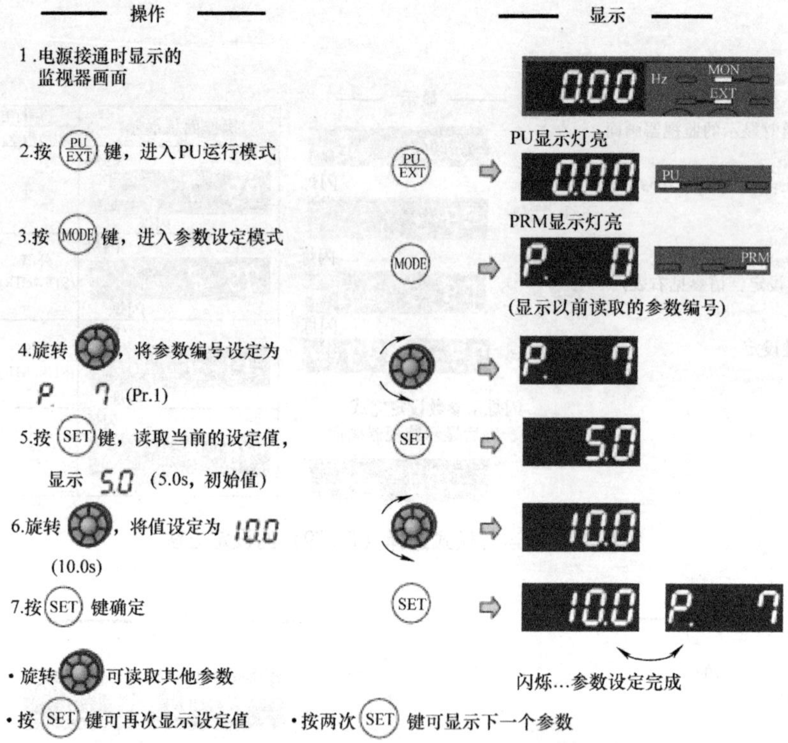

| 操作 | 显示 |
|---|---|
| 1. 电源接通时显示的监视器画面 | 0.00 Hz MON/EXT |
| 2. 按 (PU/EXT) 键，进入 PU 运行模式 | (PU/EXT) ⇒ 0.00 PU显示灯亮 |
| 3. 按 (MODE) 键，进入参数设定模式 | (MODE) ⇒ P. 0 PRM显示灯亮 (显示以前读取的参数编号) |
| 4. 旋转 ◉，将参数编号设定为 P. 7 (Pr.1) | ◉ ⇒ P. 7 |
| 5. 按 (SET) 键，读取当前的设定值，显示 5.0 (5.0s，初始值) | (SET) ⇒ 5.0 |
| 6. 旋转 ◉，将值设定为 10.0 (10.0s) | ◉ ⇒ 10.0 |
| 7. 按 (SET) 键确定 | (SET) ⇒ 10.0 P. 7 闪烁…参数设定完成 |

- 旋转 ◉ 可读取其他参数
- 按 (SET) 键可再次显示设定值
- 按两次 (SET) 键可显示下一个参数

图 6-37 电动机加速时间 (Pr.7) 的设定方法

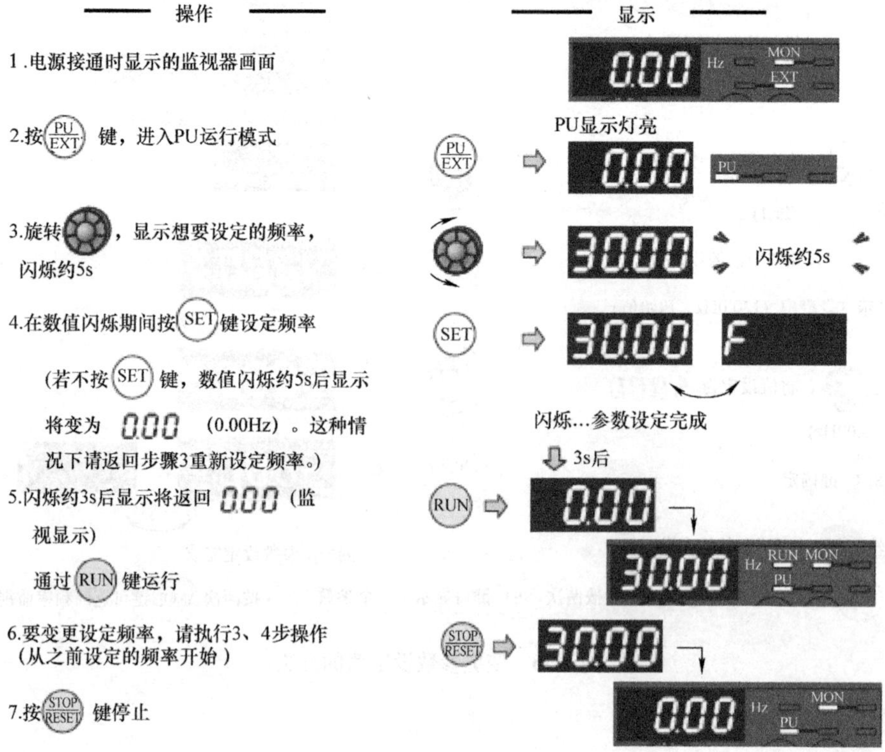

| 操作 | 显示 |
|---|---|
| 1. 电源接通时显示的监视器画面 | 0.00 Hz MON/EXT |
| 2. 按 (PU/EXT) 键，进入 PU 运行模式 | (PU/EXT) ⇒ 0.00 PU显示灯亮 |
| 3. 旋转 ◉，显示想要设定的频率，闪烁约5s | ◉ ⇒ 30.00 闪烁约5s |
| 4. 在数值闪烁期间按 (SET) 键设定频率 (若不按 (SET) 键，数值闪烁约5s后显示将变为 0.00 (0.00Hz)。这种情况下请返回步骤3重新设定频率。) | (SET) ⇒ 30.00 F 闪烁…参数设定完成 |
| 5. 闪烁约3s后显示将返回 0.00 (监视显示) 通过 (RUN) 键运行 | 3s后 (RUN) ⇒ 0.00 → 30.00 Hz RUN MON PU |
| 6. 要变更设定频率，请执行3、4步操作 (从之前设定的频率开始) | (STOP/RESET) ⇒ 30.00 → 0.00 Hz MON PU |
| 7. 按 (STOP/RESET) 键停止 | |

图 6-38 FR-E740 PU 运行模式

 **任务评价**

本任务的评价标准见表 6-13。

表 6-13 评价标准

| 项目内容 | | 配 分 | 标 准 | 得 分 |
|---|---|---|---|---|
| 新知识学习 | | 20 | 能熟练掌握本节知识 | |
| 操作模式 | | 15 | 正确选择操作模式，选择错误不得分 | |
| 参数设定 | | 40 | 参数设定方法正确、熟练，每错一个扣 5 分 | |
| 频率 | 20Hz | 5 | 频率的设定与修改正确，每错一个扣 5 分 | |
| | 30Hz | 5 | | |
| | 50Hz | 5 | | |
| 操作 | 正转 | 5 | 操作错误不得分 | |
| | 反转 | 5 | | |

 **思考与提高**

1) 简述操作模式选择（Pr. 79）参数的设定方法。
2) 简述加速时间（Pr. 7 = 5）的设定方法。
3) 简述清零的操作方法。
4) 简述监视运行参数的操作方法。
5) 解释 Pr. 79 设定值及其对应工作模式的意义。
6) 简述变频器 PU 运行的操作步骤。

## 任务三　变频器外部接线控制电动机的正反运行

 **任务目标**

1) 掌握变频器各端子的功能并能正确接线。
2) 会对三菱变频器进行参数设置、外部接线与调试。

 **任务引入**

注射机是塑料制品厂常用的机械设备，其开模、合模是由电动机的正反转运行拖动的，且在合模过程的一次加压、二次加压、保压和开模释压的各个阶段，电动机的运行速度是不一样的，需要进行调速控制。如何实现电动机运行中转速的变化？下面来学习变频器的外部接线控制操作与相关设置。

**相关知识**

各种品牌（系列）的变频器都有其标准的接线端子,这些接线端子与其自身功能的实现密切相关。变频器接线分为主电路接线和控制电路接线两部分。

### 一、基本原理接线

图 6-39 所示为日本三菱 FR-E540 系列变频器的基本原理接线图,图中主回路端子接线较简单,上一任务已学习。

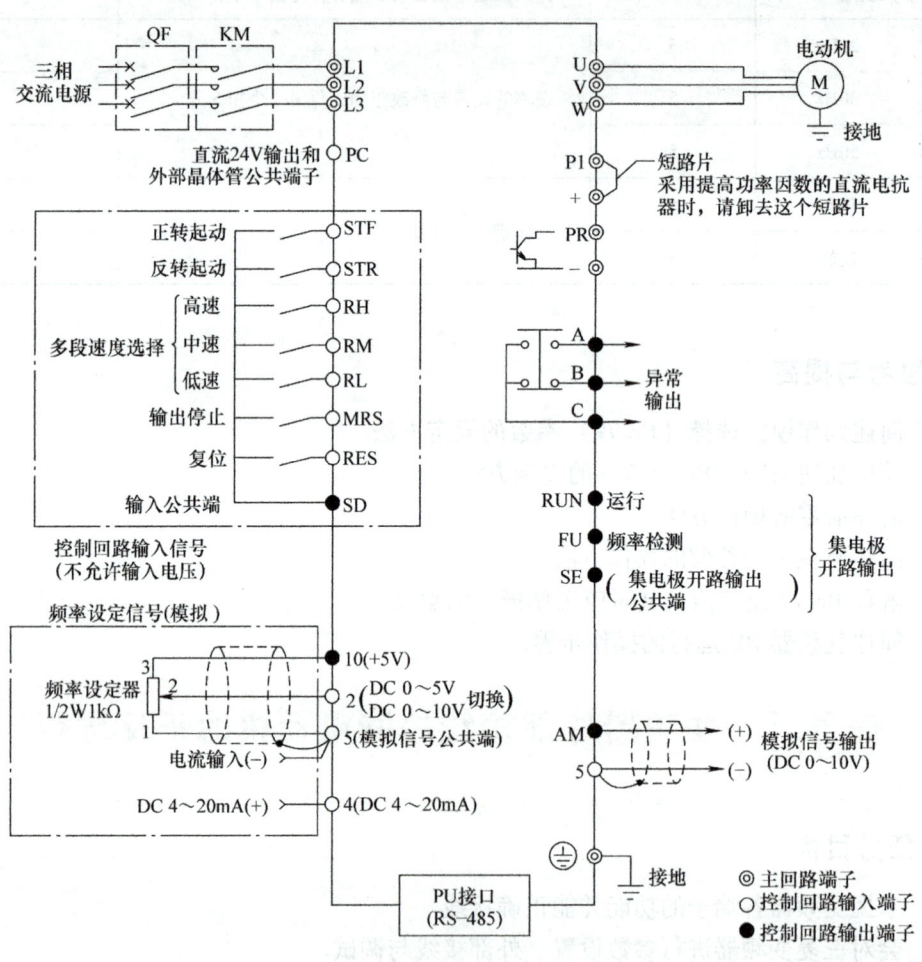

图 6-39 变频器的基本原理接线图

### 二、控制回路

1）控制回路接线端子布局图如图 6-40 所示。

2）控制回路端子功能。控制回路端子分为开关信号输入端子、模拟信号输入端子和输出信号端子三部分,其功能分别见表 6-14、表 6-15 和表 6-16。

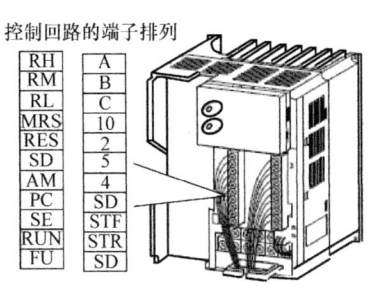

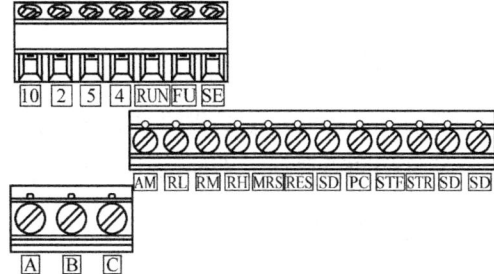

a) FR–E540　　　　　　　　　　　　　　　b) FR–E740

图 6-40　控制回路接线端子布局图

表 6-14　开关信号输入端子功能表

| 端子 | | 功能 |
|---|---|---|
| 通用端子 | STF | 正向起动，STF 接通，电动机正向起动运转；STF 断开，电动机停止 |
| | STR | 反向起动，STR 接通，电动机反向运转；STR 断开，电动机停止 |
| | RH、RM、RL | 开关信号组合可以选择多段速度 |
| | MRS | 输出停止，MRS 接通 20ms 以上，变频器无输出 |
| | RES | 复位按钮，RES 接通 0.1s 以上后断开，可以解除保护回路动作的保持状态 |
| | SD | 输入开关电路的公共端子，也是变频器内 24V 电源（PC 端子）的负端 |
| PC | | DC 24V 电源正端，0.1A 输出 |

表 6-15　模拟信号输入端子功能表

| 端子 | 功能 | |
|---|---|---|
| 10 | 频率设定用电源 | DC +5V，允许负荷电流 10mA |
| 2 | 频率设定（电压输入端） | 0～5V（0～10V）。5V（或 10V）对应最大输出频率。输入电压与输出频率成比例。输入阻抗 10kΩ，允许最高电压 20V |
| 4 | 频率设定（电流输入端） | 输入 DC 4～20mA。20mA 对应最大输出频率，输入电流与输出频率成比例。输入阻抗 250Ω，允许最大电流 30mA |
| 5 | 频率设定公共端 | 频率设定端子 2、1、4 和模拟输出信号端子 AM 的公共端子，不能接地 |

表 6-16　输出信号端子功能表

| 端子名称 | | 功能 | |
|---|---|---|---|
| 保护端子 | | 输出保护端子 A、B、C：指示变频器因保护功能动作而停止输出的转换接点 | |
| | | 正常时，A-C 间 OFF，B-C 间 ON | 触点参数：AC 230V、0.3A；DC 30V、0.3A |
| | | 故障时，A-C 间 ON，B-C 间 OFF | |
| 集电极开路端子 | RUN 正在运行 | 出厂设定为"变频器正在运行"，当变频器输出频率为起动频率以上时，集电极开路输出用的晶体管处于导通状态，为低电平；变频器停止或直流制动状态时，集电极开路输出用的晶体管处于关断状态，为高电平。端点参数：DC 24V、0.1A | |
| | FU 频率检测 | 出厂设定为"频率检测"，输出频率为设定频率以上时为接通，即为低电平；以下时为断开，即高电平 | |
| | SE | 集电极开路公共端，是端子 RUN、FU 的公共端 | |
| | AM | 模拟信号输出，从输出频率、电压、电流中选择一种作为输出，输出信号与各监视信号的大小成比例，允许输出电压 DC 0～10V，电流 1mA | |
| PU 通信接口 | | 串口 RS-485 通信，通信标准：EIA RS-485 标准。通信方式：多任务通信 | |

**合作与探究**

变频器的外部接线控制是指除 PU 控制模式外的其他几种控制模式，它们需要通过外部接线或一部分功能需要通过外部接线来完成。

## 一、组合操作模式

组合操作模式是应用参数单元和外部接线共同控制变频器运行的一种方法。组合操作模式有两种，一种是参数单元（PU）控制电动机的起停，外部接线控制电动机的运行频率；另一种是参数单元控制电动机的运行频率，外部接线控制电动机的起停。

**1. 外部/PU 组合操作模式 1**（Pr. 79 = 3）

该组合操作模式的运行频率从 PU 设定，或者由多段速度设定的外部输入信号确定，起动信号由外部输入端子 STF、STR 确定。这种模式在实践中应用最多。

1）运行频率从 PU 设定，起动信号由 STF、STR 输入的操作要点如下（其他参数见表 6-12，以下相同）：①起动指令通过将 STF 或 STR 与 SD 接通发出；② 设置 Pr. 79 = 3；③用操作面板设定频率。其接线与操作过程如图 6-41 所示。

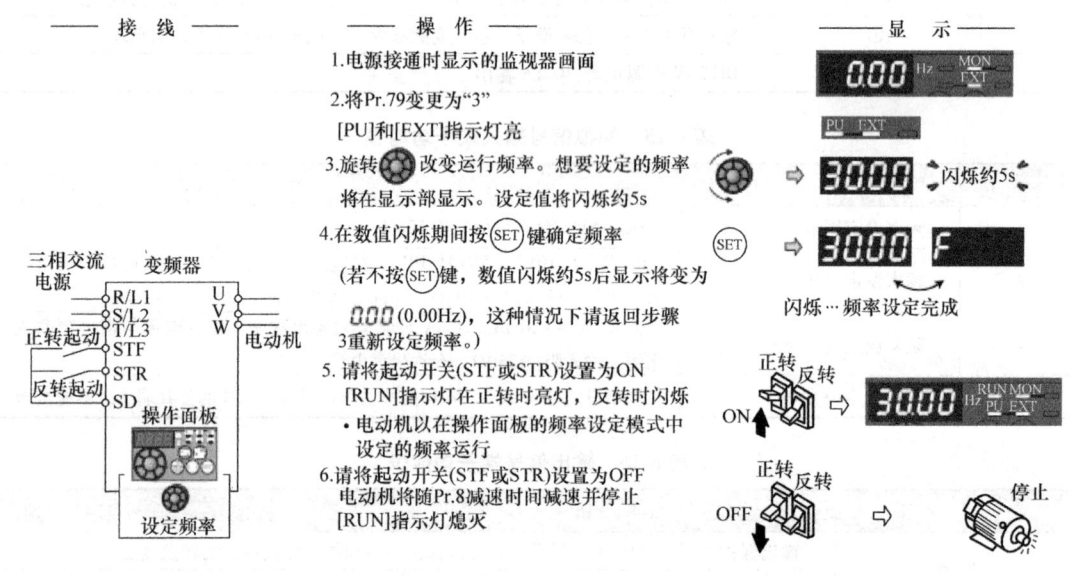

图 6-41　PU 设定频率，STF、STR 输入起动信号的接线与操作

2）运行频率由多段速度设定的外部信号输入，起动由 STF、STR 输入的操作要点如下：①用端子 STF（STR）—SD 连接发出起动指令，通过端子 RH、RM、RL—SD 连接给出设定的频率；②设置 Pr. 79 = 3。设置端子 RH、RM、RL 参数 Pr. 4、Pr. 5、Pr. 6 的值（如 40Hz、30Hz、10Hz）。EXT 需灯亮，如果 PU 灯亮，用 $\begin{pmatrix} PU \\ EXT \end{pmatrix}$ 进行切换。其接线与操作过程（以中速 40Hz 为例）如图 6-42 所示。

**2. 外部/PU 组合操作模式 2**（Pr. 79 = 4）

该组合操作模式的运行频率由外部电位器电压给定或传感器、调节器的输出电流给定，

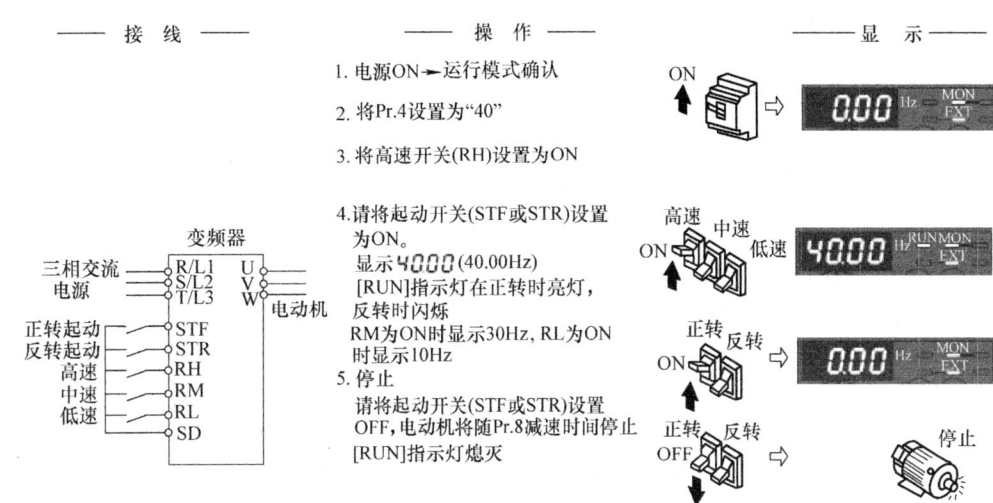

图 6-42　多段速度设定频率输入信号，起动由 STF、STR 输入的接线与操作

也可以由多段速度选择，起动信号由 PU 的 STF、STR 或 RUN 键发出。其接线与操作过程如图 6-43、图 6-44 所示。

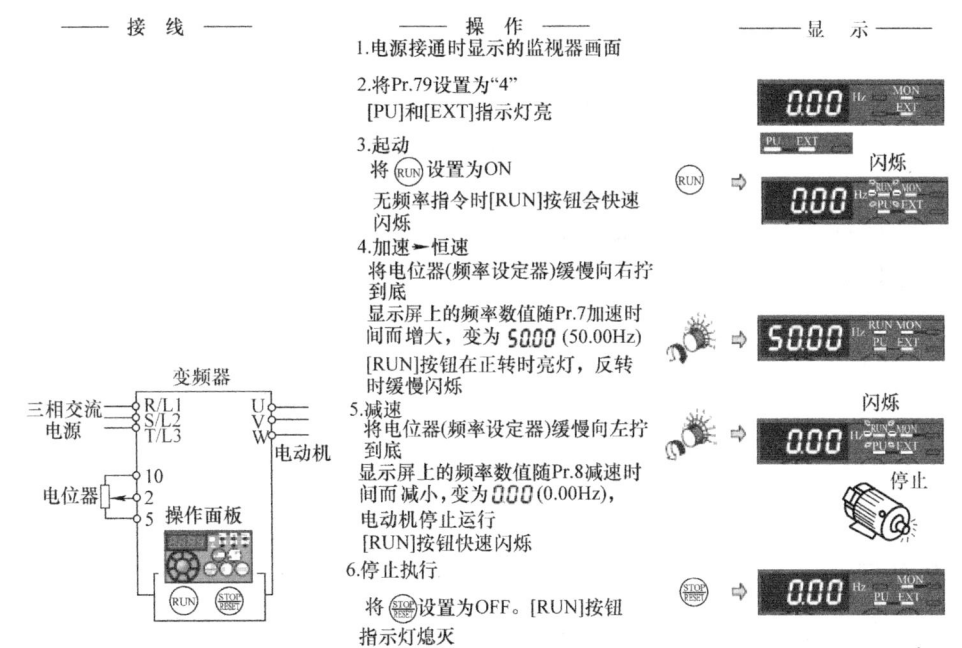

图 6-43　外部电位器的电压给定频率，PU 发出起动信号的接线与操作

## 二、外部操作模式（Pr. 79 = 2）

外部操作模式是指用外部信号操作，即利用外部开关、电位器将外部操作信号送到变频器，控制变频器的操作方式。操作模式 Pr. 79 设为 2（FR-E540 的 Pr. 79 设为 0）。注意，EXT 需亮灯，如果 PU 灯亮，说明没有设置 Pr. 79 = 2，重新设置或用 PU/EXT 进行切换，其接线

与操作过程如图 6-45 所示。

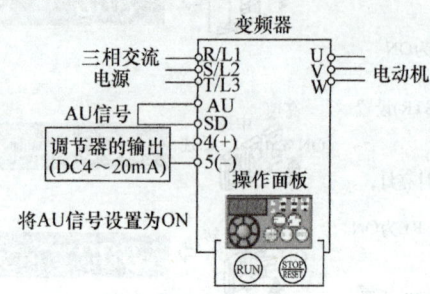
a）外部调节器输出电流给定频率

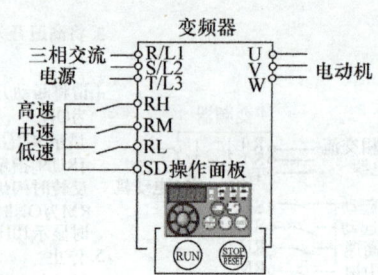
b）多段速度选择给定频率

图 6-44　电流或多段速度选择给定频率，PU 发出起动信号的接线图

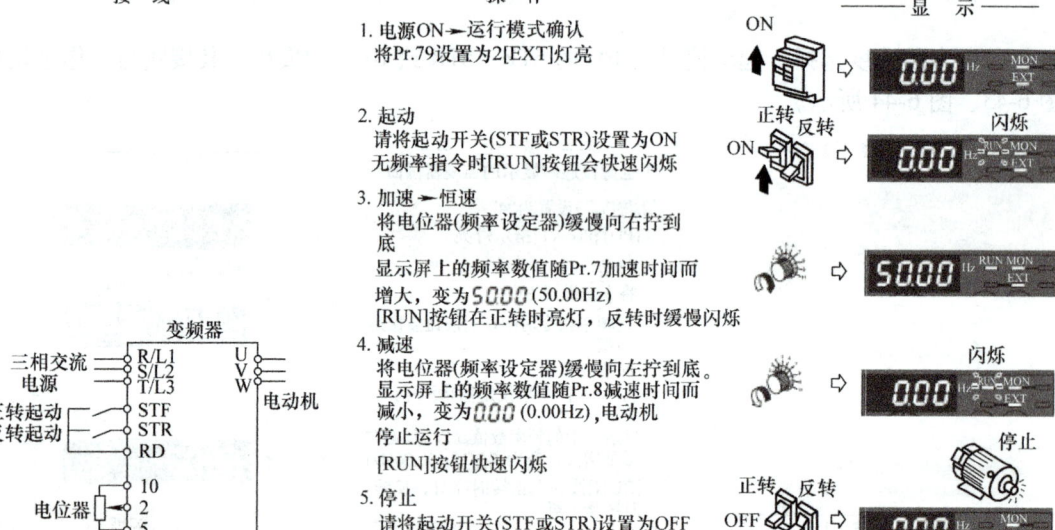

图 6-45　外部控制模式的接线与操作

 **任务评价**

此任务的评价标准见表 6-17。

 **思考与提高**

1）简述控制回路各端子的功能。
2）组合操作模式共有哪几种形式？相应的 Pr.79 设定值是多少？
3）外部操作模式的意义是什么？
4）试叙述变频器外部接线控制的方法与步骤。

表 6-17 评价标准

| 项目内容 | 配 分 | 标 准 | 得 分 |
|---|---|---|---|
| 新知识学习 | 15 | 能较好理解本节知识 | |
| 组合操作模式 1 | 20 | 组合操作模式 1 的两种形式接线与操作正确<br>接线错误扣 10 分，操作错误扣 10 分 | |
| 组合操作模式 2 | 20 | 组合操作模式 2 的三种形式接线与操作正确<br>接线错误扣 10 分，操作错误扣 10 分 | |
| 外部操作模式 | 20 | 接线与操作正确，否则不得分 | |
| 参数设定 | 10 | 相关参数设定方法正确、熟练，每错一个扣 5 分 | |
| 原理接线图的识读 | 10 | 能理解、识读原理接线图 | |
| 团结协作 | 5 | 团结协作好，纪律性强 | |

## 任务四　PLC 控制变频器实现电动机的正反向运行

### 任务目标

1) 学会利用 PLC 和变频器控制电动机正反转的方法。
2) 能进行 PLC 与变频器的连接及 PLC 控制程序的编制。
3) 会根据功能要求设置变频器的相关参数。

### 任务引入

在工厂车间内的各工段之间运送钢材等物料时常使用平板小车，它往返于各工段之间。图 6-46 所示为其运行速度曲线，*AC* 段是载料正转运行，*CE* 段是卸料后空载返回时的反转运行，前进、后退的加减速时间由变频器的加、减速参数来设定。小车正转起动运行 2min 到达位置 *B* 后，减速到 10Hz 运行，以减小停止时的惯性。同样，当返回运行 2min 到位置 *D* 时，减速到 10Hz 运行，以减小停止时的惯性。现要求用 PLC 和变频器控制其运行，如何接线与编制 PLC 程序？

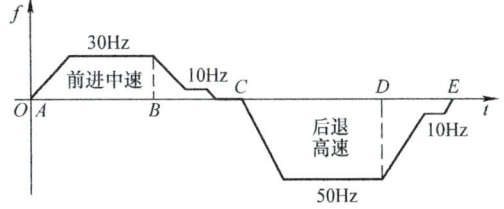

图 6-46 平板小车运行曲线图

### 合作与探究

用变频器控制小车正反向运行，只需交替接通 STF 和 STR，如图 6-47 所示，而 PLC 的输出端子相当于开关触点，采用 PLC 程序控制，按要求接通 STF 和 STR 即可。

1) 按图 6-48 所示的 PLC 控制变频器实现电动机正反向变速运行的接线图接线。

2）将图 6-49 所示的 PLC 控制程序梯形图输入到 PLC 中。

3）按表 6-18 设置变频器的功能参数。

电路工作原理解释如下：按下 SB1，X0 = ON→Y0 = ON 并保持，接触器 KM 动作，变频器接通电源且 Y1 = ON，指示灯 HL1 亮。将 SA2 旋至"正转"位，X2 = ON 并保持→Y10 = ON，Y12 = ON，变频器的 STF 和 RL 接通，电动机正转起动并以 30Hz 频率运行，Y2 = ON，正转指示灯 HL2 亮。正转运行 2min 后，Y11 = ON，此时，电动机以 RH、RL 组合频率 10Hz 慢速运行。当 SA2 旋至中间位置，电动机停止运行。同样，将 SA2 旋至"反转"位，X3 = ON 并保持→Y11 = ON，Y13 = ON，变频器的 STR 和 RH 接通，电动机反转起动并以 50Hz 频率运行且 Y3 = ON，反转指示灯 HL3 亮。反向运行 2min 后，Y10 = ON，电动机以 RH、RL 组合频率 10Hz 慢速运行。

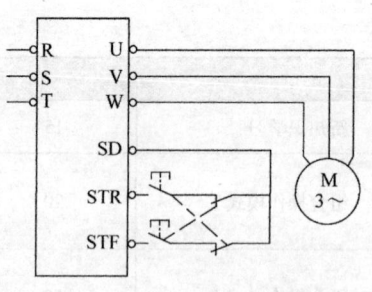

图 6-47 变频器控制的正反转电路

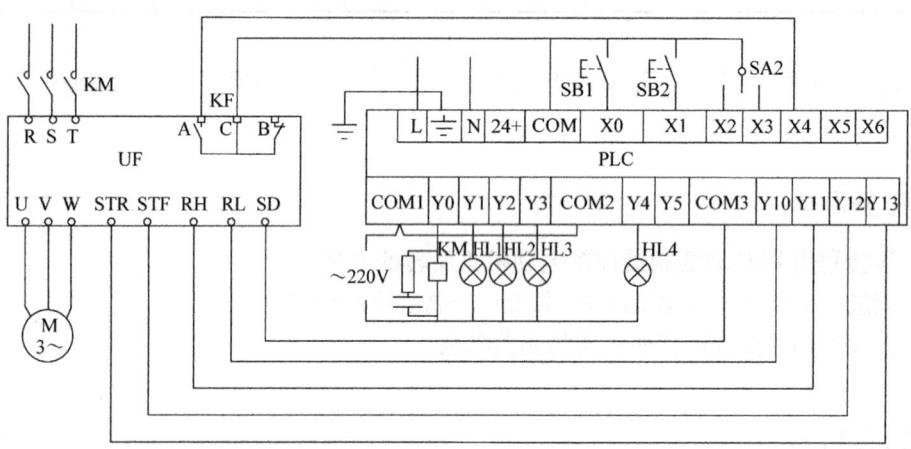

图 6-48 PLC 控制变频器实现电动机正反向变速运行的接线图

表 6-18 变频器功能参数设置表

| 参 数 名 称 | 参 数 号 | 参 考 值 |
| --- | --- | --- |
| 运行模式 | Pr. 79 | 3 |
| 上升时间 | Pr. 7 | 3s |
| 下降时间 | Pr. 8 | 3s |
| 基底频率 | Pr. 3 | 50Hz |
| 上限频率 | Pr. 1 | 50Hz |
| 下限频率 | Pr. 2 | 0Hz |
| 多段速度（RH） | Pr. 4 | 50Hz |
| 多段速度（RL） | Pr. 6 | 30Hz |
| 多段速度（RH、RL 组合） | Pr. 25 | 10Hz |

```
          X000
         ──┤├──────────────────────────[SET  Y000]

          X001    X002    X003
         ──┤├────┤/├────┤/├───────────[RST  Y000]
          X004
         ──┤├──┘

          Y000
         ──┤├──────────────────────────────( Y001 )

          X002
         ──┤├──────────────────────────────(  M0  )
           │
           ├──────────────────────────────( Y012 )
           │
           ├──────────────────────────────( Y002 )
           │                                K1200
           └──────────────────────────────(  T0  )

          X003
         ──┤├──────────────────────────────(  M1  )
           │
           ├──────────────────────────────( Y013 )
           │
           ├──────────────────────────────( Y003 )
           │                                K1200
           └──────────────────────────────(  T1  )

           M0
         ──┤├──────────────────────────────( Y010 )
           T1
         ──┤├──┘

           M1
         ──┤├──────────────────────────────( Y011 )
           T0
         ──┤├──┘

          X004
         ──┤├──────────────────────────────( Y004 )

                                          [ END ]
```

图 6-49　PLC 控制程序梯形图

当电动机正转或反转时，X2 或 X3 的常闭触点断开，使 SB2（X1）不起作用，从而防止变频器在电动机运行的情况下切断电源。将 SA2 旋至中间位置时，则电动机停转，X2、X3 的常闭触点均闭合。如果再按下 SB2，则 X1＝ON，Y0 复位，KM 断电，变频器脱离电源。电动机运行时，如果变频器因为发生故障而跳闸，则 X4＝ON，Y0 复位，变频器切断电源，同时，Y4＝ON，指示灯 HL4 亮。

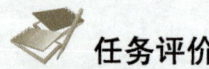 **任务评价**

本任务的评价标准见表 6-19。

表 6-19  评价标准

| 项目内容 | 配 分 | 标 准 | 得 分 |
|---|---|---|---|
| 安装接线 | 35 | 变频器与 PLC 安装接线正确 | |
| 参数设置 | 30 | 参数设置方法正确，无遗漏，遗漏一项扣 5 分 | |
| PLC 程序输入与调试 | 20 | 程序输入与调试正确，否则不得分 | |
| 团结协作 | 15 | 团结协作好，纪律性强 | |

 **思考与提高**

有一台升降机，用变频器控制，上升、下降运行时要求有指示灯显示，上升频率为 45Hz，下降频率为 25Hz，为减小停车惯性，停车前的运行频率为 10Hz，试用 PLC 与变频器联合控制，画出接线图，设置有关参数并编写 PLC 程序。

## 阅读材料  变频器的安装与日常维护

### 1. 变频器的安装

（1）安装环境  变频器是精密的电子设备，其正常工作运行对环境有一定的要求。

1）工作场所应符合一般工业电子设备运行要求，安装室应湿气少，无易燃、易爆、腐蚀性气体，液体、粉尘少。

2）易于变频器搬入、搬出和定期维修、检查。

3）应备有通风口或换气装置，以排出变频器产生的热量。

4）应与易受高次谐波干扰的装置隔离。

（2）安装空间  变频器运行时，会产生热量。为使变频器通风、散热，变频器应垂直安装，如图 6-50 所示，不可倒置，并且安装时要使其与其他设备、墙壁或电路管道有足够的距离，如图 6-51 所示。如果将变频器安装在电控柜内，这时应注意散热问题，如图 6-52 所示。变频器工作时，其散热片的温度有时可高达 90℃，故安装底板必须为耐热材料。

（3）主电路安装

1）电源与变频器之间的导线。一般来说，此导线和同容量普通电动机的电线选择方法相同。考虑到其输入侧的功率因数往往较低，应本着宜大不宜小的原则来决定线径。

2）变频器与电动机之间的导线。因为频率下降时，电压也要下降，在电流相等的条件下，线路电压降 $\Delta U$ 在输出电压中的比例将上升，而电动机得到电压的比例则下降，有可能导致电动机发热。所以，决定变频器与电动机之间导线的线径时，最关键的因素是线路电压降 $\Delta U$ 的影响，一般要求 $\Delta U \leqslant (2\% \sim 3\%)\ U_N$，$U_N$ 为额定电压。

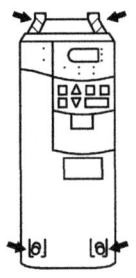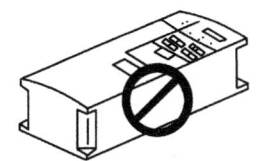

图 6-50 变频器的正确安装

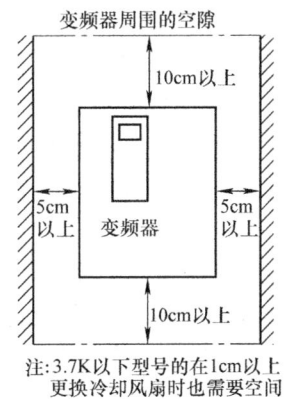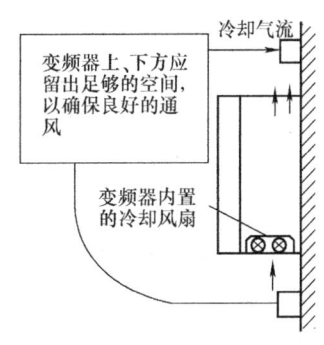

图 6-51 变频器的安装空间

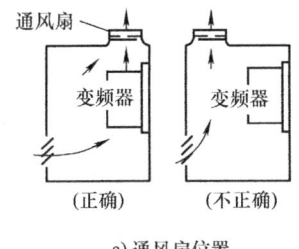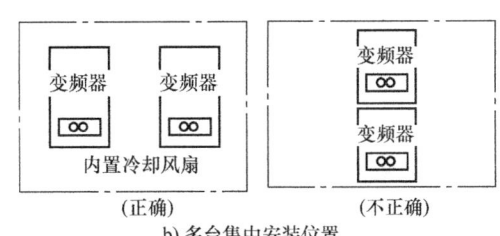

a) 通风扇位置　　　　　　　　b) 多台集中安装位置

图 6-52 变频器在柜内安装

3) 主电路连接时的注意事项。

① 主电路电源端子 R、S、T，经接触器和断路器与电源连接，不需要考虑相序。

② 变频器的保护功能动作时，继电器的常闭触点控制接触器电路，会使接触器断开，从而切断变频器的主电路电源。

③ 不应以主电路的通断来进行变频器的运行、停止操作，而需用控制面板上的运行键（RUN）和停止键（STOP）或用控制电路端子 STF(STR) 来操作。

④ 变频器输出端子（U、V、W）最好经热继电器再接至三相电动机上，当旋转方向与设定不一致时，要调换 U、V、W 三相中的任意两相。

⑤ 变频器的输出端子不要连接到电力电容器或浪涌吸收器上。

(4) 控制电路的接线

1) 模拟量控制线。模拟量控制线主要包括输入侧的给定信号线和反馈信号线以及输出侧的频率信号线和电流信号线。

模拟量信号的抗干扰能力较低，必须使用屏蔽线。屏蔽线的接法如图 6-53 所示。屏蔽层靠近变频器的一端，应接控制电路的公共端（COM），不要接到变频器的接地端（E），屏蔽层的另一端应该悬空。布线时还应该遵守以下原则：

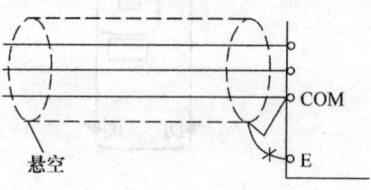

图 6-53 屏蔽线的接法

① 尽量远离主电路 100mm 以上。
② 尽量不和主电路交叉，必须交叉时，应采取垂直交叉的方式。

2) 开关量控制线。起动、多档转速控制等的控制线，都是开关量控制线。一般来说，模拟量控制线的接线原则也都适用于开关量控制线，但开关量控制线的抗干扰能力较强，故在距离不远时，允许不使用屏蔽线，但同一信号的两根线必须互相绞在一起。如果操作台离变频器较远，应该先将控制信号转换成能远距离传送的信号，再将能远距离传送的信号转换成变频器所要求的信号。

3) 变频器的接地。为防止漏电和干扰侵入或辐射，变频器必须接地。接地线需用较粗的短线接到变频器专用接地端子 E 上。当变频器和其他设备或有多台变频器一起接地时，每台设备应分别和地相接，不允许将一台设备的接地端和另一台设备的接地端相接后再接地，如图 6-54 所示。

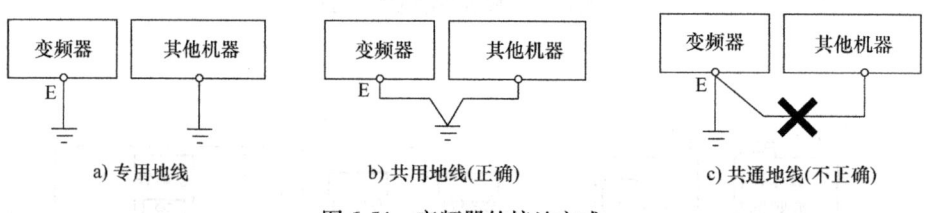

图 6-54 变频器的接地方式

4) 大电感线圈瞬间高电压的吸收。同 PLC 一样，当变频器连接接触器、电磁继电器的线圈及其他各类电磁铁的线圈时，因它们都具有很大的电感，在接通和断开瞬间会产生很高的感应电动势，致使变频器误动作。因此，在交流电路中，可采用阻容元件吸收；在直流电路中，可只用一只续流二极管吸收。

**2. 变频器的日常维护**

变频器是以半导体器件为核心构成的静止装置，会由于温度、湿度、尘埃、振动等使用环境的影响及零部件老化等原因发生故障。另外，变频器中使用滤波电容器、冷却风扇等消耗性器件，因此日常检查和定期维护必不可少。

(1) 变频器的日常检查 变频器在运行过程中，可以从设备外部目视检查运行状况有无异常，主要检查项目有：

1) 电源电压是否在允许范围内。
2) 冷却系统是否运转正常。
3) 变频器、电动机等是否过热、变色或有异味，是否有异常振动和异常的声音。

(2) 变频器的定期维护 为了防止出现因元器件老化和异常等造成故障，变频器在使用过程中必须定期进行维护保养，根据需要更换老化的元器件。定期维护应放在暂时停产期间，在变频器停机后进行，其主要项目有：

1) 清扫冷却系统积尘。
2) 对紧固件进行必要的紧固。
3) 检查导体、绝缘物是否有腐蚀、变色或破损。
4) 确认保护电路的动作。
5) 检查冷却风扇、滤波电容器、接触器等的工作情况。

## 小 结

1) 变频器能改变交流异步电动机的电源频率 $f_1$，实现交流异步电动机无级调速，在工农业生产、国防科技、医药卫生、家用电器等领域得到了广泛应用。通用变频器由输入电路、内部电路和输出电路组成。内部电路主要由主电路和控制电路组成，主电路包括整流电路、直流电路和逆变电路三部分；控制电路为主电路提供控制信号，主要任务是对逆变器开关元件进行开关控制和提供多种保护功能。

2) 电动机在变频运行时，必须注意使磁通保持不变，其方法是保持反电动势与频率之比不变，实践中则是在改变频率的同时，也改变电压。目前，大多数变频器采用正弦脉冲宽度调制（SPWM）方法来实现频率与电压同步改变，即 $U/f$ 控制方式。

3) 变频器常用的给定（设置）和控制方式有两种，即操作面板控制和外接端子控制。距离较近的一般性操作可利用操作面板控制；距离较远的或需要较复杂的控制时采用外接端子控制。采用何种控制方式（运行模式）需事先选定。熟练掌握操作面板、外接端子的功能及操作和接线方法，对变频器的使用有很大的帮助。

4) 频率给定（设置）是变频器控制的核心。频率给定有模拟量和数字量两种，模拟量给定有电压、电流两种，数字量给定有操作面板给定、频率递增与递减给定、多段速度给定和程序给定等。

5) 要使变频器按一定的模式和要求运行，必须设置相应的参数。变频器常用的基本功能参数见表 6-10，其中 Pr.79 "运行模式选择"是一个比较重要的参数，它确定变频器在何种模式下运行，具体工作模式有 5 种，参见表 6-11，可根据控制要求选择相应的运行模式。

6) 参数值的设定用▲/▼键增减或 左右旋动来改变，然后按下 SET 键 1.5s 写入设定值并更新。不同的参数值设定，应在不同的状态下进行，否则参数设置不能成功。

7) 在设定多段速度控制时，需预置两种功能，一是选定多段转速的控制端子，二是设定各转速对应的频率。应用 Pr.59 外接输入端子遥控设定功能（参阅附录 B）可取代电位器进行频率给定控制，还可方便地实现多处控制和同步控制，在有的变频器外接输入控制端子中直接标有"升速（UP）"和"降速（DOWN）"功能。

8) 变频器可通过 Pr.7、Pr.8 任意设定电动机的加、减速过程（时间）。加速过程中的主要问题是电动机的加速电流；减速过程中的主要问题是直流回路的电压。制动过程必要时可加入制动电阻和制动单元。

9）采用 PLC 可以按照某种要求或程序控制变频器实现多段速度运行，其实质是 PLC 的输出端控制变频器的多个输入端子的状态。

10）变频器的安装接线。主电路电源端子 R、S、T 须经断路器和接触器与电源连接，变频器输出端子（U、V、W）最好经热继电器再接至三相电动机上。注意不要将电源输入端子 R、S、T 与输出端子 U、V、W 接反了。变频器的输出端子不要连接到电力电容器上。变频器须做好接地和抗干扰处理。

# 模块七　昆仑通态触摸屏与组态软件的认识

**导　读**

- 触摸屏的基本工作原理、类型、硬件结构及通信连接。
- 触摸屏编程软件的安装及软件界面的各项名称与功能。
- 用户界面的制作和简单工程的创建。
- 工程通信配置及下载。

## 任务一　昆仑通态触摸屏的认识与通信连接

 **任务目标**

1）了解触摸屏的基本工作原理、类型与硬件结构。
2）会进行通信连接及驱动程序的安装。

 **任务引入**

随着多媒体信息技术的使用与日俱增，人们越来越多地接触到触摸屏，如新型手机的显示屏，银行、电信信息查询机的显示屏等都是触摸屏。触摸屏是"人"与"机器"交流信息的窗口，"人"可以通过该窗口向"机器"发出命令，也可以通过该窗口监控"机器"的运行状态和信息等。因此，触摸屏又称为"人机界面"，它是操作人员与机器设备间双向沟通的桥梁，操作人员可以自由地组合文字、按钮、图形、数字等代替鼠标、键盘来处理、监控、管理或应付随时可能变化的信息。这里我们学习触摸屏的基本工作原理与通信连接。

 **相关知识**

### 一、触摸屏的工作原理

图 7-1 所示为昆仑通态 TPC 系列触摸屏的外形。操作上，人们为了方便，用触摸屏代替鼠标、键盘和控制屏上的开关、按钮等；工作时，操作人员需用手指或其他物体触摸安装在显示器前端的触摸屏，然后系统根据手指触摸的图标或菜单的位置来定位输入的选择信息。触摸屏由触摸检测部件和控制器组成，触摸检测部件安装在显示器屏幕的前面，用于检测操

作人员的触摸位置，并将其信息送往控制器。控制器的主要作用是将接收到的触摸信息转换成触点坐标，再送给 CPU，然后接收 CPU 发来的命令并加以执行。

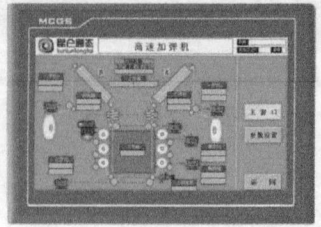

图 7-1　TPC 系列触摸屏外形

## 二、触摸屏的主要类型

按照触摸屏的工作原理和传输信息的介质，触摸屏可分为电阻式、电容感应式、红外线式和表面声波式四种。每一种触摸屏都有各自的优缺点，适用的场合也不同。

### 1. 电阻式触摸屏

电阻式触摸屏的结构与工作原理如图 7-2 所示。电阻式触摸屏利用压力感应进行控制。其主要部分是一块与显示器表面非常配合的电阻薄膜屏（多层的复合薄膜），它以一层玻璃或硬塑料平板作为基层，表面涂有一层透明氧化金属 ITO（透明的导电电阻）导电层，上面再盖有一层经过了外表面硬化处理、光滑防擦的塑料层，该塑料层的内表面也涂有一层导电层，两层导电层之间有许多细小（直径小于 0.04nm）的透明隔离点，把两层导电层绝缘隔开。当手指触摸屏幕时，两层导电层在触摸点位置就有接触，电阻发生变化，在 $X$ 和 $Y$ 两个方向上产生信号，然后送往触摸屏控制器。控制器检测到这一接触信号并计算出（$X$、$Y$）的位置，再模拟鼠标的方式运作。

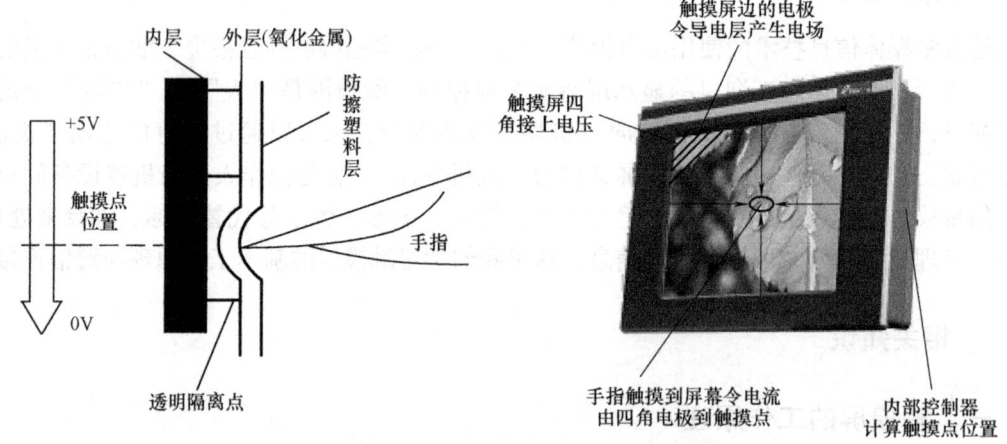

图 7-2　电阻式触摸屏的结构与工作原理

电阻式触摸屏的优点是具有光面和雾面处理，一次校正，稳定性高，永不漂移。

### 2. 电容感应式触摸屏

电容感应式触摸屏是利用人体的感应进行工作的，其缺点是当环境的温度、湿度、电场发生变化时，都会引起电容感应式触摸屏的漂移，造成工作不准确。

### 3. 红外线式触摸屏

红外线式触摸屏是利用 $X$、$Y$ 方向上密布的红外线矩阵来检测并定位用户的触摸位置进行工作的，其优点是任何触摸物体都可以改变触摸点上的红外线而实现触摸屏操作，且分辨率高、可多层次自动调节和可长时间在各种恶劣环境下任意使用。

### 4. 表面声波式触摸屏

表面声波是超声波的一种，是在介质，如玻璃或金属等刚性材料表面浅层传播的机械能量波。表面声波式触摸屏以发射换能器和接收器将表面触摸的能量转变为电信号并确定相应的位置而工作。它的优点是清晰度高、透光率高、抗刮伤性好、反应灵敏，不受环境温度、湿度等因素的影响，目前在公共场合使用较多。但它怕灰尘、油污阻塞表面的导波槽，使声波不能正常发射，影响触摸屏的正常使用，因此需经常擦拭屏面。

## 三、触摸屏的通信连接

图 7-3 所示为触摸屏的通信连接图。计算机编程完成后通过从 USB 接口下载到触摸屏中；串行通信口为触摸屏与 PLC 的通信接口。按图 7-3 所示连接从 USB 接口和 24V 直流电源接口后即可进行工程的上传与下载。

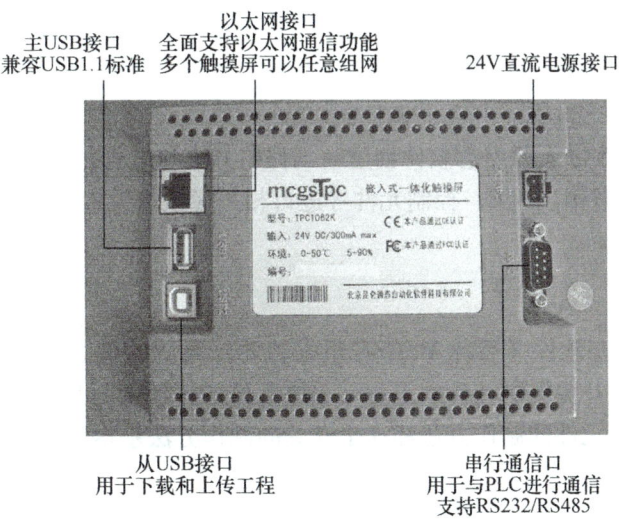

图 7-3 触摸屏的通信连接图

 **合作与探究**

认真观察触摸屏背面的通信接口，并作相应的通信连接。

**任务评价**

此任务的评价标准见表7-1。

表 7-1 评价标准

| 项目 | 配分 | 评价标准 | 得分 |
|---|---|---|---|
| 触摸屏原理 | 20 | 能理解触摸屏基本原理 | |
| 触摸屏分类 | 20 | 能够区分各种触摸屏 | |
| 通信接口的连接 | 50 | 正确连接每个通信接口,连接错误每个扣15分 | |
| 团队协作与纪律 | 10 | 遵守纪律,团队协作好 | |

 **思考与提高**

1) 触摸屏是依据检测部件检测_____的信号后,再模拟鼠标的方式进行工作的。

2) 触摸屏分为_____、_____、_____和表面声波式触摸屏,其中_____触摸屏适用范围较广。

3) 红外线式触摸屏的优点是_____。

## 任务二 用触摸屏起动电动机

 **任务目标**

1) 懂得用 MCGS 嵌入版组态软件创建新工程的方法和过程。
2) 会对触摸屏 HMI、PLC、控制元件等进行相关参数的设置。

 **任务引入**

MCGS 嵌入版组态软件(后称 MCGSE 组态软件)最大的优点是使用便捷。本任务通过制作一个只包含一个开关控制元件的工程——电动机的连续运行控制来说明 MCGSE 工程的简单制作方法。其他元件的制作方法和这个开关的制作方法基本类似,我们将逐步学习这些方法。

 **相关知识**

### 一、MCGSE 组态软件的安装步骤

MCGSE 组态软件安装程序可到昆仑通态官网(www.mcgs.cn)下载。安装程序下载完成后,解压安装程序,运行"Setup.exe",安装步骤如图 7-4 所示。

在图 7-4a 所示对话框中单击"下一步"按钮,按照提示步骤操作,随后,安装程序将

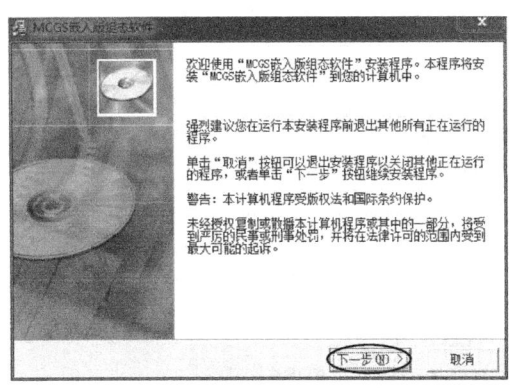

a) 安装第一步　　　　　　　　　　　　b) 选择安装目录

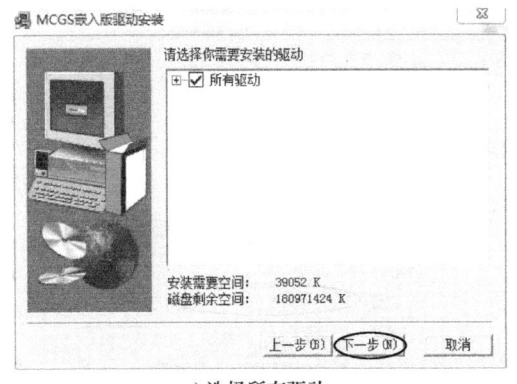
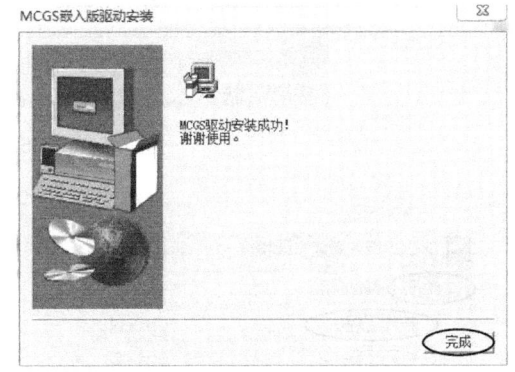

c) 选择所有驱动　　　　　　　　　　　d) 安装完成

图 7-4　MCGSE 组态软件的安装过程

弹出图 7-4b 所示指定安装目录的对话框，用户不指定时，系统默认安装到"D:\MCGSE"目录下，建议使用默认目录。之后，继续按照提示单击"下一步"按钮，进入图 7-4c 所示对话框，系统默认选择安装所有驱动，建议安装所有驱动。然后，单击"下一步"按钮，直到弹出图 7-4d 所示对话框，单击"完成"按钮，即完成 MCGSE 组态软件的安装。

## 二、创建一个新工程

（1）启动 MCGSE 组态软件　单击"开始"→"程序"→"MCGS 组态软件"→"嵌入版"→"MCGSE 组态环境"，即可运行 MCGSE 组态软件，或者双击如图 7-5 所示桌面快捷图标来运行 MCGSE 组态环境。

图 7-5　MCGSE 组态环境

启动 MCGSE 组态软件后，屏幕上会弹出如图 7-6 所示的 MCGSE 组态软件主界面。

（2）新建工程　如图 7-7 所示，单击 MCGSE 组态软件主界面菜单栏中的"文件"→"新建工程"，这时弹出图 7-8 所示选择触摸屏类型的对话框。这里触摸屏类型选"TPC7062TX"。

触摸屏类型选择完成后，单击"确定"按钮，出现如图 7-9 所示工程主界面。

（3）设备组态　单击图 7-9 所示工程主界面中的"设备窗口"，出现如图 7-10 所示的设备窗口工作台。

图 7-6 MCGSE 组态软件主界面

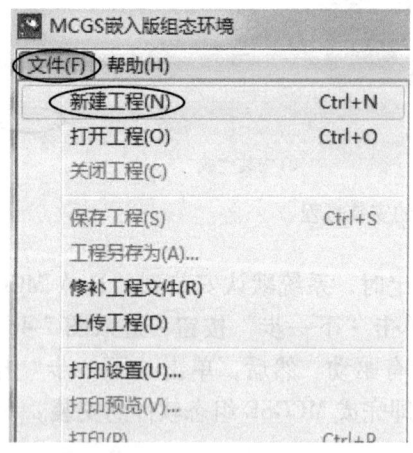

图 7-7 "文件"下拉菜单

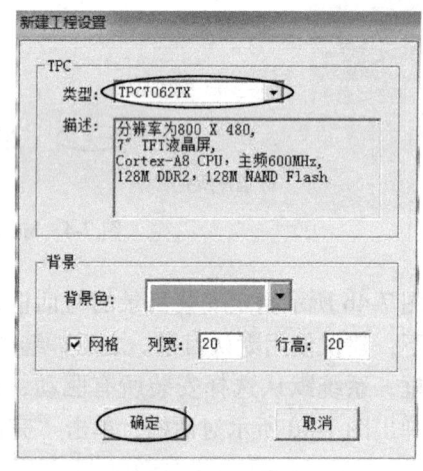

图 7-8 触摸屏类型选择对话框

单击图 7-10 所示设备窗口工作台中的"设备组态",将弹出如图 7-11 所示空白的设备组态窗口。

在设备组态窗口中的空白区域单击鼠标右键,会弹出如图 7-12 所示鼠标右键快捷菜单。单击其中的"设备工具箱",将弹出如图 7-13 所示的设备工具箱。

如果设备工具箱下面是空白的,则需要手动添加设备。单击"设备管理",弹出如图 7-14a 所示"设备管理"对话框。双击"通用串口父设备",将"通用串口父设备"添加到右侧"选定设备"栏目下,再单击展开左侧子目录"PLC"→"三菱"→"三菱_ FX 系列编程口",双击子项目"三菱_ FX 系列编程口",如图 7-14b 所示,右侧"选定设备"栏目下将出现"三菱_FX 系列编程口",单击"确认"按钮,将这两项添加至设备工具箱下面。

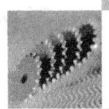

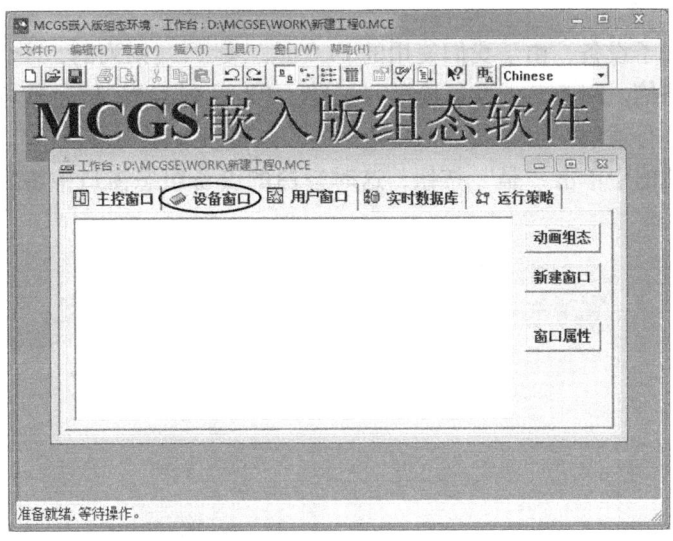

图 7-9 工程主界面

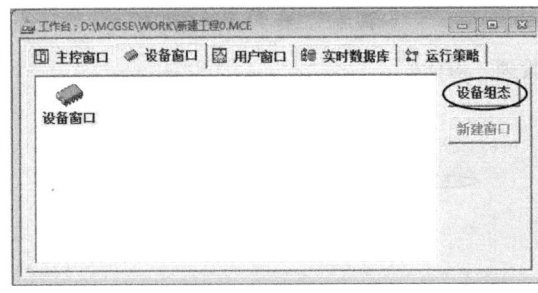

图 7-10 设备窗口工作台

图 7-11 空白的设备组态窗口

图 7-12 鼠标右键快捷菜单

图 7-13 设备工具箱

首先要添加通用串口父设备。父设备与硬件接口相对应，子设备放在父设备下，用于与该父设备对应的接口所连接的设备（PLC、变频器等）进行通信。双击设备工具箱中的"通用串口父设备"，这时会在图 7-11 所示的设备组态窗口中出现"通用串口父设备 0——

[通用串口父设备]"。

接下来要添加子设备,由于我们使用的 PLC 是三菱 $FX_{2N}$ 系列的,子设备要与 PLC 型号相匹配才能正常通信。因此,子设备选择"三菱_ FX 系列编程口",这样就能使用 PLC 的编程口与触摸屏进行通信。双击设备工具箱中的"三菱_FX 系列编程口",弹出如图 7-15 所示对话框。在对话框中单击"是"按钮,这时空白的设备组态窗口中将出现如图 7-16 所示的新项目。

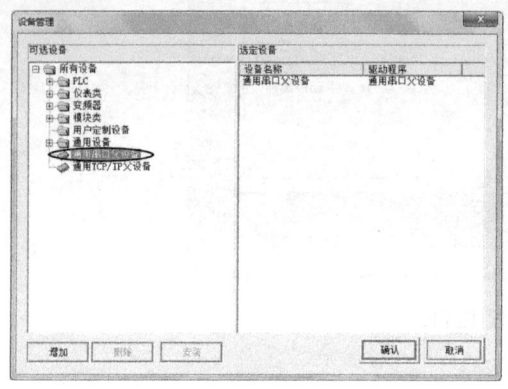
a) 添加"通用串口父设备"

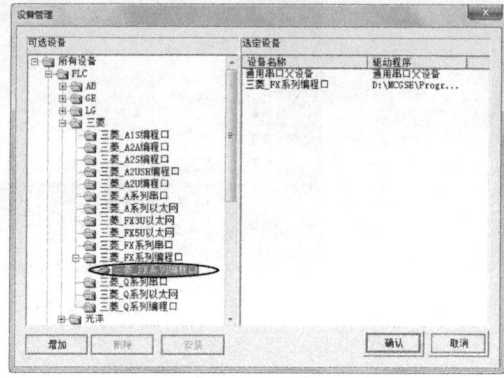
b) 添加"三菱_FX系列编程口"

图 7-14　"设备管理"对话框

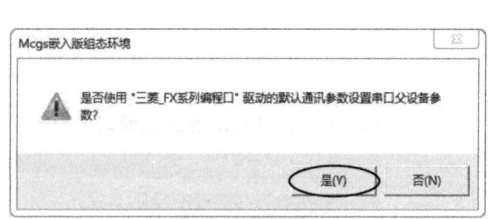

图 7-15　对话框

图 7-16　新的设备组态窗口

在图 7-16 所示的设备组态窗口中双击"设备 0——[三菱_ FX 系列编程口]",弹出如图 7-17 所示的设备编辑窗口。

在图 7-17 所示的设备编辑窗口右侧,默认添加了 X0000~X0007 通道,对应的是 PLC 的 X00~X07 输入继电器。这里可以单击"删除全部通道"按钮,在弹出的对话框中单击"是"按钮,删除 X0000~X0007 通道。

在这个新建工程中,需要添加一个 PLC 中间继电器单元,来实现控制功能。单击图 7-17所示设备编辑窗口中的"增加设备通道"按钮,弹出图 7-18 所示"添加设备通道"对话框。

在图 7-18 所示"添加设备通道"对话框中,通道类型选择"M 辅助寄存器",通道地址填"0",通道个数填"1",读写方式选择"读写",单击"确定"按钮。这样,PLC 中的 M0 辅助继电器就添加到设备通道中了。重复上述"添加设备通道"操作,当通道地址分别填"1""2""3"时,可添加 M1、M2、M3 通道。通道添加完后,再将设备编辑窗口中的"CPU 类型"选择为"2-FX2NCPU",设置后的设备编辑窗口如图 7-19 所示。

图 7-17 设备编辑窗口

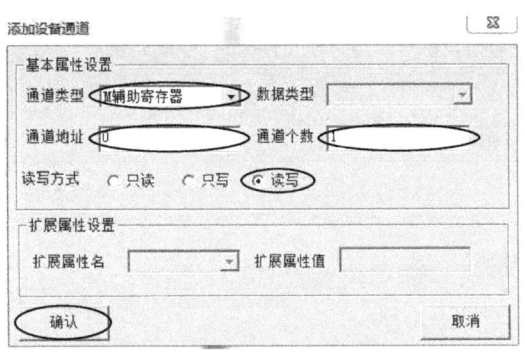

图 7-18 "添加设备通道"对话框

在图 7-19 所示设备编辑窗口中单击"确定"按钮,保存设置并关闭设备编辑窗口。这时,会回到如图 7-20 所示的设备组态窗口主界面。

在图 7-20 所示的设备组态窗口主界面中,单击工具栏中的保存图标,保存设备组态,再单击设备组态窗口上的关闭按钮,关闭设备组态窗口。至此,设备组态工作完成。

## 三、创建一个开关元件

在已经创建的工程中,需要创建一个操作窗口,并添加一个开关元件来控制电动机的运行,过程如下。

图 7-19　设置后的设备编辑窗口

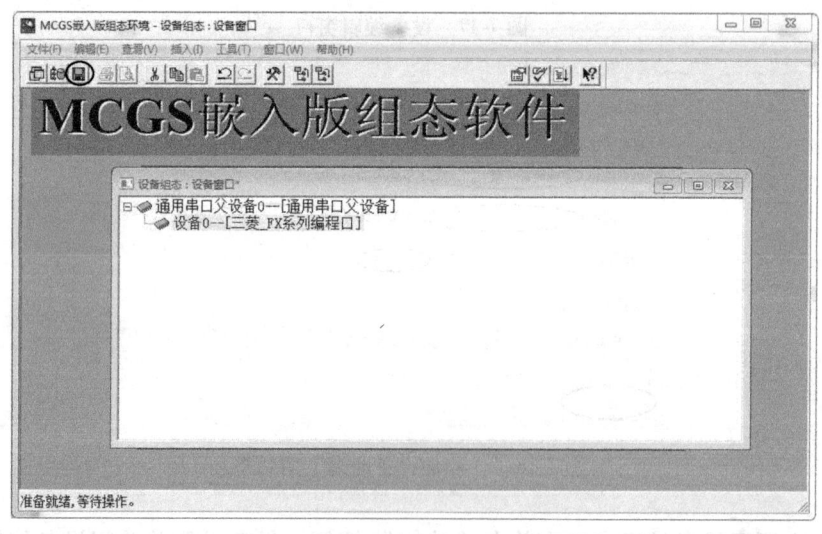

图 7-20　设备组态窗口主界面

（1）创建用户窗口　在设备组态工作完成后，会回到如图 7-21 所示的工程主界面。

在如图 7-21 所示的工程主界面中单击"用户窗口"，会出现如图 7-22a 所示的用户窗口工作台。

在如图 7-22a 所示的用户窗口工作台中，单击"新建窗口"按钮。在用户窗口工作台的空白区域会出现一个名为"窗口 0"的图标，这个"窗口 0"也就是我们创建的用户窗口，如图 7-22b 所示。

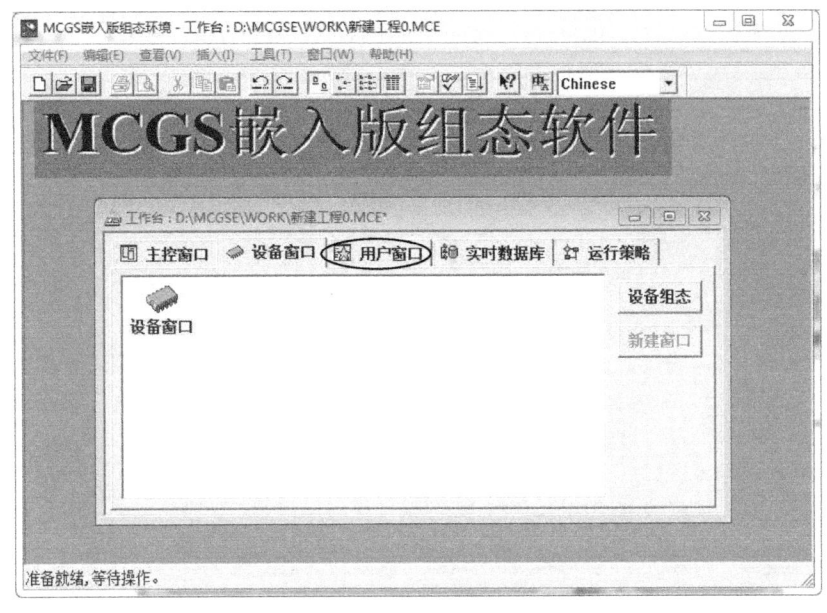

图 7-21 工程主界面

a）单击"新建窗口"按钮

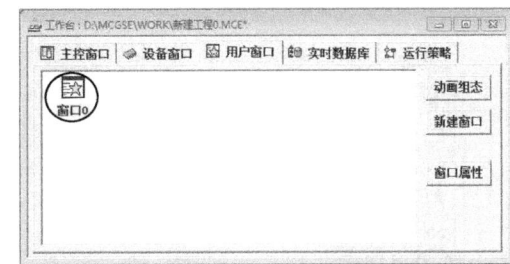

b）出现"窗口0"图标

图 7-22 用户窗口工作台

（2）元件放置　在图 7-22b 所示的用户窗口工作台中，双击"窗口 0"图标，进入"窗口 0"的编辑界面，如图 7-23 所示。

在图 7-23 所示的"窗口 0"编辑界面中，单击主窗口工具栏中的工具箱图标，可以打开工具箱，工具箱如图 7-24 所示。

单击图 7-24 所示工具箱中的标准按钮图标，光标移至"动画组态窗口 0"中会变成十字形。如图 7-25 所示，按住鼠标左键，拖动到合适大小，再松开左键，即可画出按钮。

（3）元件组态　起动电动机的 PLC 梯形图程序如图 7-26 所示。从梯形图中可以看出，X000 是起动按钮输入，X001 是停止按钮输入，Y000 常开触点是自锁触点，Y000 线圈是输出线圈，M0 是辅助继电器。当 M0 导通时，Y000 线圈就会得电，从而 Y000 常开触点就会闭合实现自锁。通过触摸屏控制 M0 得电就能实现 Y000 得电自锁。

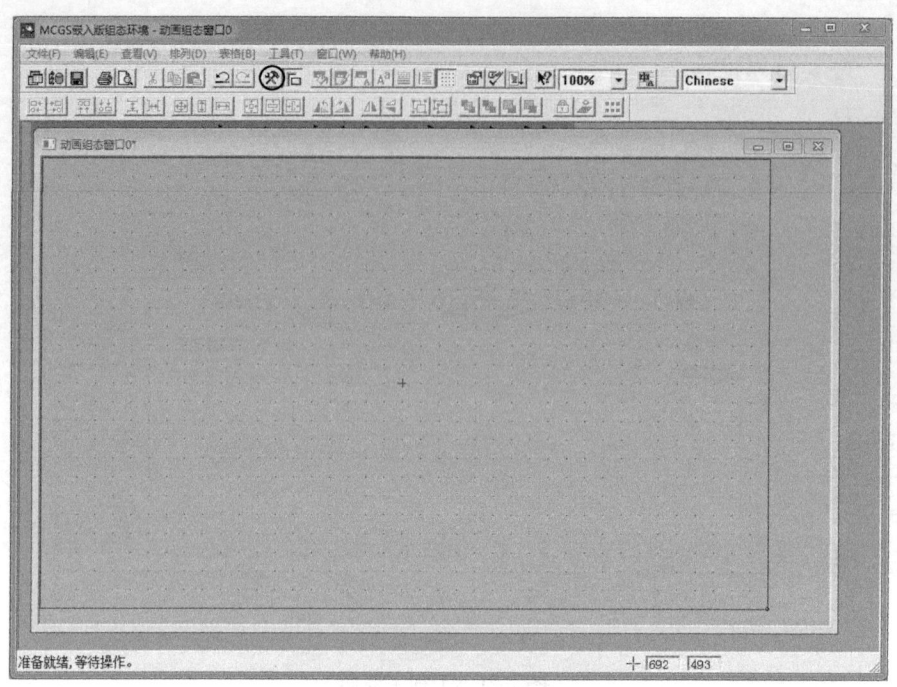

图 7-23 "窗口 0"编辑界面

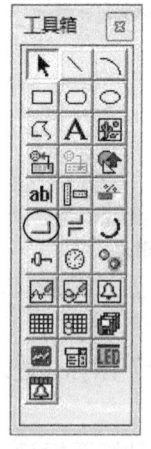

图 7-24 工具箱

图 7-25 动画组态窗口 0

对按钮（如图 7-25 中的"按钮"）进行设置，并与 PLC 内部 M0 辅助继电器关联后，就能实现控制功能。双击"按钮"，会弹出如图 7-27a 所示的"标准按钮构件属性设置"对话框。在该对话框中，可以对按钮基本属性进行设置，例如文本、文本颜色、背景色、边线色等基本属性。

这里需要对按钮操作属性进行设置，使其具有操作功能。单击如图 7-27a 中的"操作属性"标签，会切换到如图 7-27b 所示的"操作属性"选项卡。在如图 7-27c 所示的选项卡中，勾选"数据对象值操作"，并将旁边下拉列表点开，选择"按 1 松 0"。这时，按钮就设置成常开式点动按钮了。

　　接下来需要设置数据对象值变量,即按钮要操作的变量。该变量要与 PLC 程序中的 M0 辅助继电器相对应才能实现操作功能。单击如图 7-27c 中"数据对象值操作"这一行最右边的  按钮,弹出如图 7-28a 所示"变量选择"对话框。

　　在如图 7-28a 所示对话框中,将"变量选择方式"选择为"根据采集信息生成",这时会切换到如图 7-28b 所示的对话框。在该对话框中,会出现之前的设备组态信息。在"通道类型"下拉列表

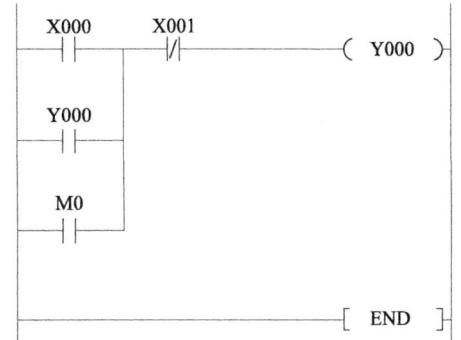

图 7-26　起动电动机的梯形图程序

a) 单击"操作属性"标签

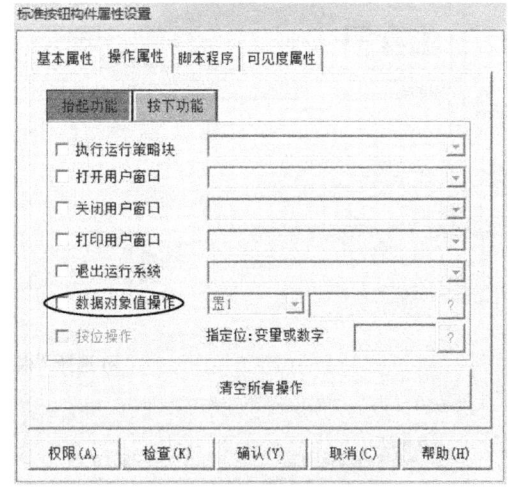

b) 单击"数据对象值操作"

c) 选择"按1松0"

图 7-27　按钮属性设置窗口

框中选择"M 辅助寄存器",在"通道地址"下拉列表框中填"0",在"读写类型"下拉列表框中选择"读写",再单击"确认"按钮,结束变量选择。

结束变量选择后,会回到如图 7-29 所示的对话框,这时"数据对象值操作"右边的文本框中出现"设备 0_读写 M0000",此时按钮已关联 PLC 的 M0 中间继电器。单击"检查"按钮,弹出如图 7-30 所示的对话框,单击"确定"按钮,再单击如图 7-29 所示对话框下的"确认"按钮,按钮元件组态完成。

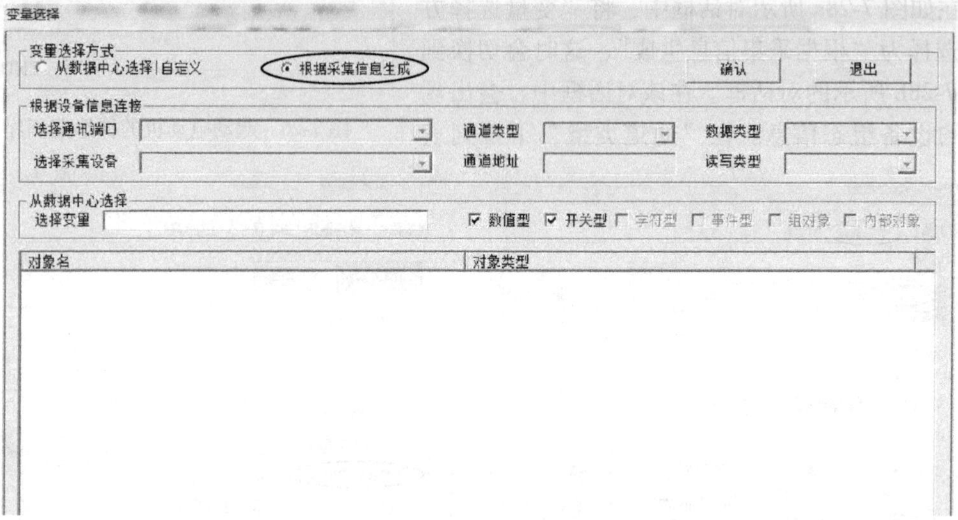

a) 选择"根据采集信息生成"

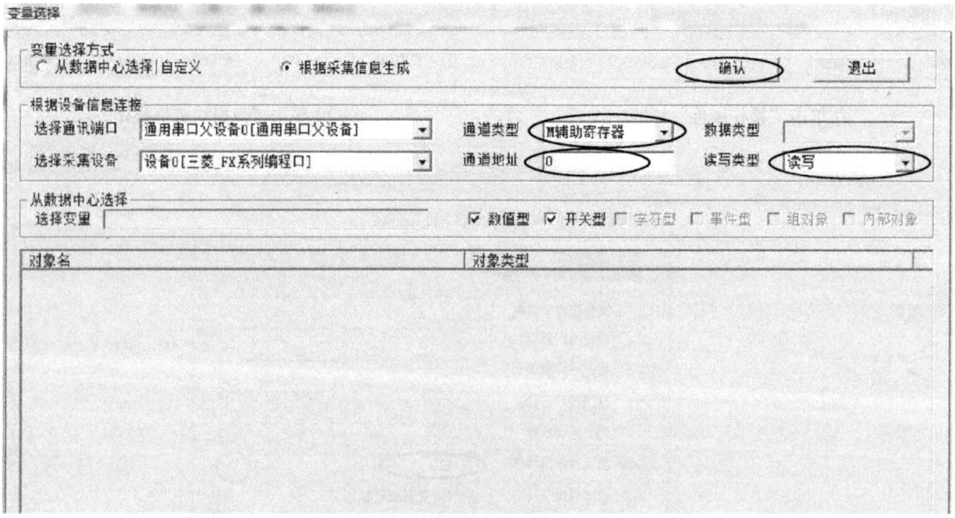

b) 选择M0辅助寄存器

图 7-28 "变量选择"对话框

## 四、工程下载

按钮元件组态完毕后,回到如图 7-31 所示的"窗口 0"编辑界面,单击 图标,保存工程。

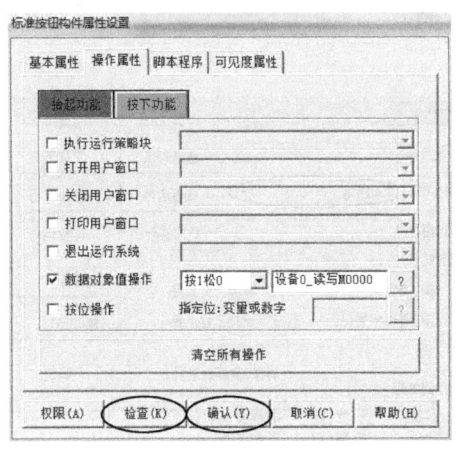

图 7-29 "标准按钮构件属性设置"对话框

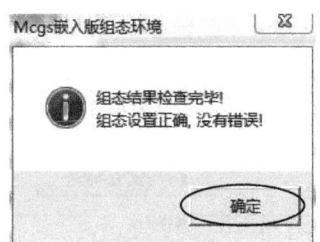

图 7-30 组态检查确认

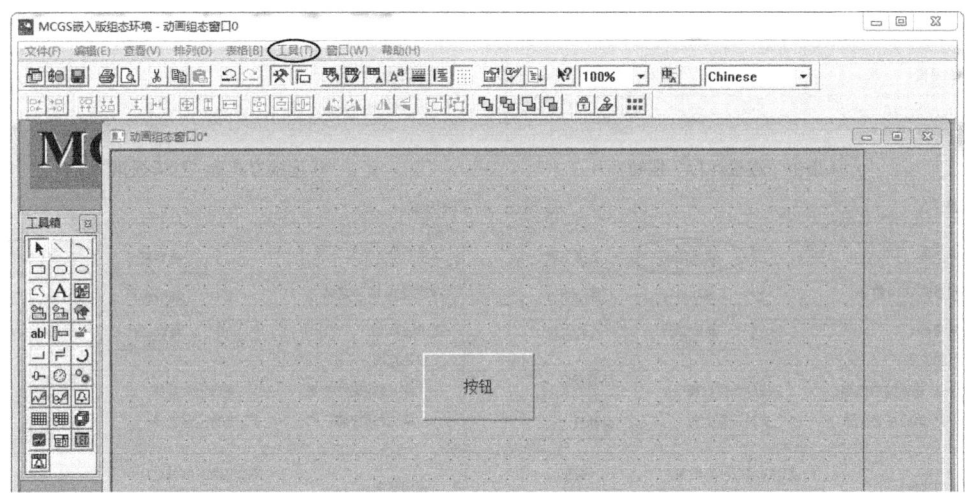

图 7-31 "窗口 0"编辑界面

如图 7-32 所示,单击菜单栏中的"工具"→"下载配置",弹出如图 7-33a 所示的"下载配置"对话框。单击"连机运行"按钮,将"连接方式"下拉列表框激活。如图 7-33b 所示,在"连接方式"下拉列表框中选择"USB 通讯"(软件中使用"通讯",为"通信"旧称)。此时可以用 USB 电缆将计算机与触摸屏的 USB 从口连接起来,系统会自动识别触摸屏并安装相应驱动程序。

如图 7-33c 所示,单击"通讯测试"按钮,通信测试正常,即可进行下一步操作;通信失败,则要检查并重新连接

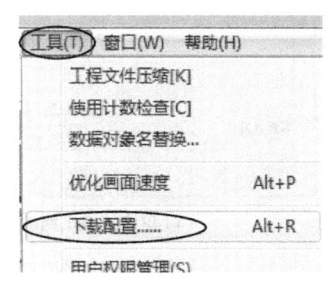

图 7-32 "工具"下拉菜单

USB 电缆,直到通信测试正常为止。通信测试正常后,如图 7-33d 所示,单击"工程下载"按钮,等待进度条完成,提示"工程下载成功"后,即可断开计算机与触摸屏之间的 USB 电缆。将触摸屏与 PLC 之间用 RS-232 转 RS-422 串口线连接起来,单击触摸屏上的"进入

运行环境"按钮,即可进入操作界面对 PLC 进行控制。

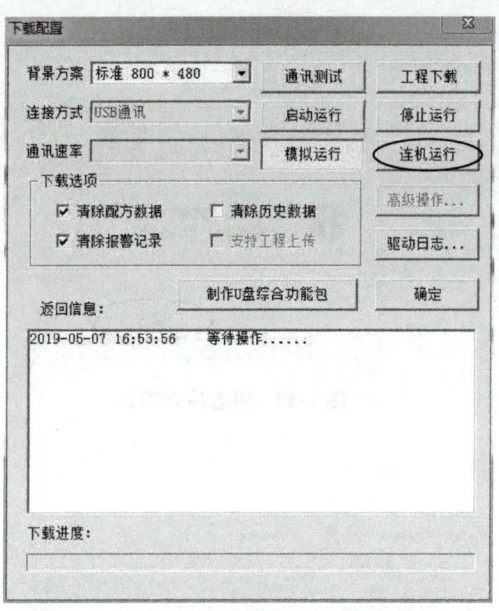

a) 单击"连机运行"按钮

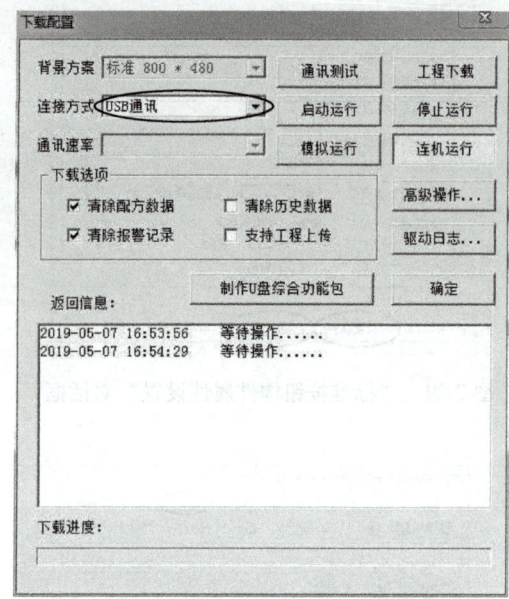

b) 连接方式选"USB通讯"

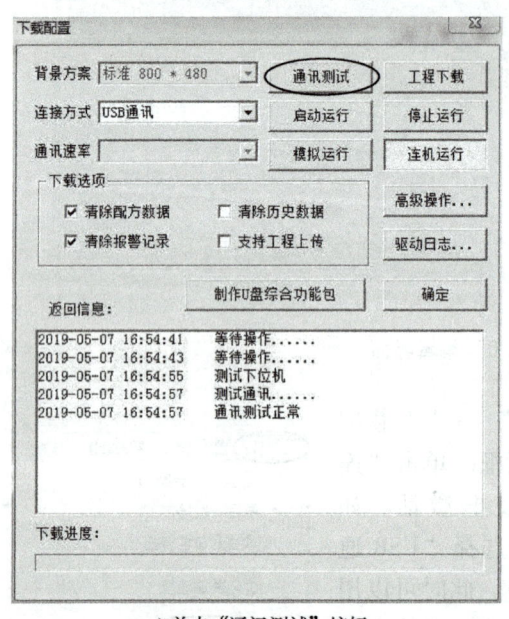

c) 单击"通讯测试"按钮

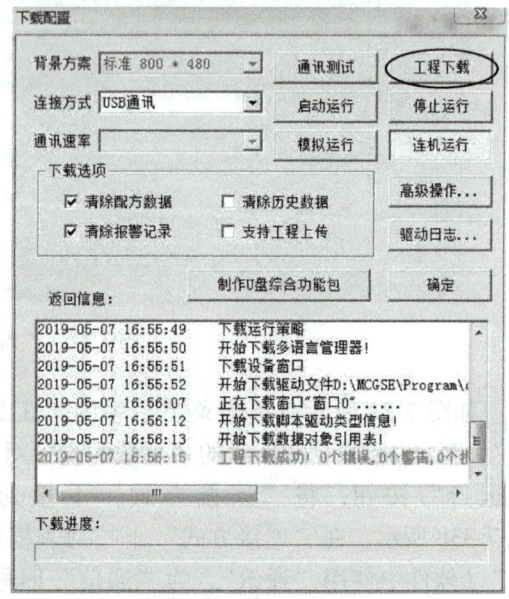

d) 单击"工程下载"按钮

图 7-33 "下载配置"对话框

## 合作与探究

用 MCGSE 组态软件设置起动、停止按钮,通过触摸屏控制电动机的运行。

 **任务评价**

此任务评价标准见表7-2。

表7-2 评价标准

| 项目 | 配分 | 评价标准 | 得分 |
| --- | --- | --- | --- |
| MCGSE 组态软件的安装 | 10 | 组态软件的安装方法熟练、正确，否则扣10分 | |
| 新工程的创建方法、过程 | 40 | 1）新工程创建方法、过程正确，否则扣20分<br>2）设备组态参数设置正确，否则扣20分 | |
| 按钮元件的创建方法、过程 | 40 | 按钮元件创建方法、过程、参数设置正确，否则不得分 | |
| 团队协作与纪律 | 10 | 遵守纪律，团队协作好 | |

 **思考与提高**

1）在设备组态中，其串口父设备参数设置选择应与_____相符合，例如，PLC型号为 FX$_{2N}$ 系列，则应选择_____进行参数设置。

2）对标准按钮的属性进行设置时，主要应进行_____、操作属性、_____、可见度属性等进行设置，并应注意操作属性中数据对象值变量应与_____程序中的软元件相对应。

3）创建一个工程的基本步骤：启动 MCGSE 组态环境→新建工程→选择触摸屏类型→组态→创建_____→_____放置→_____组态→保存工程→_____。

## 任务三　MCGSE 界面的认识

 **任务目标**

熟悉 MCGSE 各工具栏、菜单栏的功能，熟练掌握 MCGSE 的使用方法。

 **任务引入**

创建一个工程，必须熟练使用 MCGSE。本任务介绍 MCGSE 的功能及使用方法。

 **相关知识**

图 7-34 所示为用 MCGSE 创建一个工程文件并打开用户窗口后的全界面图，图中已注明各部分的名称。

在菜单栏中单击"查看"，也可看到界面中的各组成部分，如图 7-35 所示。

菜单栏、基本工具栏中的分项目会在后续实例中详细讲解。下面来看绘图编辑条内容。

**1. 绘图编辑条**

图 7-36 所示为绘图编辑条，该编辑条能对元件上、下、左、右对齐，等大小，层叠，组

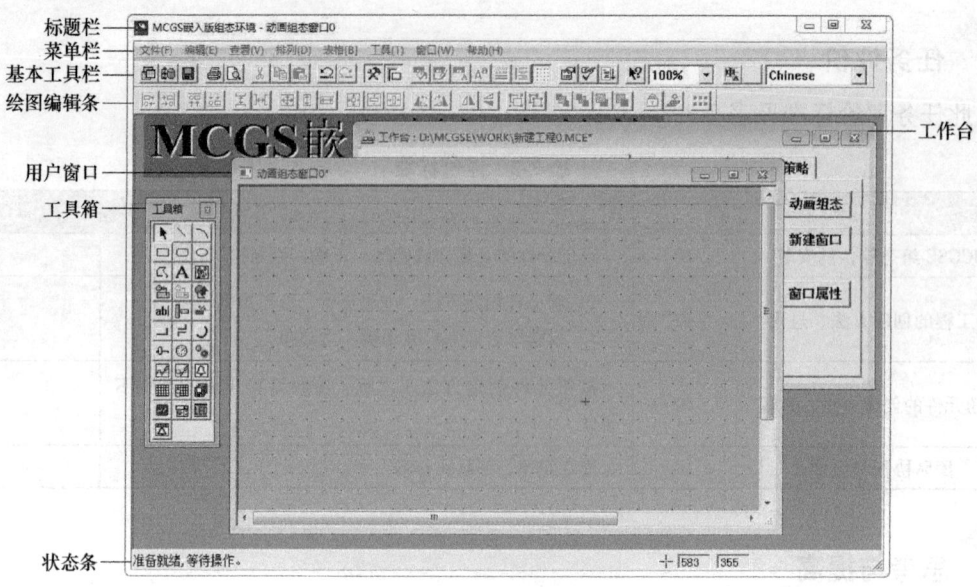

图 7-34　MCGSE 全界面图

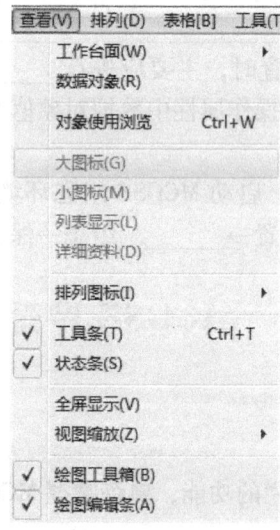

图 7-35　"查看"下拉菜单

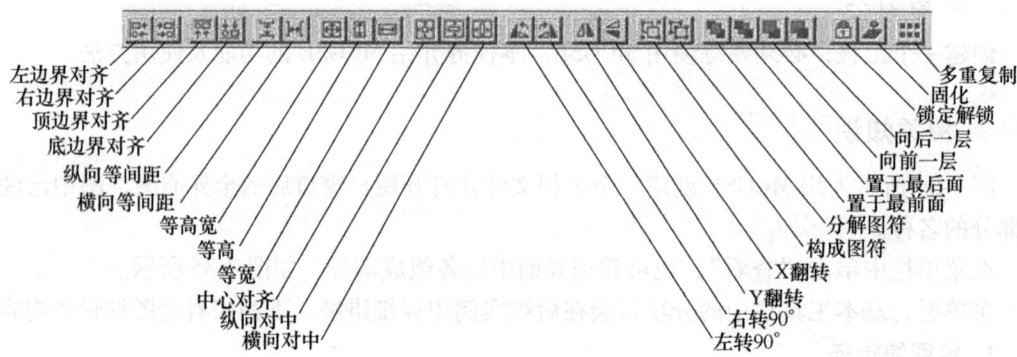

图 7-36　绘图编辑条

合，翻转等进行调整。

（1）左边界对齐、右边界对齐、顶边界对齐、底边界对齐　用来使选中的元件实现统一对齐左边、对齐右边、对齐顶边、对齐底边。以左边界对齐为例，操作方式是按住〈Ctrl〉键，左键依次单击需要对齐的多个元件，再单击编辑条上"左边界对齐"按钮，对齐效果如图 7-37 所示。其他操作方法类同。

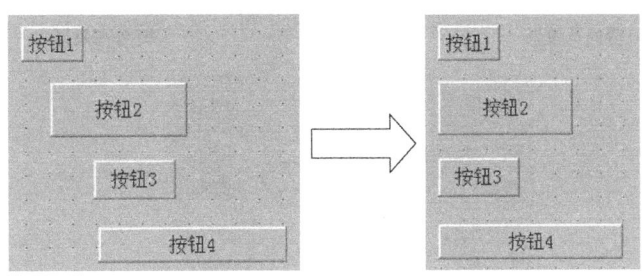

图 7-37　左边界对齐效果图

（2）纵向等间距、横向等间距　用来调整多个元件竖直、水平方向的间距，使其间距相等。操作方法是按住〈Ctrl〉键，左键依次单击需要调整的多个元件，再单击编辑条上对应的按钮。调整效果分别如图 7-38a、b 所示。

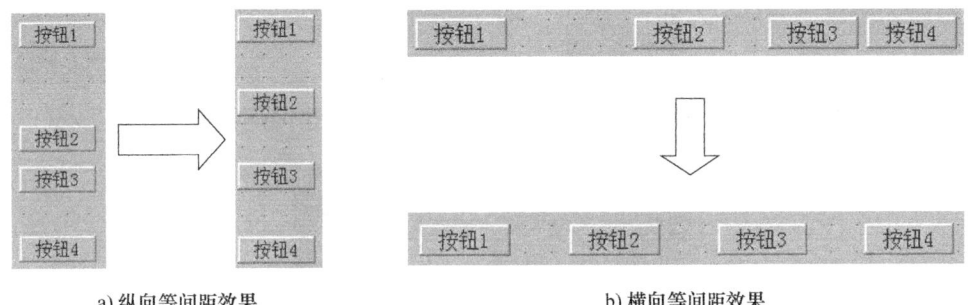

a) 纵向等间距效果　　　　　　　　　　b) 横向等间距效果

图 7-38　纵向、横向等间距效果图

（3）等高宽、等高、等宽　用来使多个元件大小相等、等高或是等宽。操作方法是按住〈Ctrl〉键，左键依次单击需要调整的多个元件，再单击编辑条上对应的按钮。调整效果分别如图 7-39a、b、c 所示。

（4）中心对齐、纵向对中、横向对中　用于使元件、图形、标签等实现中心对齐、水平中心线对齐、竖直中心线对齐。操作方法与前面操作类似，这里不再赘述。对齐效果分别如图 7-40a、b、c 所示。

（5）左转 90°、右转 90°、Y 翻转、X 翻转　作用分别是使图形逆时针方向旋转 90°、顺时针方向旋转 90°、左右翻转、上下翻转。操作方法是选择单个图形，再单击编辑条内相应按钮。

（6）构成图符、分解图符　构成图符的作用是将多个图形合并作为一个图形。操作方法是按住〈Ctrl〉键，依次选择多个图形，再单击编辑条内的"构成图符"按钮。分解图符的作用则刚好相反，将合并的图形拆分成原来的多个图形。构成图符示意图如图 7-41 所示。

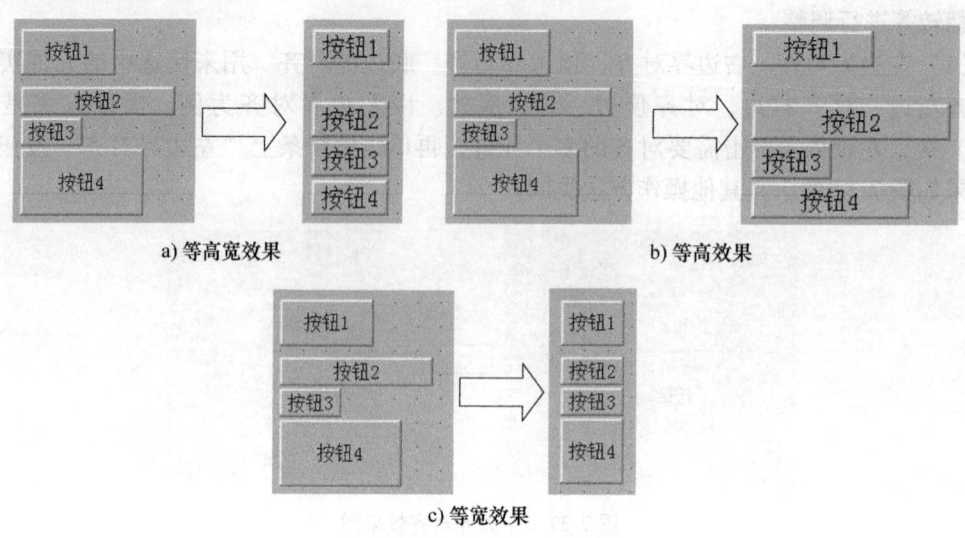

图 7-39　等高宽、等高、等宽效果图

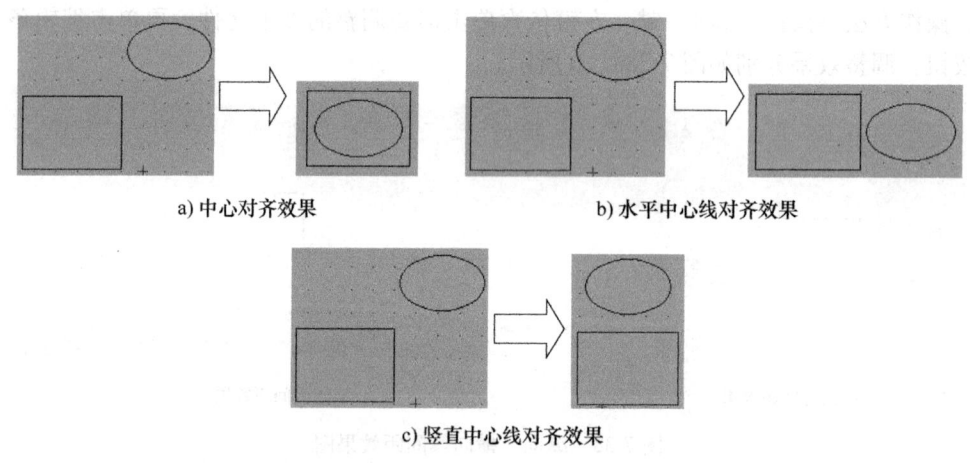

图 7-40　中心对齐、纵向对中、横向对中效果图

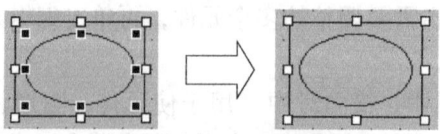

图 7-41　构成图符示意图

（7）置于最前面、置于最后面、向前一层、向后一层　其作用是当多个元件重叠在一起时，将某个元件进行置于最前面、置于最后面、往前移一层、往后移一层的操作。操作方法是先选择需要操作的元件，再单击编辑条内的相应按钮。如图 7-42a~d 所示，分别对"按钮 1"元件进行上述操作。

（8）锁定/解锁　锁定/解锁的作用是将元件锁定在窗口中，使元件在编辑时不能被移动，或是解除元件的锁定状态，使其恢复能够被移动。操作方法是先选择元件，再单击编辑

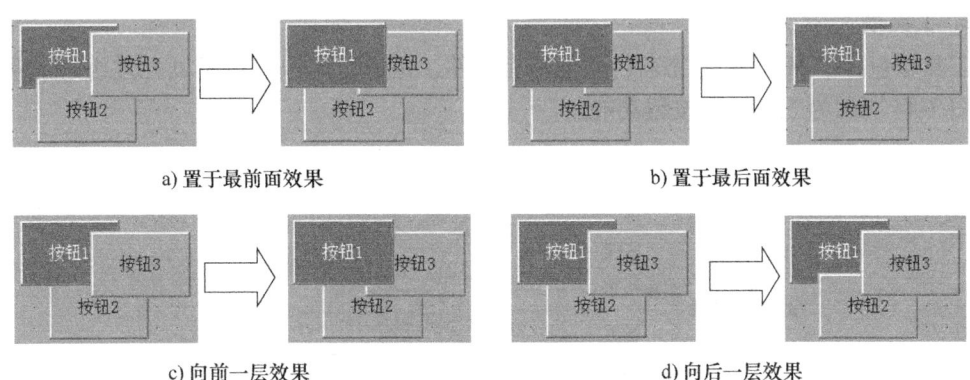

图 7-42 置于最前面、置于最后面、向前一层、向后一层操作图示

条内的"锁定/解锁"按钮,使元件锁定或解锁。

（9）固化　固化的作用是将元件融合到窗口背景中变成窗口背景的一部分,固化之后的元件不能被编辑和删除,工程下载后,固化的元件也不能被操作。固化的操作方法是先选择元件,再单击编辑条内的"固化"按钮,元件即被固化;双击被固化的元件,即可解除固化。

（10）多重复制　多重复制的作用是使元件实现阵列式批量复制。操作方法是先选择元件,再单击编辑条内的"多重复制"按钮,会弹出如图 7-43a 所示的"多重复制构件"对话框。在"水平方向个数"中填"2",在"垂直方向个数"中填"3",在"水平间隔像素"中填"10",在"垂直间隔像素"中填"10",在"水平偏移像素"中保持原始值"0",在"垂直偏移像素"中保持原始值"0",再单击"确定"按钮,完成复制。复制效果如图 7-43b 所示。

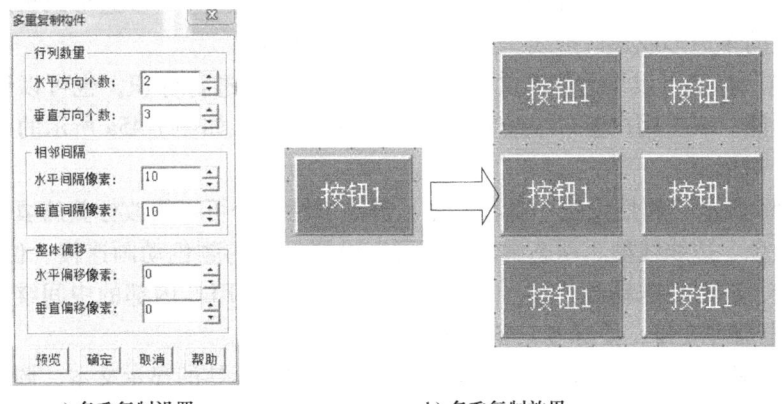

图 7-43 多重复制操作及效果

在"多重复制构件"对话框中,"水平间隔像素"与"垂直间隔像素"取值范围是 1~500,控制的是元件之间水平间距与垂直间距;"水平偏移像素"与"垂直偏移像素"控制的是阵列中所有元件整体在水平与垂直方向上的偏移量,不影响元件之间的间距。

**2. 工具箱**

工具箱包含了 MCGSE 组态软件中的所有元件，是进行用户窗口及其元件组态的重要工具。图 7-44 所示为工具箱各按钮功能。

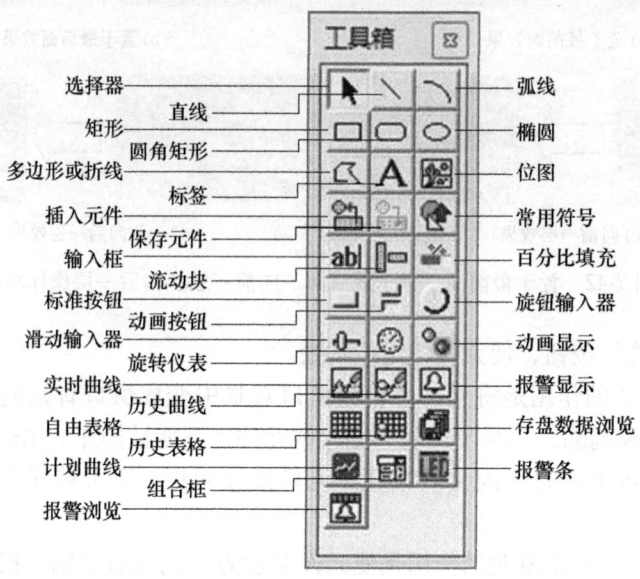

图 7-44　工具箱各按钮功能

（1）选择器　选择器用于选择各种图形、符号及元件，当需要选择多个图形、符号及元件时，可以按住<Ctrl>键实现多选功能。

（2）绘图工具　"直线""弧线""矩形""圆角矩形""椭圆"和"多边形或折线"按钮是工具箱中的绘图工具，分别可以绘制相应的图形。其中，"多边形或折线"按钮可以绘制任何形状的多边形或开口折线。

（3）标签　标签可以作为静态文本来对窗口中的元件进行标识，也可以作为动态文本实现指示灯功能。双击用户窗口中绘制好的标签，可以进入如图 7-45a 所示的"标签动画组态属性设置"对话框。

在图 7-45a 所示"属性设置"选项卡中，静态属性部分可以修改标签的填充颜色、边线颜色、字符颜色、边线线型。动态属性方面可以设置标签的颜色动画连接、位置动画连接、输入输出连接，还有特殊动画连接。动画连接可以连接到 PLC 内部的中间继电器 M 单元、输入/输出继电器等变量，使标签具备指示灯功能。

在图 7-45b 所示的"扩展属性"选项卡中，可以输入标签的显示文本，调整文本的对齐方式，还可以设置位图和矢量图作为标签的背景。

（4）位图　位图用于装载和显示图片，可以在用户窗口的任意位置显示用户想要的图片，使用户窗口内容丰富并生动形象。位图的装载操作步骤是先单击工具箱中的"位图"按钮；再到用户窗口中按住鼠标左键，拖动至合适大小松开鼠标左键；接下来在放置好的位图元件上单击鼠标右键，弹出如图 7-46 所示位图右键快捷菜单；继续单击"装载位图"会弹出如图 7-47 所示"打开"对话框，在对话框中进行位图文件搜索，即可装载 JPG 和 BMP 格式的图片文件。

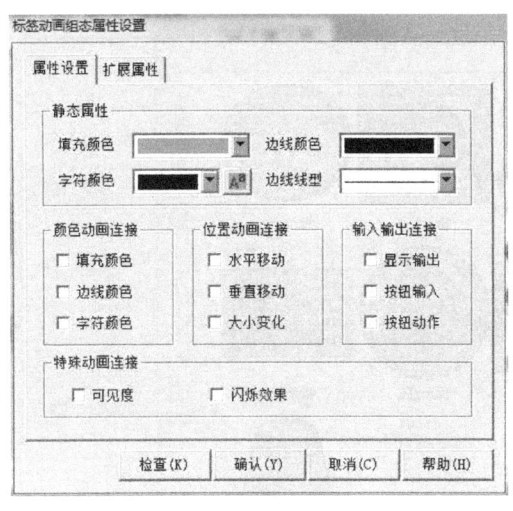

a) 基本属性设置　　　　　　　　　　b) 扩展属性设置

图 7-45　"标签动画组态属性设置"对话框

图 7-46　位图右键弹出菜单

图 7-47　位图文件搜索

（5）插入元件　在 MCGSE 组态软件中，系统内部自带了各种图形化元件对象，可以直接调用，使组态的用户窗口直观、美观并生动形象。单击工具箱中的"插入元件"按钮，会弹出如图 7-48 所示的"对象元件库管理"对话框；单击"图形对象库"下面的子项目，会显示相关的元件图标；单击右边元件图标，再单击右下方的"确定"按钮，被选元件就放置在用户窗口上了。

（6）保存元件　MCGSE 组态软件中不仅包含了大量现成的图形化元件对象，用户还可以自己创建元件并保存元件。保存元件的作用就是将用户自己通过绘图工具、标签、位图、按钮等工具设计出的图形化元件保存到对象元件库中，以备下次使用。

（7）常用符号　常用符号中包含了一些常用的图形和形状，属于绘图工具。单击工具箱中的"常用符号"按钮，弹出如图 7-49 所示的"常用图符"工具框，再单击其中的图形按钮，在用户窗口中按住鼠标左键，拖动后松开左键，即可在用户窗口中画出图形。

（8）输入框　输入框用于输入数值，可以将数值赋予用户自定义的变量或 PLC 内部的

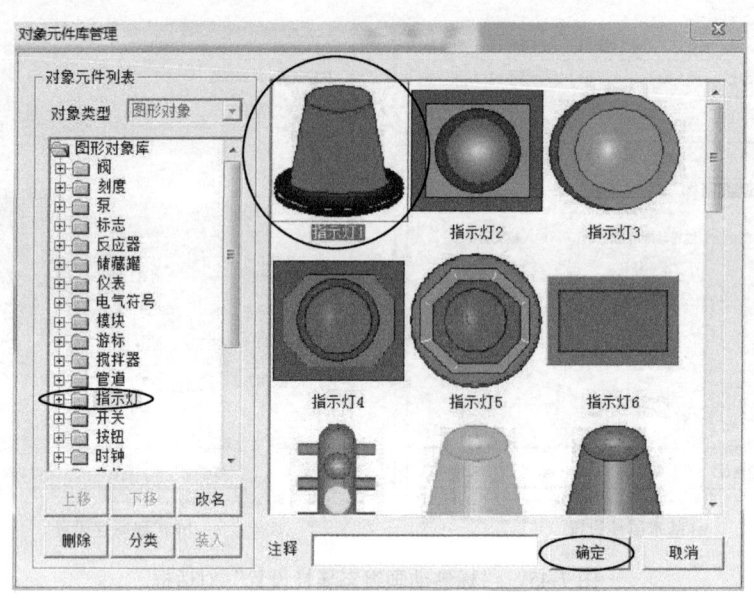

图 7-48 "对象元件库管理"对话框

数值变量单元。

（9）流动块　流动块是一种动态指示工具，可以与 PLC 中间继电器单元或输入输出单元关联，实现指示功能。

（10）百分比填充　百分比填充类似于进度条，用于将用户自定义的变量或 PLC 内部的数值变量以百分比形式通过进度条显示出来，使数值更加直观可见。

（11）标准按钮　标准按钮是最常用的按钮元件，可以通过多种方式控制用户自定义变量或 PLC 内部中间继电器单元，常见属性在本模块任务二中已做介绍，这里不再赘述。

（12）动画按钮　动画按钮与标准按钮在使用功能上类似，主要区别是动画按钮可以根据关联的开关量改变按钮所显示的图形和文本，而标准按钮只能改变文本。

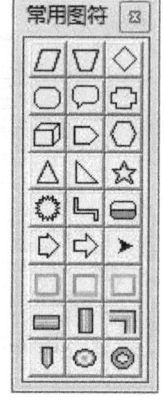

图 7-49　"常用图符"工具框

（13）旋钮输入器　用于模拟旋钮电位器操作，使用功能与输入框类似，可将数值赋予用户自定义的变量或 PLC 内部的数值变量单元。

（14）滑动输入器　功能与旋钮输入器类似，用于模拟滑动电位器操作。

（15）旋转仪表　用于模拟实际中的各种指针式仪表，将用户自定义变量或 PLC 内部数值变量的数值通过虚拟指针式仪表显示出来。

（16）动画显示　动画显示与动画按钮的属性设置有相似之处，不同之处是动画显示只能根据关联的开关量改变显示的图形和文本，而没有按钮控制功能。

（17）其他功能　实时曲线、历史曲线、报警显示、自由表格、历史表格、存盘数据浏览、计划曲线、组合框、报警条、报警浏览都属于数据统计、数据显示、报警数据统计、报警数据显示功能，一般用于复杂的工业过程控制系统，属于数据处理高级功能，这里不做详细讲解。

 **合作与探究**

1）使用 MCGSE 界面的各项功能，体会操作方法。
2）试对动画按钮进行组态，使其实现变化功能。

 **任务评价**

此任务评价标准见表 7-3。

表 7-3 评价标准

| 项目 | 配分 | 评价标准 | 得分 |
|---|---|---|---|
| 绘图编辑条操作 | 40 | 基本项功能的操作熟练、正确 | |
| 工具栏中常用工具使用 | 50 | 绘图工具、标签、标准按钮使用熟练、正确 | |
| 团队协作与纪律 | 10 | 遵守纪律，团队协作好 | |

**思考与提高**

1）绘图编辑条的主要功能是_____
_____。
2）工具箱中的绘图工具部分能实现_____
_____等图形的绘制，而"折线"能绘制_____直线。
3）标签的静态文本是在_____属性中设置。
4）动态按钮可以根据关联的开关量改变_____，而标准按钮只能改变_____。

## 小　结

1）触摸屏是人与机器设备之间双向沟通的桥梁，它用直观的图形、符号、文字等代替按钮、开关来处理信息，方便人们操作。触摸屏由触摸检测部件和控制器组成。常用的触摸屏有电阻式、电容感应式、红外线式和表面声波式等类型。每一类触摸屏都有各自的优缺点，应根据不同的使用场合来合理选用。

2）触摸屏的通信连接与 USB 下载接口驱动程序的安装。触摸屏背后的 COM 接口是触摸屏与 PLC 通信的公共接口，从 USB 接口为编程计算机下载触摸屏工程到触摸屏的下载接口。在编程计算机上安装了 MCGS 嵌入版组态软件后，编程计算机与触摸屏从 USB 接口进行第一次连接时，会自动安装相应的驱动程序。驱动程序安装完成后，可以打开 MCGSE 组态环境，在主界面菜单栏的"工具"→"下载配置……"中，进行通信测试，以检测驱动程序是否安装完好。

3）创建新工程。在一个新建工程中，首先要选择正确的触摸屏型号；接下来要在主界面的工作台中进行设备组态。在"设备组态：设备窗口"窗口中，用设备工具箱添加"通用串口父设备"；接下来在"通用串口父设备"下面添加正确型号的 PLC 通信接口；再在PLC 通信接口下面添加需要使用的设备通道。这样，新建工程的 PLC 通信参数设置就完成了。

4）创建开关元件。在新建工程的工作台中新建窗口,并打开窗口。单击工具箱中的"标准按钮",并拖入到打开的窗口中,再对标准按钮构件进行设置。在标准按钮构件属性设置中,基本属性设置可以对按钮的文本、字体、图形、背景色等进行设置;操作属性设置中,需要复选"数据对象值操作",还要将其设置为"按 1 松 0"模式(点动按钮模式),再在变量选择中选择对应的 PLC 软元件通道。

5）MCGSE 组态环境主界面中包含标题栏、菜单栏、基本工具栏、绘图编辑条、用户窗口、工作台、工具箱等部分。工具箱中包含大量现成的图形化元件,可以直接使用,也可以自己编辑自定义图形化元件。使用工具箱和绘图编辑条在窗口上能设计出非常生动形象的操作界面。

# 模块八　用触摸屏控制电动机的运行

> ▶ **导　读**
> - 触摸屏窗口背景设置，窗口切换设置。
> - 用工具箱中的"标准按钮""插入元件"创建按钮、指示灯等。
> - 用工具箱中的"保存元件"进行自定义元件的创建和保存。
> - 创建一个完整的人机界面工程。

## 任务一　用触摸屏控制电动机的可逆运行

### 任务目标

应用 MCGSE 组态软件，熟练创建"用触摸屏控制电动机的可逆运行"工程。

### 任务引入

电动机的可逆运行控制是电气控制的基本环节，它广泛应用于生产实践中。如何用触摸屏控制电动机的可逆运行呢？触摸屏是控制电器的操作媒体，它本身不能编写程序，只能通过 PLC 等控制设备的程序对电动机进行控制。因此，用触摸屏控制电动机的运行分为两部分：一是编写 PLC 的控制程序，二是编写相应的触摸屏操作组态。本任务应用工具箱中的"标准按钮"控制电动机的运行。

### 相关知识

#### 一、PLC 程序与下载

**1. 设定 PLC 的输入/输出端**

PLC 的输入/输出地址见表 8-1。

**2. 输入 PLC 程序**

启动三菱 PLC 编程软件，输入图 8-1 所示的电动机可逆运行梯形图，转换梯形图，下载到 PLC 中。

表 8-1　I/O 地址分配表

| 输入（I） | | 输出（O） | |
| --- | --- | --- | --- |
| 地址编号 | 名称与代号 | 地址编号 | 名称与代号 |
| M0 | 正向起动按钮 SB0 | Y0 | KM1 线圈 |
| M1 | 反向起动按钮 SB1 | Y1 | KM2 线圈 |
| M2 | 停止按钮 SB2 | | |

## 二、触摸屏工程创建

### 1. 创建新工程及通信组态

1）启动 MCGSE 组态软件。单击"程序"→"MCGS 组态软件"→"嵌入版"→"MCGSE 组态环境"→弹出 MCGSE 主界面。

2）新建工程。单击菜单"文件"→"新建工程"命令，弹出"新建工程设置"对话框。在"类型"中选择"TPC7062TX"，单击"确定"按钮，便弹出工作台。

3）在工作台中单击"设备窗口"按钮，再双击下面的"设备窗口"图标，弹出"设备组态：设备窗口"。

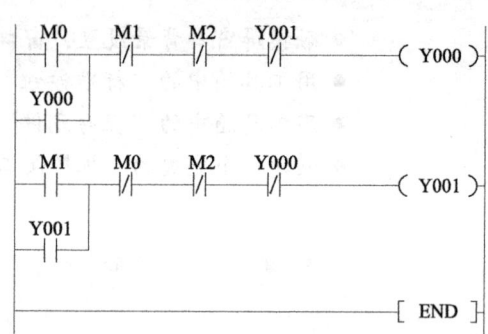

图 8-1　电动机可逆运行梯形图

4）在"设备组态：设备窗口"的空白区域单击右键，弹出快捷菜单。单击快捷菜单中的"设备工具箱"，弹出"设备工具箱"对话框。

5）先双击"设备工具箱"下面的"通用串口父设备"，再双击"三菱_FX 系列编程口"，这时，"设备组态：设备窗口"中含有"设备 0——[三菱_FX 系列编程口]"子项目。

6）双击"设备 0——[三菱_FX 系列编程口]"子项目，弹出"设备编辑窗口"。

7）在"设备编辑窗口"中，将右侧默认通道全部删除，添加辅助寄存器 M0、M1、M2 这三个通道，再将"CPU 类型"选为"2-FX2NCPU"。通道删除及添加方法参见模块七任务二中相应部分。设置完后的"设备编辑窗口"显示如图 8-2 所示。单击"确定"按钮关闭"设备编辑窗口"。

8）"设备编辑窗口"关闭后，单击主界面基本工具栏上的"存盘"按钮，保存刚才的通信组态设置；接下来，关闭"设备组态：设备窗口"，回到工作台。

### 2. 创建用户窗口及"正转"按钮

1）单击工作台上的"用户窗口"项，再单击右边的"新建窗口"按钮，工作台下方空白区域出现"窗口 0"图标。

2）双击"窗口 0"图标，弹出"动态组态窗口 0"窗口，工具箱和常用图符也同时弹出。

3）在工具箱上单击"标准按钮"按钮，再到窗口上按住左键，拖动到合适大小，画出第一个按钮。

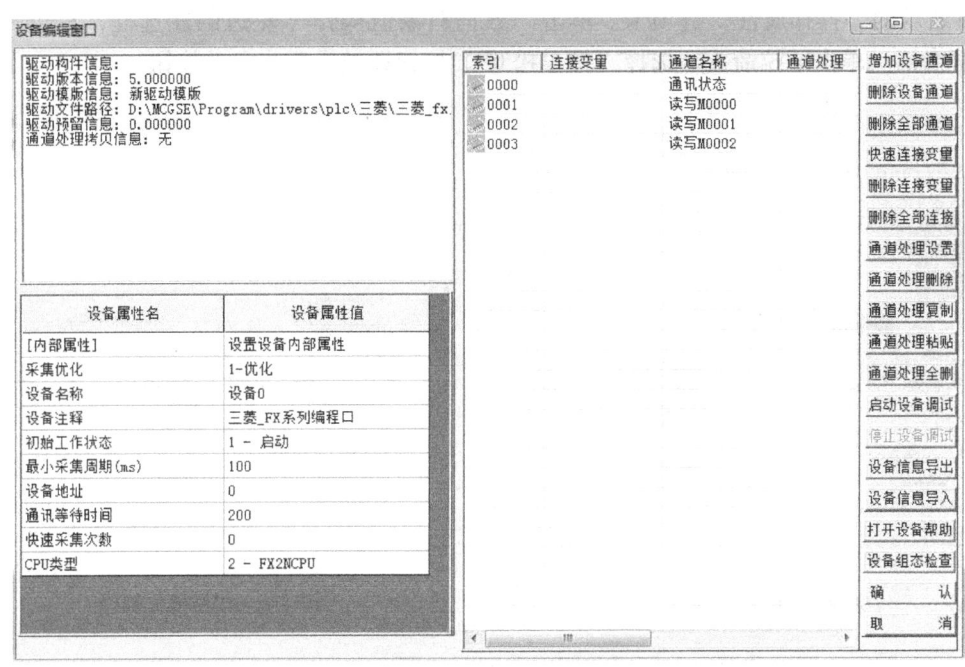

图 8-2  设备编辑窗口

4）按钮基本属性设置。双击刚刚画出的按钮，弹出如图 8-3 所示的"标准按钮构件属性设置"对话框。在"基本属性"选项卡中将文本修改为"正转"，再单击 图标，弹出如图 8-4 所示的"字体"对话框，可将大小改为"二号"，单击"确定"按钮，关闭对话框。

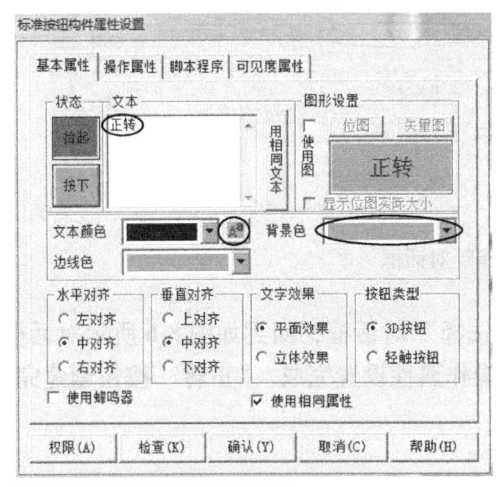

图 8-3  标准按钮基本属性

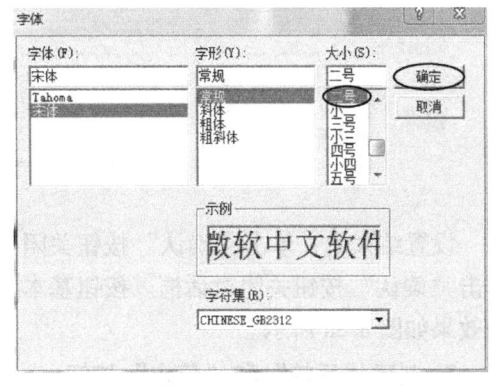

图 8-4  "字体"对话框

单击如图 8-3 所示对话框中的"背景色"，弹出如图 8-5 所示的颜色选择盘，选择"浅绿色 00FF00"作为按钮背景色。

5）按钮操作属性设置。单击如图 8-3 所示对话框中的"操作属性"标签，切换到如

图 8-6 所示的"操作属性"选项卡。单击"数据对象值操作"左边的复选框,右边的下拉列表框激活。单击下拉箭头,选择"按 1 松 0",按钮即被设置为点动按钮。

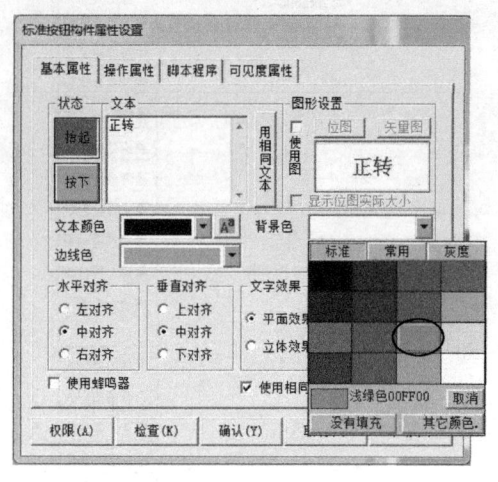

图 8-5 颜色选择盘

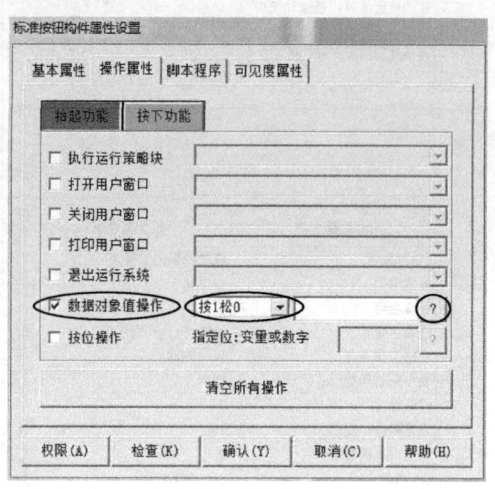

图 8-6 按钮操作属性

单击"数据对象值操作"最右边的 ? 图标,弹出如图 8-7 所示的"变量选择"对话框。在"变量选择"对话框中,"变量选择方式"选择"根据采集信息生成","通道类型"选择"M 辅助寄存器","通道地址"填"0",其他保持默认选项。

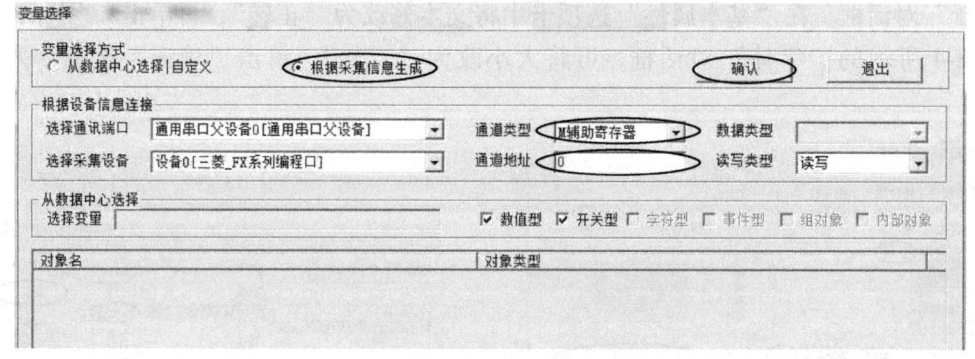

图 8-7 "变量选择"对话框

设置结束后,单击"确认"按钮关闭"变量选择"对话框,回到如图 8-6 所示对话框,单击"确认"按钮关闭对话框。按钮基本属性及操作属性设置完成。"正转"按钮创建完后的效果如图 8-8a 所示。

### 3. 创建"反转"和"停止"按钮

创建"反转"按钮和"停止"按钮的步骤与"正转"按钮的相同,设置其操作通道分别为 M1 和 M2,操作方式都是"按 1 松 0",按钮背景颜色分别为"灰色 808080"和"红色 FF0000"。三个按钮创建完后的效果如图 8-8b 所示。

### 4. 设定背景填充颜色

在三个按钮所在用户窗口的空白区域双击鼠标左键,弹出如图 8-9a 所示的"用户窗口

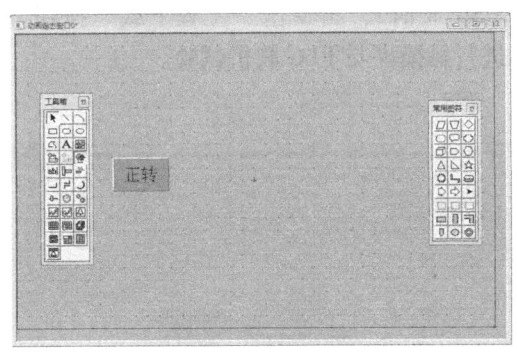 

a)"正转"按钮效果图　　　　　　　　b)三个按钮创建完后的效果图

图 8-8　标准按钮创建效果图

属性设置"对话框。单击对话框上的"基本属性"标签,切换到"基本属性"选项卡,再单击"窗口背景"下拉框,弹出如图 8-9b 所示的颜色选择盘,选择"浅蓝色 00FFFF"作为背景色,最后单击"确认"按钮关闭"用户窗口属性设置"对话框。

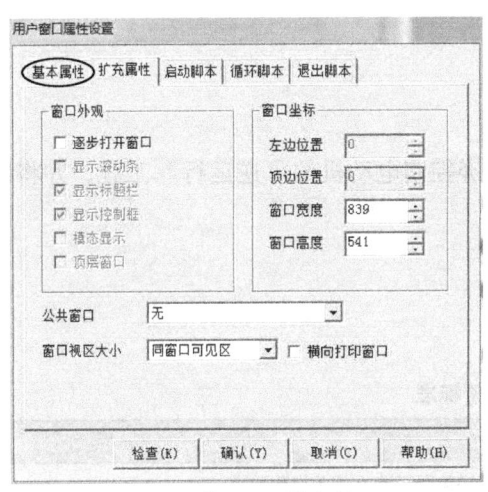 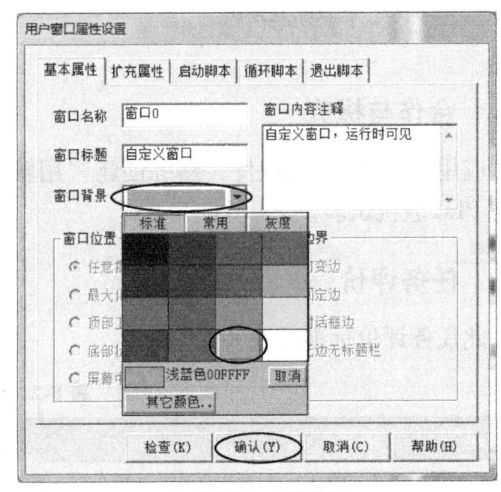

a)单击"基本属性"标签　　　　　　b)设置窗口背景颜色

图 8-9　"用户窗口属性设置"对话框

至此,工程的创建、元件的创建与触摸屏背景的设定均已完成,只需保存工程、离线模拟和下载工程。

**5. 离线模拟**

MCGSE 组态软件具有离线模拟功能,能够在计算机上模拟出触摸屏上运行的效果。单击主界面菜单栏上的"工具",弹出下拉菜单,再单击"下载配置",弹出如图 8-10 所示的"下载配置"对话框。单击对话框内的"模拟运行"按钮,再单击"工程下载"按钮,工程便会下载到 MCGS 模拟运行环境中,同时弹出 MCGS 模拟运行环境。等待工程下载完成,再单击 MCGS 模拟运行环境中的 ▶ 图标,便会显示如图 8-11 所示的模拟运行界面。

**6. 工程下载**

将计算机通过 USB 电缆与触摸屏 USB 从口连接,在图 8-10 所示的"下载配置"对话框中，单击"连机运行"按钮，连接方式选择"USB通信"，再单击"工程下载"按钮。下载成功后用 PLC 编程电缆连接 PLC 与触摸屏，进行触摸屏与 PLC 联机试验。

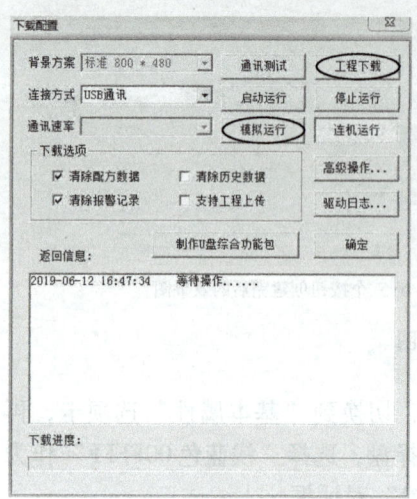

图 8-10 下载配置弹窗

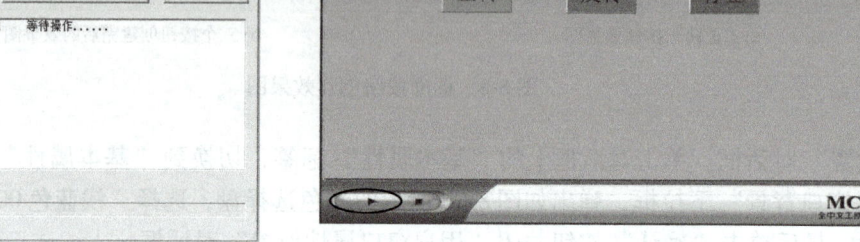

图 8-11 模拟运行界面

 **合作与探究**

应用 MCGSE 组态软件，熟练创建"用触摸屏控制电动机的可逆运行"工程，并将触摸屏与 PLC 联机试验。

 **任务评价**

此任务评价标准见表 8-2。

表 8-2 评价标准

| 项目 | 配分 | 评价标准 | 得分 |
|---|---|---|---|
| PLC 程序的编写与输入 | 20 | PLC 程序编写正确、相关操作熟练 | |
| 新工程的创建方法、过程及背景色的设置 | 30 | 1）新工程创建方法、过程正确<br>2）触摸屏、PLC 参数设置正确<br>3）背景色设置方法正确<br>以上操作不熟练，酌情扣分 | |
| 按钮元件的创建方法、过程 | 40 | 按钮元件创建方法、过程、参数设置正确，否则不得分 | |
| 团队协作与纪律 | 10 | 遵守纪律，团队协作好 | |

 **思考与提高**

1) 标准按钮的设置通常包括_____，_____，_____。
2) 用触摸屏控制电气设备的运行，其设计包括_____和_____两部分。

# 任务二 电动机的手动/自动星形—三角形减压起动控制

## 任务目标

1) 会用标准按钮切换窗口。
2) 能用对象元件库中的指示灯创建指示系统。
3) 完成手动/自动星形—三角形减压起动控制的人机界面工程。

## 任务引入

人机界面可以让操作人员按照界面指示操作，使操作变得简单生动，并且可以减少操作上的失误，提高工作效率和产品质量。本任务将应用人机界面（触摸屏）创建电动机的手动/自动星形—三角形减压起动控制工程，方便操作人员按界面指示操作。该工程分为三个界面：减压起动控制器首页界面，指示操作人员选择操作方式，如图 8-12a 所示；"手动方式"操作界面，如图 8-12b 所示，电动机星形起动后，操作人员观察到转速上升到合适的速度时，按下"全压运行"按钮，电动机转入三角形运行状态；"自动方式"操作界面，如图 8-12c 所示，按下"起动自动切换运行"按钮，电动机星形起动，经过设定的时间，电动机自动转入三角形运行状态。

 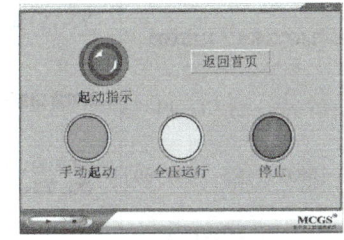 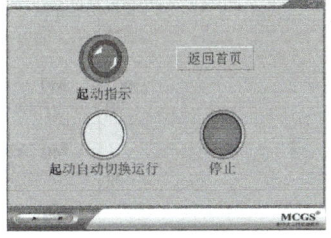

a) 起动方式选择界面　　　　b) 手动起动操作界面　　　　c) 自动起动操作界面

图 8-12　操作界面

## 相关知识

### 一、PLC 程序与下载

**1. 设定 PLC 的输入/输出**

PLC 的输入/输出地址见表 8-3。

**2. PLC 程序设计与下载**

主控接触器 KM 控制主电路的通断，热继电器做过载保护。为防止接触器 $KM_Y$、$KM_\triangle$ 同时闭合，采用 PLC 外部接线联锁和内部程序联锁的双重保护方式，指示灯和接触器线圈电压等级不同，可采用 COM1 和 COM2 两个区段。PLC 控制程序设计如图 8-13 所示。

表 8-3 I/O 地址分配表

| 输入（I） | | 输出（O） | |
|---|---|---|---|
| 地址编号 | 名称与作用 | 地址编号 | 名称与作用 |
| X0，M4 | 手动起动兼手动/自动控制方式选择按钮 SB0 | Y0 | 星形起动接触器 $KM_Y$ 线圈 |
| X1，M1 | 手动切换全压运行按钮 SB1 | Y1 | 全压运行接触器 $KM_\triangle$ 线圈 |
| X2，M2 | 起动/自动切换全压运行按钮 SB2 | Y2 | 主控接触器 KM 线圈 |
| X3，M3 | 过载保护与停止按钮（常闭触点）SB3 串联 | Y5 | 绿色指示灯 |

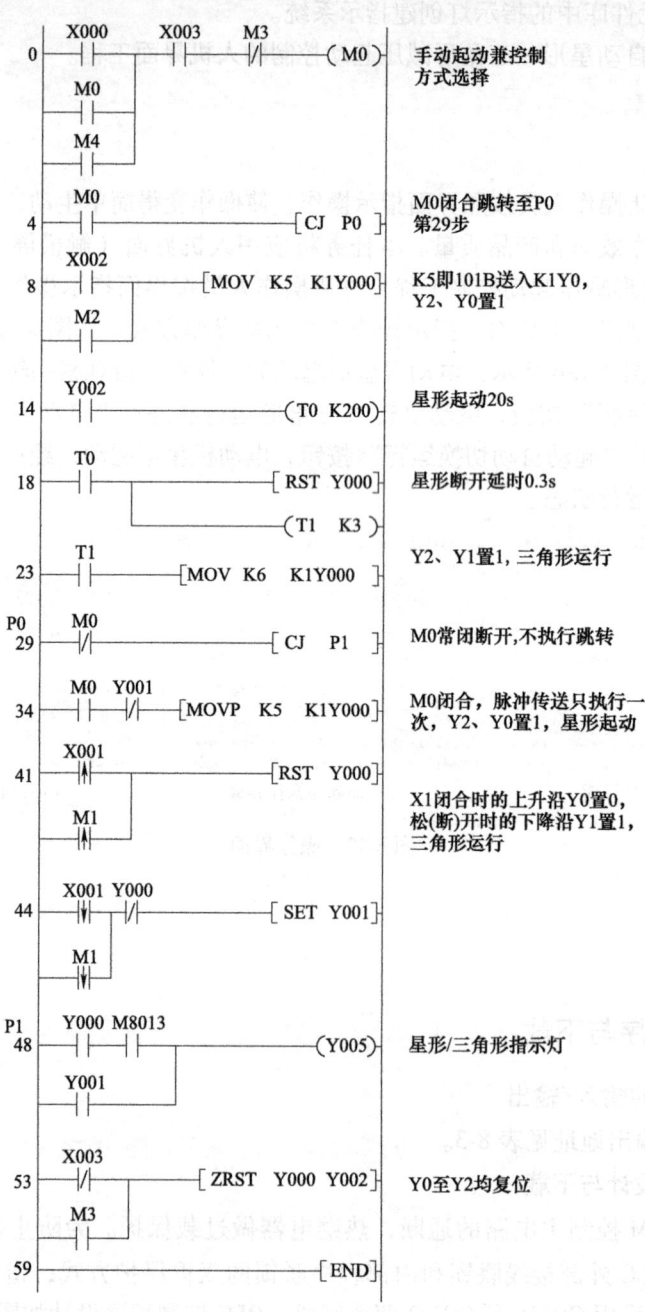

图 8-13 PLC 控制程序

程序说明：图中输入端 X 可直接进行 PLC 的调试运行，由于触摸屏不能操作硬件 X 而只能操作内部软继电器，故在输入端 X 并联了软继电器 M。第 8~23 步为自动控制方式程序，第 34~44 步为手动控制方式程序，第 48~53 步为公共程序。X0（或 M4）和 PLC 内部辅助继电器 M0 共同完成手动/自动控制方式的选择，省去了转换开关，减少了投资，利于使用触摸屏控制，同时减少了 PLC 输入端子的占用。第 41 步 X1 = ON 或 M1 = ON 的上升沿使 Y0 置 0，$KM_Y$ 断开，在 X1 或 M1 由 ON →OFF 的下降沿使 Y1 置 1，电动机三角形运行。利用人工操作的延迟性实现星形接触器断开后延时闭合 $KM_\triangle$，简化程序设计。

将图 8-13 所示手动/自动星形—三角形减压起动控制梯形图转换后下载到 PLC 中。

## 二、触摸屏工程的创建

### 1. 创建新工程及通信组态

创建新工程及通信组态的方法和步骤参见本模块任务二中对应部分。通信组态到弹出设备编辑窗口这一步时，先将右侧默认通道全部删除，再添加辅助寄存器 M1、M2、M3、M4 这四个通道。通道添加方法参见本模块任务二中相应部分。添加通道 Y5 时，在"通道类型"中选"Y 输出寄存器"，在"通道地址"中填"5"，通道个数填"1"，"读写方式"选"只读"。设置完后的设备编辑窗口如图 8-14 所示，单击"确认"按钮，保存并关闭设备编辑窗口，再单击 MCGSE 组态环境工具栏上的"存盘"按钮，保存设备组态。

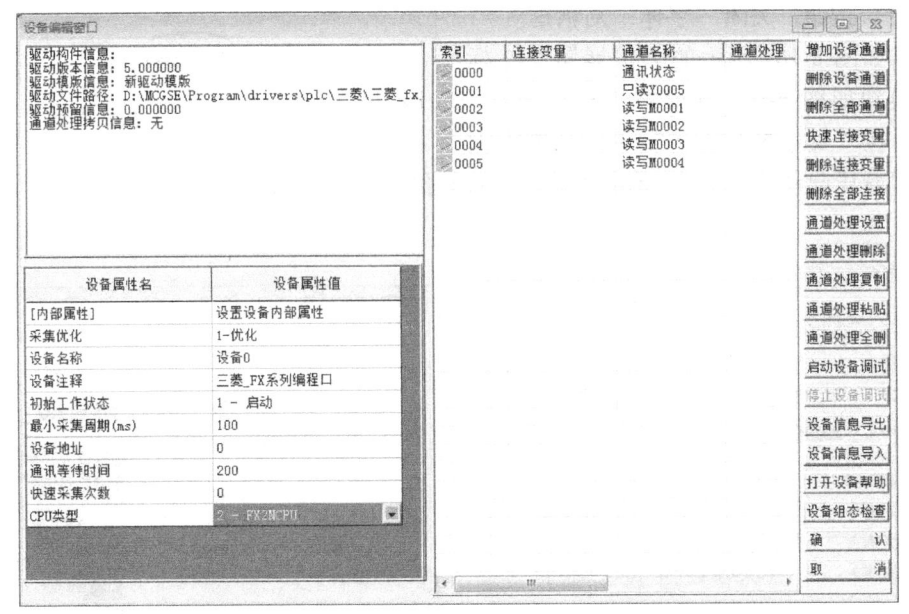

图 8-14 设备编辑窗口

### 2. 创建触摸屏用户窗口

1）关闭"设备组态：设备窗口"，单击工作台上的"用户窗口"。

2）单击工作台右侧的"新建窗口"按钮，分别新建"窗口 0""窗口 1""窗口 2"。

3）右键单击工作台下的"窗口 0"图标，在弹出的快捷菜单中单击"属性"，弹出"用户窗口属性设置"对话框。

4) 在如图 8-15 所示的"用户窗口属性设置"对话框中,"窗口名称"填写"控制器首页",再单击"确认"按钮,窗口 0 名称即被修改为"控制器首页"。

5) 重复步骤 3) 和步骤 4),将窗口 1 名称修改为"手动操作界面",将窗口 2 名称修改为"自动操作界面"。

**3. "控制器首页"窗口编辑**

1) 创建标签。单击工具箱上的"标签"按钮 A,在窗口上按住鼠标左键,拖动到合适大小,松开左键,即在窗口上画出标签。

双击画好的标签,弹出如图 8-16a 所示的"标签动画组态属性设置"对话框。在静态属性中,如图 8-16b 所示,单击"边线颜色"下拉框,选择"没有边线"。

如图 8-16c 所示,在静态属性中,单击"字符颜色"下拉框,选择"红色 FF0000",将文字颜色设置为红色。单击"字符颜色"下拉框旁边的字体图标 Aa,弹出如图 8-16d 所示的"字体"对话框,字体选择"楷体",字形选择"常规",大小选择"小初",再单击"确定"按钮,关闭"字体"对话框。

单击如图 8-16a 所示的"扩展属性"标签,切换到如图 8-16e 所示的"扩展属性"选项卡。在"文本内容输入"下面的文本框中输入"减压起动控制器",单击"确认"按钮结束标签编辑。

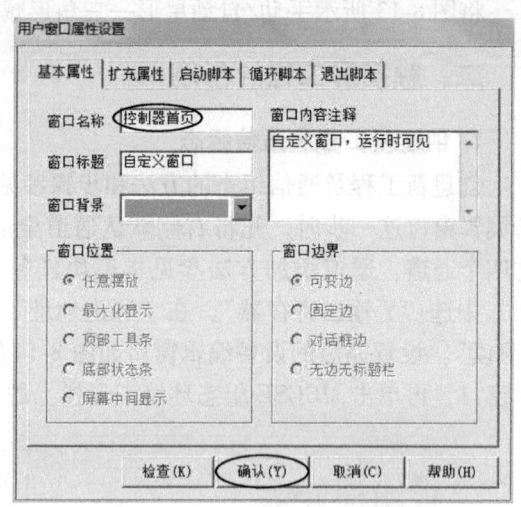

图 8-15 用户窗口属性设置

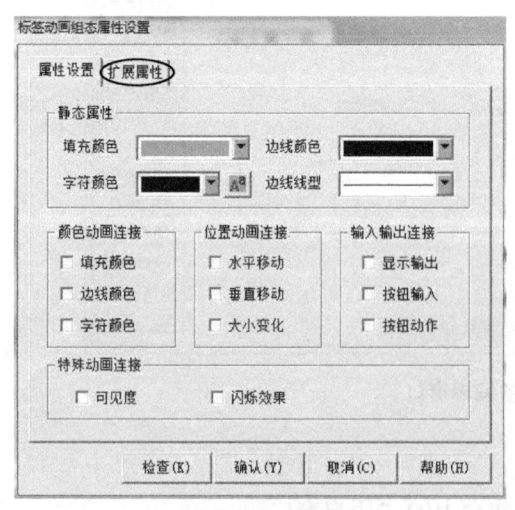

a) 单击"扩展属性"标签

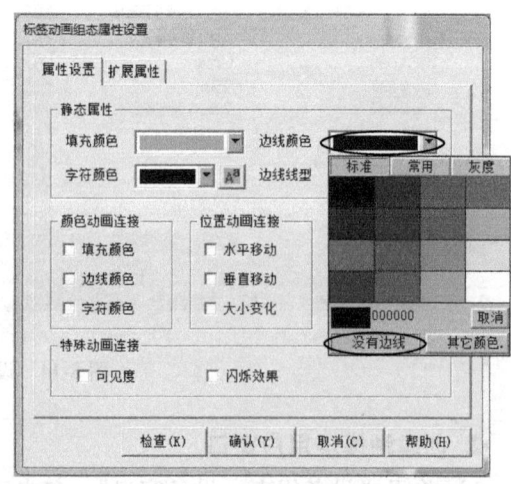

b) 单击"边线颜色"下拉框

图 8-16 标签编辑过程

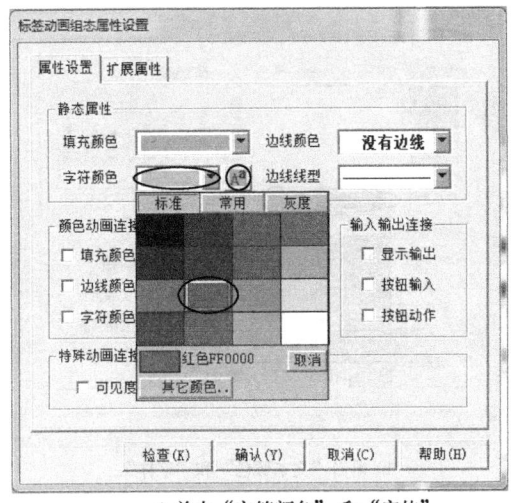

c) 单击"字符颜色"和"字体"

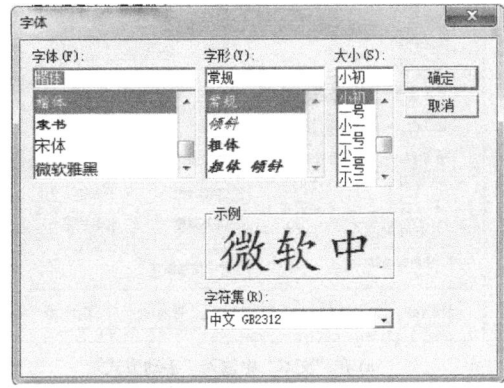

d) "字体"对话框

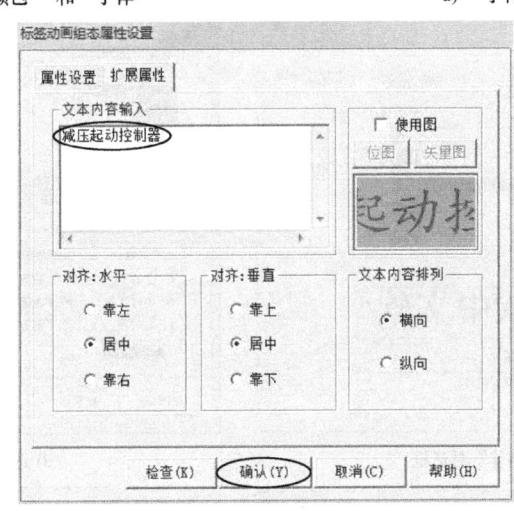

e) 输入文本内容

图 8-16 标签编辑过程（续）

2）创建按钮。

①创建"手动方式"按钮。单击工具箱上的"标准按钮"按钮，在窗口上按住鼠标左键，拖动到合适大小，松开左键，即可在窗口上画出标准按钮。

双击画好的标准按钮，弹出如图 8-17a 所示的"标准按钮构件属性设置"对话框。在该对话框中，删除"文本"下面文本框中的内容，输入"手动方式"这几个汉字。如图 8-17b 所示，单击"文本颜色"旁边的下拉框，选择"蓝色 0000FF"；再单击旁边的字体图标，弹出如图 8-17c 所示的"字体"对话框。在"字体"对话框中，字体默认选"宋体"，字形选"粗体"，大小选"一号"，单击"确定"按钮关闭"字体"对话框。单击如图 8-17b 所示对话框中的"背景色"旁边的下拉框，弹出如图 8-17d 所示的背景色颜色选择盘，选择"白色 FFFFFF"。

a)在"文本"中输入"手动方式"

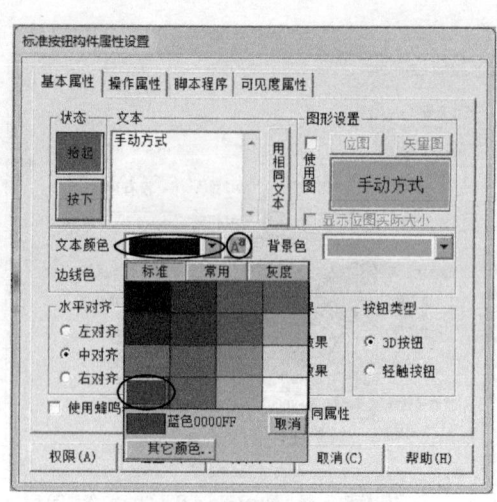
b)单击"文本颜色"和"字体"

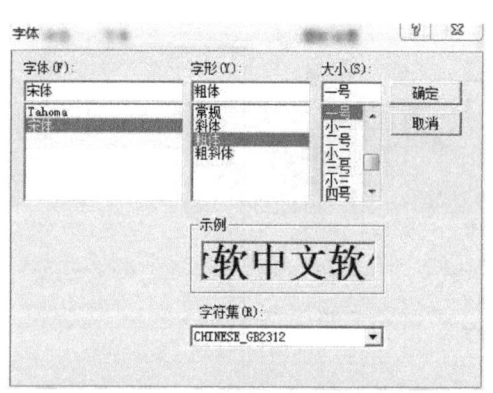
c)"字体"对话框

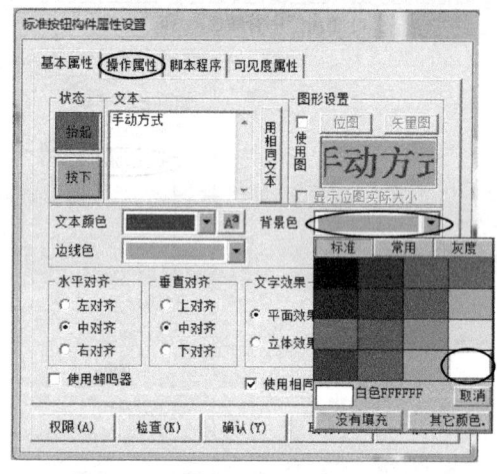
d)选择按钮背景色

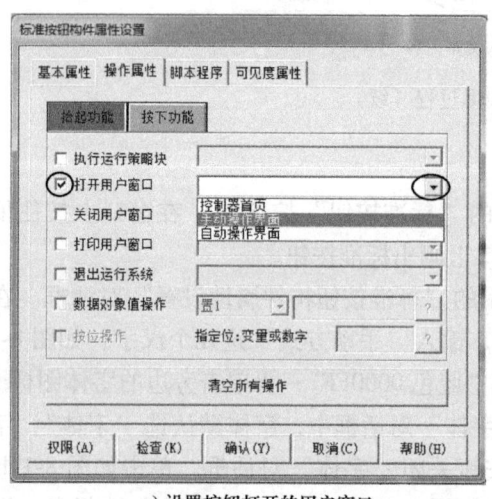
e)设置按钮打开的用户窗口

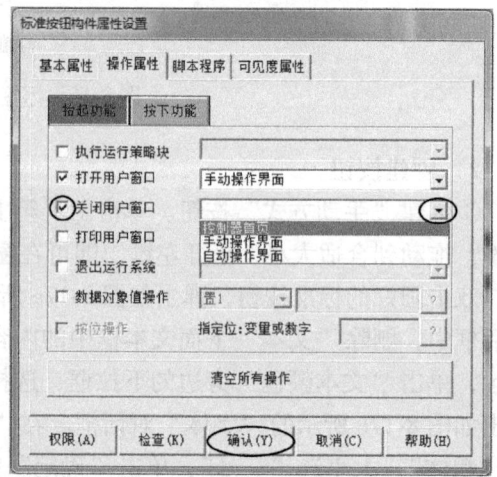
f)设置按钮关闭的用户窗口

图 8-17  标准按钮设置过程

单击如图8-17d所示对话框中的"操作属性"标签,切换到如图8-17e所示的"操作属性"选项卡。勾选"打开用户窗口"左边的复选框,"打开用户窗口"右边的下拉列表框被激活,单击右边下拉箭头,选择窗口名"手动操作界面"。如图8-17f所示,勾选"关闭用户窗口"左边的复选框,"关闭用户窗口"右边的下拉列表框被激活,单击右边下拉箭头,选择窗口名"控制器首页",再单击"确认"按钮,即可保存按钮属性并关闭"标准按钮构件属性设置"对话框。此时,该按钮被设置为手动操作界面切换按钮。

②创建"自动方式"按钮。"自动方式"按钮的编辑过程与"手动方式"按钮的编辑过程相同。按钮文本修改为"自动方式",文本颜色默认"黑色000000",字体默认"宋体",字形为"粗体",大小为"一号",背景色为"黄色FFFF00"。按钮操作属性中,"打开用户窗口"旁边下拉列表框里选"自动操作界面","关闭用户窗口"旁边下拉列表框里选"控制器首页"。设置完后的"动画组态控制器首页"窗口如图8-18所示。

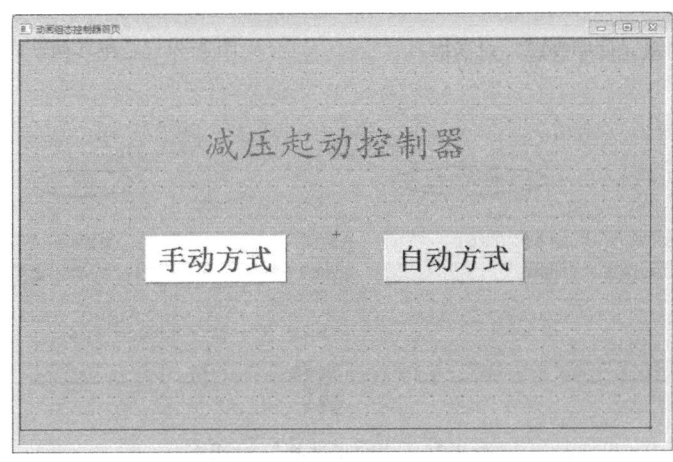

图8-18　"控制器首页"窗口

### 4. "手动操作界面"窗口编辑

1) 创建起动指示灯。MCGSE组态软件提供了大量现成的图形元件供使用者直接调用,使用者也可以自己创建图形元件并保存到MCGSE组态软件中以备以后使用。这里的指示灯使用现成的图形元件。

单击工具箱中的"插入元件"按钮，弹出如图8-19所示的"对象元件库管理"对话框。单击对话框左侧的"对象元件列表"下的"指示灯"子目录,再拖动对话框最右边的滑动条,找到"指示灯14"。单击"指示灯14"图标,再单击对话框最下边的"确定"按钮,"指示灯14"元件出现在窗口中。

将窗口中的"指示灯14"元件调整到合适大小并拖动到合适位置,再对其双击鼠标左键,弹出如图8-20所示的"单元属性设置"对话框。单击该对话框中的"数据对象"标签,再单击"可见度",会在最右侧出现问号图标。单击问号图标，弹出如图8-21所示的"变量选择"对话框。在"变量选择"对话框中,变量选择方式选"根据采集信息生成",通道类型选"Y输出寄存器",通道地址填"5",读写类型选"只读",再单击"确认"按钮保存参数并关闭对话框。回到"单元属性设置"对话框,单击"确认"按钮保存参数并关闭对话框。此时，指示灯元件与 PLC 的 Y5 输出点关联，成为电动机起动指示灯。

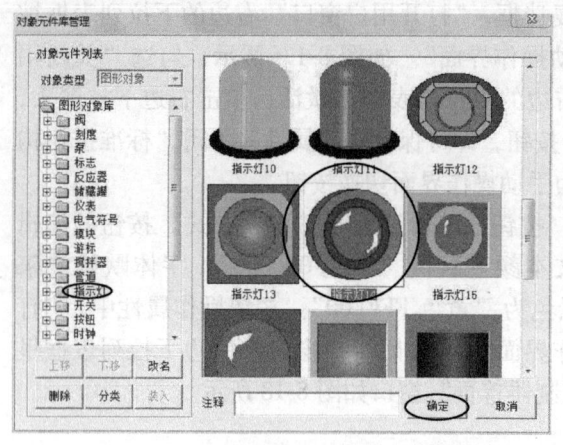

图 8-19 "对象元件库管理"对话框

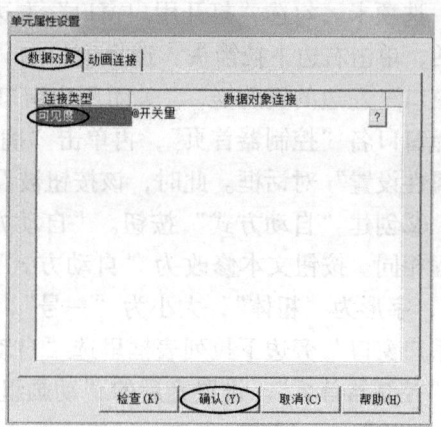

图 8-20 "单元属性设置"对话框

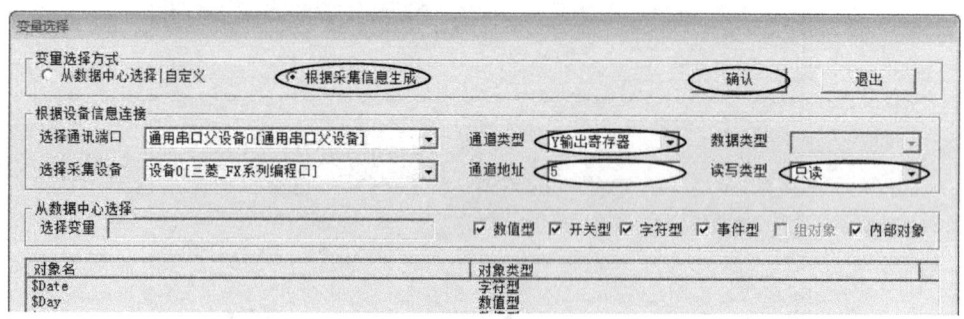

图 8-21 "变量选择"对话框

2）创建自定义按钮元件。对象元件库里的按钮元件绝大多数不能设置为点动按钮，这里将介绍如何自制按钮并保存到对象元件库。单击工具箱中的"常用符号"按钮，弹出如图 8-22a 所示的"常用图符"工具箱。单击"常用图符"工具箱右下角的"三维圆环"按钮，在窗口上按住鼠标左键拖动到合适大小，再松开鼠标左键，画出的三维圆环如图 8-22b 所示。单击三维圆环内圆上的小黄点，按住鼠标左键向外拖动可将圆环变薄，变薄后的圆环如图 8-22c 所示。

单击工具箱上的"椭圆"按钮，在窗口上画出近似圆形，如图 8-22d 所示。双击画出的近似圆形，弹出如图 8-22e 所示的"动画组态属性设置"对话框。将对话框中"静态属性"下的"填充颜色"设置为"黄色 FFFF00"，再将"边线线型"选择为第三种线型，单击"确认"按钮，修改后的圆形如图 8-22f 所示。

将修改好的黄色圆形拖动到如图 8-22c 所示的三维圆环上，再单击绘图编辑条上的"置于最前面"按钮，使黄色圆形位于三维圆环上面，并调整好它们的大小。按住鼠标左键框选，将两个图形都选中，单击绘图编辑条上的"构成图符"按钮，两个图形合并成一个整体，则黄色按钮制作完成，如图 8-22g 所示。用相同的方法，制作出的绿色按钮如图 8-22h 所示。

接下来将制作好的黄色按钮添加到对象元件库中。单击选中黄色按钮，再单击工具箱中的"保存元件"按钮，弹出询问对话框。单击对话框中的"确定"按钮，弹出如图8-22i所示的"对象元件库管理"对话框，在对话框的"对象元件列表"下出现一个"新图形"项，该项就是刚刚添加进去的黄色按钮。单击"新图形"项，按住鼠标左键拖动至"按钮"子目录，如图8-22j所示，单击黄色按钮，再单击"改名"按钮，即可更改按钮名称。将黄色按钮名称改为"黄色按钮"。用同样的方法创建绿色按钮，并将名称改为"绿色按钮"。

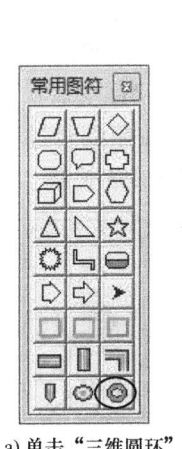
a) 单击"三维圆环"

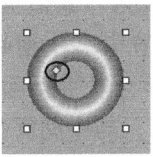
b) 单击三维圆环上的小黄点并拖动

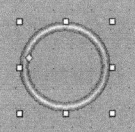
c) 变薄后的三维圆环

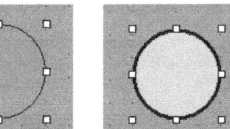
d) 用椭圆画出近似圆形

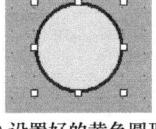
f) 设置好的黄色圆形

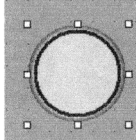
g) 将黄色圆形与三维圆环构成图符

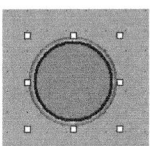
h) 绿色按钮图形

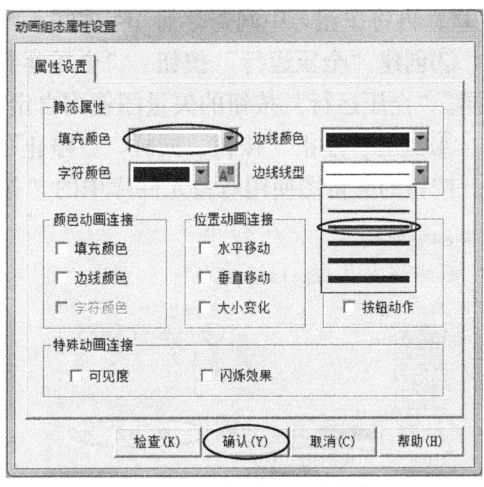
e) 设置圆形的填充颜色和边线线型

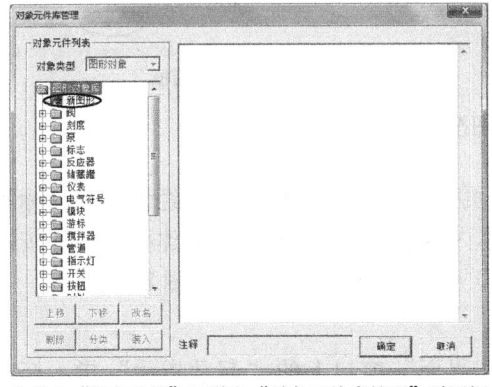
i) 单击"保存元件"后弹出"对象元件库管理"对话框

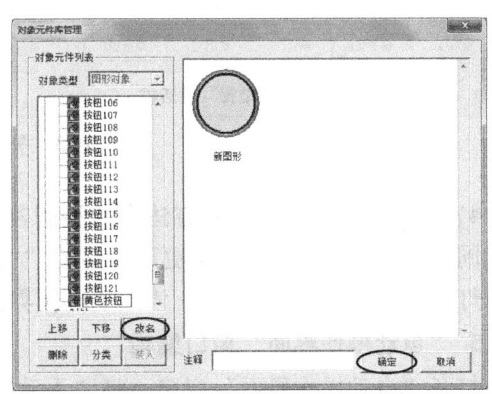
j) 单击"改名"按钮修改元件名称

图8-22 自定义按钮元件创建过程

3）创建按钮。

①创建"返回首页"按钮。其设置步骤与"控制器首页"窗口中"手动方式"按钮的设置步骤相同，不同之处是在"操作属性"中，"打开用户窗口"选"控制器首页"，"关闭用户窗口"选"手动操作界面"。

②创建"手动起动"按钮。"手动起动"按钮的编辑要用到刚才创建的自定义按钮元

件。单击工具箱中的"标准按钮",弹出"标准按钮构件属性设置"对话框。如图8-23a所示,在"基本属性"中,将"背景色"设置为"没有填充",将"边线色"设置为"没有边线",将按钮文本内容删除,单击"图形设置"里的"使用图"复选框,再单击"矢量图"按钮,弹出"对象元件库管理"对话框。如图8-23b所示,在"对象元件库管理"对话框中,单击"按钮"子目录,再拖动最右边滑动条,找到自定义的"绿色按钮"元件。单击"绿色按钮"元件,再单击"确定"按钮关闭"对象元件库管理"对话框。

接下来设置按钮的操作属性。将"操作属性"中的"数据对象值操作"设置为"按1松0",再将按钮与中间寄存器M4关联,则该绿色按钮被设置为"手动起动"按钮。

③创建"全压运行"按钮。"全压运行"按钮编辑过程与"手动起动"按钮编辑过程相同。"全压运行"按钮的矢量图使用自定义的"黄色按钮",与中间寄存器M1关联。

④创建"停止"按钮。同样,"停止"按钮编辑过程与"手动起动"按钮编辑过程相同。按钮的矢量图使用对象元件库中的"按钮82"红色按钮,与中间寄存器M3关联。

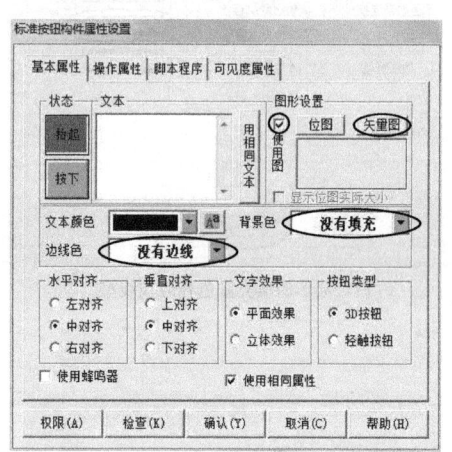 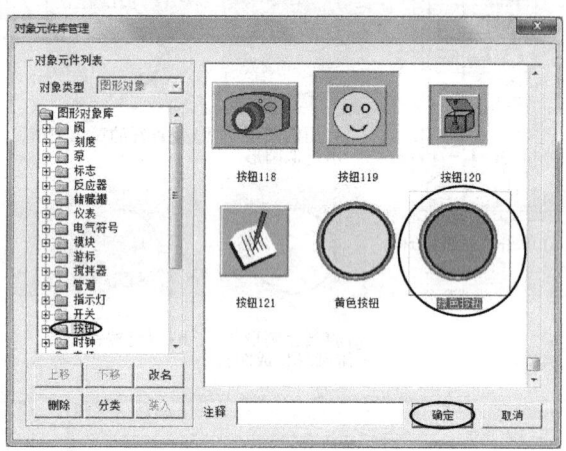

a)"标准按钮构件属性设置"对话框　　　b)"对象元件库管理"对话框

图8-23　矢量图按钮编辑

4）创建标签。标签编辑方法在"控制器首页"窗口标签编辑部分已经讲过。当标签字体相同时,可以复制标签,再更改标签的"文本内容输入",即可快速创建标签。各按钮和指示灯对应的标签编辑完成后,"手动操作界面"窗口编辑完成,效果如图8-24所示。

5. "自动操作界面"窗口编辑

打开"自动操作界面"窗口,将"手动操作界面"窗口上的"起动指示"指示灯元件及其标签直接复制过来。将"手动操作界面"窗口上的"全压运行"按钮、"停止"按钮及其标签直接复制过来,将"全压运行"按钮关联的中间寄存器M1改成M2,再将对应的标签文本改成"起动自动切换运行"。"返回首页"按钮也直接从"手动操作界面"窗口上复制过来,再将其"操作属性"中的"关闭用户窗口"下拉列表框内容选为"自动操作界面"。"自动操作界面"窗口编辑完成后的效果如图8-25所示。

6. 启动窗口配置

由于工程内创建了三个用户窗口,因此必须配置启动窗口,触摸屏工程才能正常运行。关闭"控制器首页""手动操作界面""自动操作界面"三个用户窗口,回到如图8-26a所示的用户窗口工作台。如图 8-26b 所示,在"控制器首页"图标上单击鼠标右键,弹出快捷菜单,单击"设置为启动窗口",即可将"控制器首页"窗口设置为启动窗口。

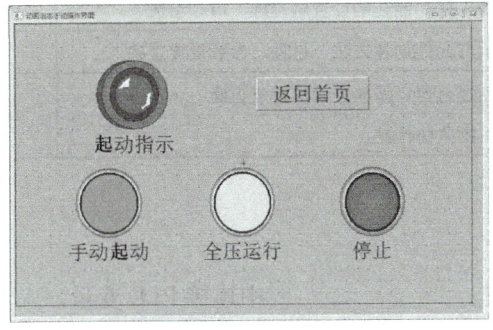
图 8-24 "手动操作界面"窗口

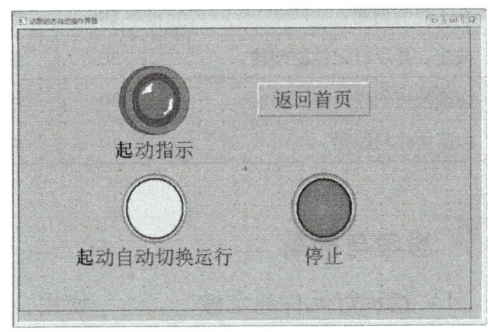
图 8-25 "自动操作界面"窗口

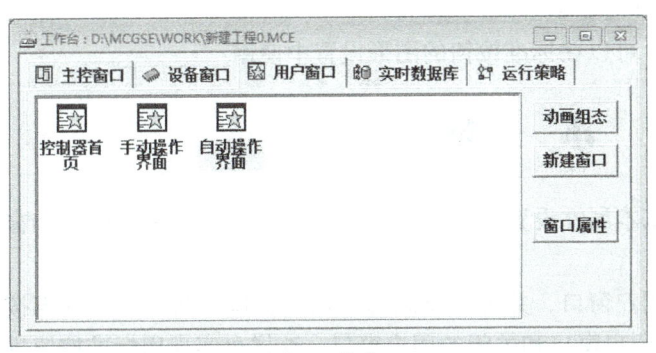
a) 用户窗口工作台

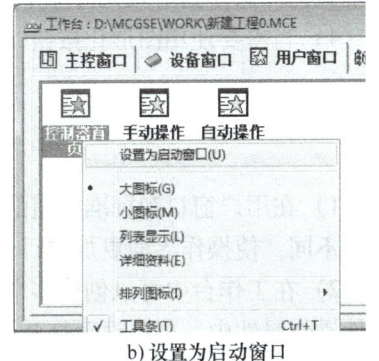
b) 设置为启动窗口

图 8-26 启动窗口配置过程

### 7. 下载

用 USB 电缆连接触摸屏和计算机,单击"工具"→"下载配置"。下载成功后连接 PLC 与触摸屏的通信线,进行触摸屏与 PLC 联机试验。

### 8. 进行 PLC 输出端接触器的接线

### 9. 进行触摸屏、PLC 与电动机的联机试验,测试成功交付使用

**合作与探究**

1) 用 MCGSE 组态软件,创建"电动机手动/自动减压起动控制"人机界面工程,并联机试验。

2) 用 MCGSE 组态软件,尝试创建自定义指示灯元件。

**任务评价**

此任务评价标准见表 8-4。

表 8-4 评价标准

| 项目 | 配分 | 评价标准 | 得分 |
|---|---|---|---|
| PLC 程序的编写与输入 | 20 | PLC 程序编写正确、相关操作熟练 | |
| 新工程的创建 | 10 | 熟练创建新工程，能正确设置触摸屏、PLC 参数 | |
| 按钮、指示灯元件的创建 | 30 | 按钮、指示灯元件创建方法、过程、参数设置正确 | |
| 切换按钮创建、窗口添加 | 30 | 切换按钮创建与窗口添加、切换方法正确 | |
| 团队协作与纪律 | 10 | 遵守纪律，团队协作好 | |

## 思考与提高

1）指示灯元件通常做_____使用，需要在_____中连接 PLC 变量。

2）标准按钮切换窗口的方法是_____。

3）在创建自定义元件时，需要将多个图形合为一个图形时，需要单击_____，要将自定义元件保存到对象元件库中时，需要单击_____。

4）当需要使用图形化按钮时，可以在标准按钮的图形设置中使用_____。

## 小　结

1）在用户窗口和标准按钮的基本属性设置中，可以设置不同的背景色来使按钮和窗口颜色不同，使操作界面更加醒目。

2）在工作台中可以创建多个用户窗口，并可以修改每个用户窗口的名称。在标准按钮构件操作属性中，可以设置打开的用户窗口和关闭的用户窗口，这样可实现用标准按钮进行多窗口的切换。多窗口的工程中，需要设置一个用户窗口作为启动窗口。

3）可以使用工具箱里的"插入元件"，选择合适的指示灯元件，并连接对应的 PLC 软元件通道，在用户窗口中实现指示灯功能。

4）可以使用工具箱里的基本绘图功能和常用图符，绘制自定义的图形。将绘制的图形构成图符后，使用工具箱里的"保存元件"功能，将自定义图形保存到元件库里。在标准按钮构件基本属性设置中，复选"使用图"，再单击"矢量图"按钮，可以将元件库里的自定义图形添加到按钮上，再将按钮的背景色设置为"没有填充"，边线色设置为"没有边线"，按钮就变成了自定义的图形按钮。

5）可以设置不同文本、填充颜色、字体及字体颜色的标签，来标注指示灯和按钮，使操作界面更规范。

# 模块九 物料搬运、分拣自动控制设备的组装与调试

**导读**

- 几种常用传感器的特性与应用。
- 单、双控电磁阀的特点与应用。
- YL-235A 光机电设备的组装与调试方法。
- 应用 PLC 编写机械手搬运物料与材料分拣装置的控制程序。
- 触摸屏标签控件的"显示输出""按钮输入"和"可见度"属性的应用。

## 任务一 传感器与电磁阀的认识

**任务目标**

1）了解传感器的特性，并能对其进行安装调试。
2）能按要求安装电磁阀，并能手动/电动调试电磁阀。

**任务引入**

在自动检测与控制系统中，传感器感受外界信息并将其转换成电信号，传送给控制装置，控制装置根据此信息发出指令控制执行装置工作。传感器是自动控制装置中采集外界信息的重要器件，而电磁阀是自动控制装置中的重要执行器件。图 9-1 所示为一个材料分拣实

图 9-1 材料分拣实验装置实物图

验装置的实物图，传送带上方、左侧的出料口和落料口处都有传感器在做材料的检测，材料分拣工作则由电磁阀控制气缸完成。本任务主要探究电磁阀的控制、传感器的特性与安装接线及其调试方法。

## 相关知识

### 一、传感器

传感器是能感受外界信息并将其转换成电信号的装置，由感受元件和转换电路组成。机电设备中常用的传感器主要是将感受到的外界信息转换成开关量输出，如各种类型的接近开关，包括电感式接近开关、光电接近开关、磁性开关（磁性传感器）和光纤传感器等。

**1. 光电接近开关**

光电接近开关又称光电开关，它由光发射器、光接收器及转换电路组成。光发射器是将电能转换为光能的器件，一般采用大功率的红外发光二极管（红外LED），为防止荧光干扰，常在光电元件表面加红外滤光透镜。光接收器为光电传感器，是把光信号转变为电信号的一种传感器，主要有光电二极管、光电晶体管、光敏电阻和光电池等。

光电开关可分为遮断型和反射型两类，如图9-2所示，其中图9-2a所示为遮断型光电开关，发射器和接收器相对安放，轴线严格对准。当有物体在两者之间通过时，红外光束被遮断，接收器接收不到红外线而产生一个电脉冲信号。反射型光电开关分为两种情况：反射镜反射型和被测物体反射型（简称散射型），分别如图9-2b、c所示。反射镜反射型传感器单侧安装，需要调整反射镜的角度以取得最佳的反射效果，其检测距离不如遮断型。散射型光电开关安装最为方便，并且可以根据被测物体上的黑白标记来检测，但散射型光电开关的检测距离较小，只有几百毫米。

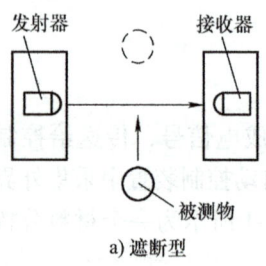
a) 遮断型

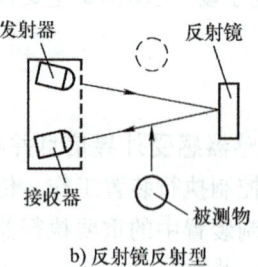
b) 反射镜反射型

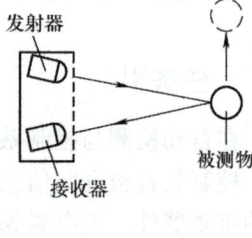
c) 散射型

图9-2 光电开关的类型

**2. 接近开关的类型**

接近开关分为PNP与NPN型两大类，它们一般都有三条引出线，即电源线、公共线和信号输出线。

（1）PNP型接近开关 PNP型接近开关是指当有信号触发时，信号输出线和电源线接通，相当于输出高电平的电源线。图9-3所示为直流三线接近开关与继电器线圈的接线图。

1）PNP-NO型（常开型）。如图9-3b所示，此类接近开关在没有信号触发时，输出线是悬空的，就是电源线和信号输出线断开；有信号触发时，发出与电源相同的电压。也就是

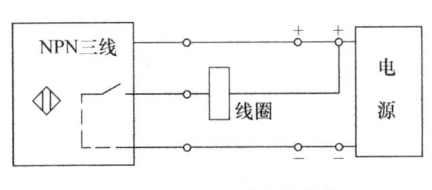 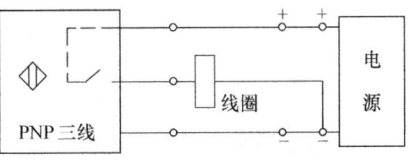

a) NPN型三线低电位输出　　　　　　b) PNP型三线高电位输出

图 9-3　直流三线接近开关与继电器线圈的接线图

信号输出线和电源线接通，输出高电平。

2）PNP-NC 型（常闭型）。此类接近开关在没有信号触发时，信号输出线与电源线接通，输出高电平；当有信号触发后，输出线是悬空的，也就是信号输出线和电源线断开。

3）PNP-NC+NO 型（常开、常闭共有型）。此类接近开关其实就是多出一根输出线，根据需要取舍。

（2）NPN 型接近开关　NPN 型接近开关是指当有信号触发时，信号输出线和公共线接通，相当于输出低电平。

1）NPN-NO 型（常开型）。如图 9-3a 所示，此类接近开关在没有信号触发时，输出线是悬空的，即信号输出线和公共线断开；有信号触发时，发出与公共线相同的电压，即信号输出线和公共线接通，输出低电平。

2）NPN-NC 型（常闭型）。此类接近开关在没有信号触发时，信号输出线与公共线接通，输出低电平；当有信号触发后，输出线是悬空的，即地线和信号输出线断开。

3）NPN-NC+NO 型。此类接近开关和 PNP-NC+NO 型类似，多出一根输出线，根据需要取舍。

**3. 常用传感器的图形符号**

常用传感器的图形符号如图 9-4 所示。

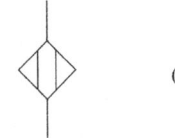 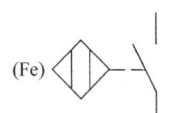 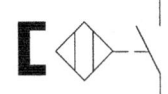 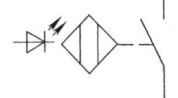

a) 接近传感器　　b) (铁)接近开关常开触点　　c) 磁性接近开关常开触点　　d) 光电(纤)开关常开触点

图 9-4　传感器的图形符号

## 二、电磁阀

在液压传动或气压传动系统中，常利用液压缸或气缸的活塞产生较大的力或产生足够大的位移去控制机械设备，实现自动控制，如空气锻打锤和注射机等的自动控制。为了实现活塞运动方向、起动和停止的自动控制，常使用电磁阀。使用最多的电磁阀是四通电磁阀。电磁阀可分为直流和交流两种，也可分为单向（控）和双向（控）电磁阀两种。图 9-5 所示为电磁阀的外形。

图 9-6 所示为四通电磁阀的结构及电磁阀与液（气）压缸连接工作原理示意图，图中四通电磁阀有四个阀口，阀口 P 为压力气（油）口即进气（油）口，A、B 为工作气（油）

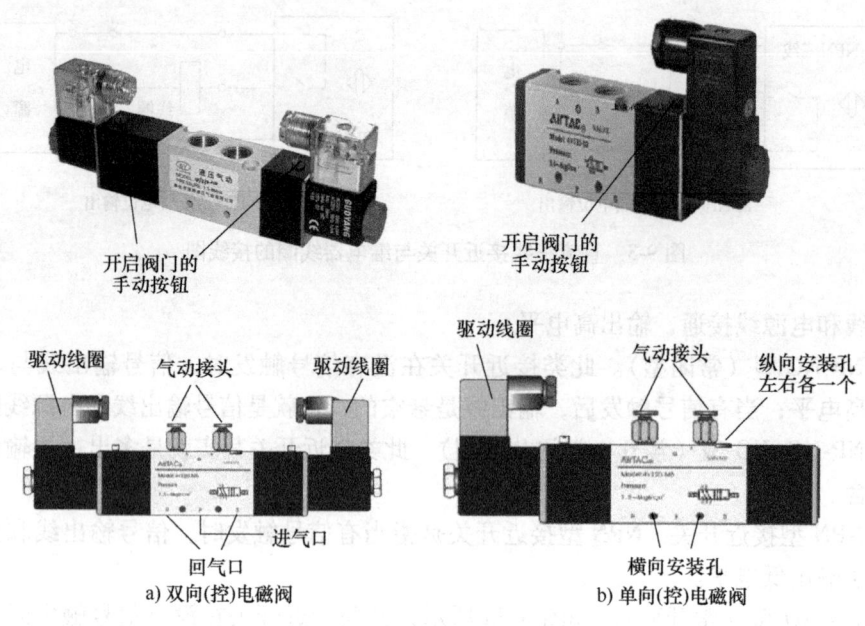

图 9-5 电磁阀的外形

口，接气（液）压缸右、左两个腔。图 9-6a 所示位置为电磁阀在未通电时阀芯在弹簧作用下被推向左边的情况，阀口 P 与 A 通、B 与 O 通，即高压气（油）从孔 P 流入，经孔 A 进入气（油）缸右腔，推动活塞向左移动。左腔的气（油）则经过孔 B 送往孔 O 排出（进入储油罐）。线圈通电时，铁心在电磁力的作用下被吸向右方，推动阀芯向右移动，改变阀门的开闭状态，如图 9-6b 所示。由图可知，电磁阀靠阀体内的弹簧复位，将铁心和阀芯推到额定行程，使阀门处于相关位置的开闭状态，并在电磁力的作用下使铁心和阀芯移动，改变阀门的状态以接通或关断气（油）路，控制流体（液体、气体）流动方向，实现运动换向，完成自动控制。此电磁阀在机械设备的液压、气压系统中得到广泛应用。

图 9-6c 所示为四通电磁阀的图形符号，符号中间的两个方格代表它的两个状态（也称为两位），符号中靠近弹簧的方格为常态，即线圈无电时的状态；靠近线圈的方格为线圈通电时的状态。因各孔的相对位置一样，所以只在一个方格上标 P、O、A 和 B 即可。

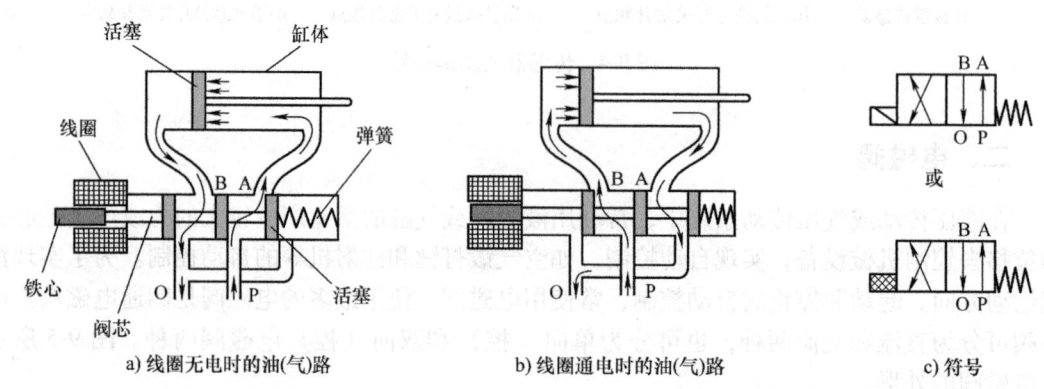

图 9-6 四通电磁阀的结构及电磁阀与液（气）压缸连接工作原理示意图

图 9-7 所示为常用电磁阀的符号，其中图 9-7a、9-7b、9-7c 所示均为两个方格，表示二位，它们只有一侧有线圈，为单向（控）电磁阀。图 9-7d、9-7e 所示为三个方格，表示三位，它们在两侧有线圈，为双向（控）电磁阀。图中箭头表示阀内流体的流动方向，符号"⊥"表示阀内通道堵塞。

图 9-7 常用电磁阀的符号

## 合作与探究

### 1. 电感式接近开关

图 9-8 所示为电感式接近开关的结构，其电源为直流 24V。一般说来，棕色线为电源"+"极，蓝色线为"-"极即公共端，黑色线为信号输出线。

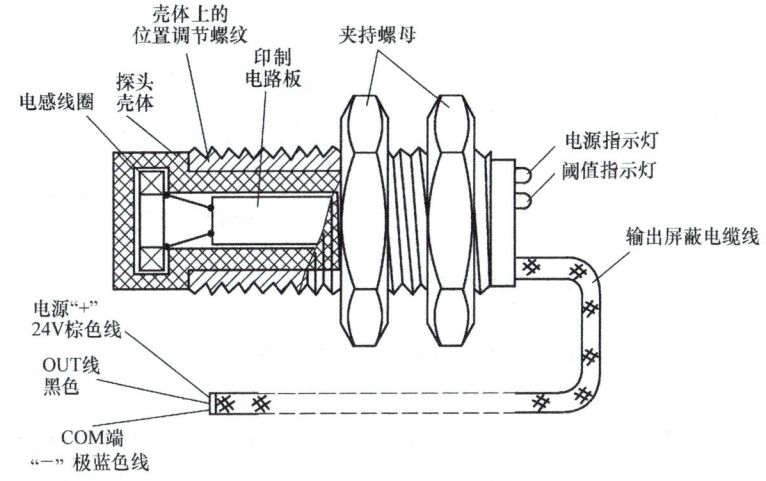

图 9-8 电感式接近开关的结构

（1）电感式接近开关的实验　将电感式接近开关按图 9-9a 或图 9-9b 所示接线，用金属块和塑料板靠近、远离电感式接近开关，观察继电器的动作情况。

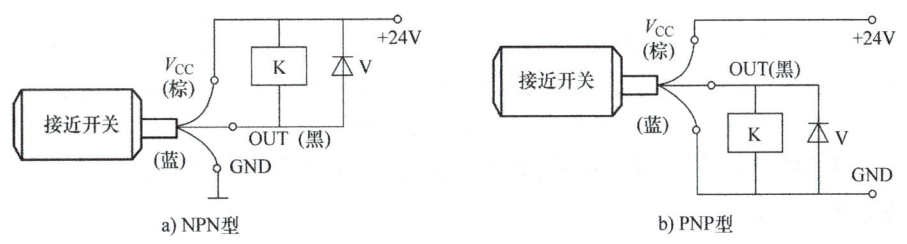

图 9-9 电感式接近开关的实验

可以看到：当金属块靠近电感式接近开关时，继电器吸合；当金属块运离电感式接近开关时，继电器断开；而塑料板靠近和远离电感式接近开关时，继电器没有反应。这说明电感式接近开关只能检测到金属导体而不能检测非导体。而且，当物体移向接近开关到一定的距离时，接近开关才"感知"，并发出动作信号。通常，人们把接近开关刚好动作时探头与检测体之间的距离称为检测距离。不同的接近开关检测距离也不同。

（2）电感式接近开关的接线　不同的电感式接近开关的输出端口数量是不一样的，有两线、三线、四线，甚至五线输出的接近开关，其中两线、三线输出的接近开关应用较多。接近开关一般配合继电器或 PLC、计算机接口使用。

1）电感式接近开关与继电器的连接。图 9-10 所示为交流两线接近开关与继电器线圈的接线图。

2）电感式接近开关与三菱 $FX_{1N/2N}$ PLC 的连接。由于三菱 $FX_{1N/2N}$ 系列 PLC 为低电平输入，因此，选择 NPN-NO 型电感式接近开关。图 9-11 所示为电感式接近开关与 $FX_{1N}$ 系列 PLC 的接线，必须将图中 PLC 的+24V 电源 COM 端与输入 COM 端相连接，否则，输出信号不能与 PLC 输入端形成回路。对于 $FX_{2N}$ 系列 PLC，其+24V 电源 COM 端与输入 COM 端同侧，在 PLC 内部已完成连接。图 9-11 中 PLC 接线端子上的粗线是用来区分输出与 COM 端的。

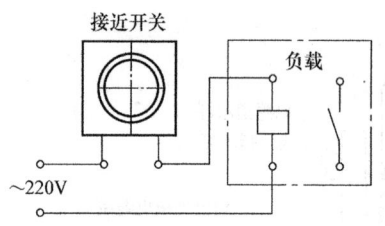

图 9-10　交流两线接近开关与继电器线圈的接线图　　图 9-11　电感式接近开关与 $FX_{1N}$ 系列 PLC 的接线

3）电感式接近开关与三菱 $FX_{3U}$ 系列 PLC 的连接。$FX_{3U}$ 等系列 PLC 可通过选择 S/S 端子与 0V 端子连接或者 S/S 端子与 24V 端子连接来确定高电平输入或者低电平输入。因此，传感器的两种类型 PNP 型与 NPN 型均可用 $FX_{3U}$ 等系列 PLC，只是接线方法不同。如果 S/S 端子与 24V 端子连接，则 0V 端子为输入公共端 COM，输入端为低电平输入有效，选用 NPN 型传感器，接线如图 9-12a 所示。反之，如果 S/S 端子与 0V 端子连接，则 24V 端子为输入公共端 COM，输入端为高电平输入有效，选用 PNP 型传感器，接线如图 9-12b 所示。由于 $FX_{3U}$ 等系列 PLC 输入端内部采用双向二极管，高、低电平输入指示灯都会亮，如图 9-13 所示。

**注意：**①接近开关在使用之前，一定要看清接近开关上的铭牌，否则，可能会因为电压不相称而烧坏设备；②使用直流/交流两线型电感式接近开关时，必须连接负载，如果不经负载直接连接电源，内部元器件将会烧坏，且无法修复。

其他类型的接近开关的接线方法与电感式接近开关的接线方法相同。

**2. 光电接近开关**

光电接近开关的外形与电感式接近开关很相似，只是它的探头表面为红外滤光透镜，其输出线与电感式接近开关完全相同，接线方法也相同。

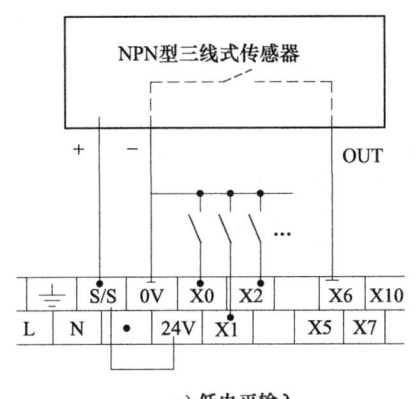
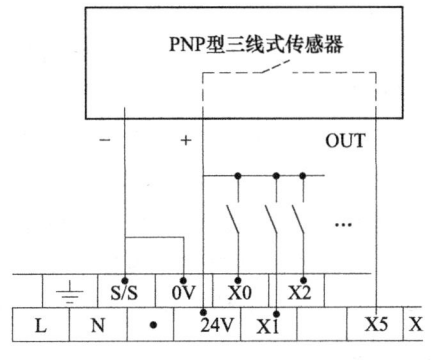

a) 低电平输入　　　　　　　　　b) 高电平输入

图 9-12　FX$_{3U}$ 系列 PLC 的输入端接法

（1）光电接近开关的实验　将光电接近开关按图 9-11 所示与三菱 PLC 连接，上电后用金属块、白色塑料和黑色塑料靠近、远离光电接近开关，观察 PLC 输入端指示灯的点亮情况。指示灯点亮说明光电接近开关检测到靠近它的物体，输出信号；否则，就是没有检测到物体。

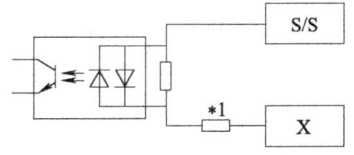

图 9-13　FX$_{3U}$ 系列 PLC 输入端内部二极管连接

观察发现，光电接近开关能检测到金属块、白色塑料和黑色塑料，但检测距离不同。对于反射光强的物体，检测距离大；反射光弱的物体如黑色塑料，检测距离小。

（2）光电接近开关的特性　光电接近开关能检测所有物体，对于散射型光电开关，反射光强的物体，检测距离大；反射光弱的物体，检测距离小。因此，光电接近开关应保持探头的清洁，不能工作在粉尘多的环境中。

**3. 磁性开关**

磁性开关也称霍尔开关或磁性传感器。它能完成接近开关的功能，但它只能检测磁性物体。在区分同质金属材料时，常在其中一个材料上嵌装磁性物质，用磁性开关区分检测。例如气缸活塞极限位的检测，常在气缸活塞上装上磁性物体，将磁性开关装在气缸体上。

图 9-14 所示为磁性开关的外形、应用及与 PLC 连接图。磁性开关是电子器件，响应速度快，可输出标准信号，易与计算机或 PLC 配合使用。

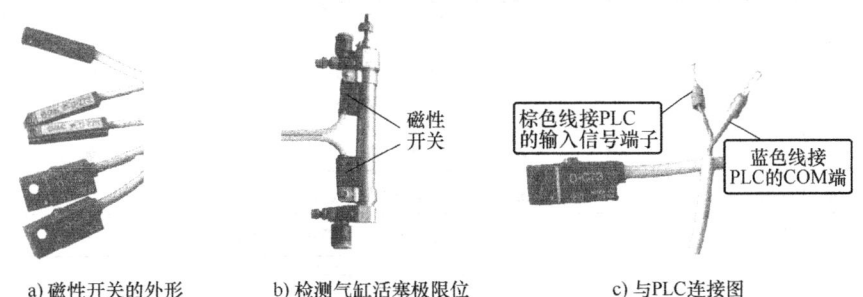

a) 磁性开关的外形　　b) 检测气缸活塞极限位　　c) 与PLC连接图

图 9-14　磁性开关的外形、应用及与 PLC 连接图

【实验一】 将图 9-14b 所示的磁性开关按图 9-14c 所示的方法连接到 PLC 中,用手拉动气缸活塞杆(活塞顶端装有磁铁块),观察活塞在两极限位时,PLC 输入端指示灯的点亮情况。

### 4. 光纤传感器

光纤传感器是一种把被测量信号转变为可测光信号的装置,由光发送器、敏感元件(光纤或非光纤)、光接收器、信号处理系统及光纤构成。图 9-15 所示为光纤传感器。

光发送器发出的光反射经入射光纤引导到敏感元件等进行处理,使光信号变成电信号输出。调节光纤放大器,可调节传感器与被测物之间的检测距离。反之,由于不同颜色的物体反射光的强弱不一样,当传感器与被测物之间的检测距离一定时,可通过检测反射光的强弱来判别物体的颜色。

我们来做一个实验,按图 9-15 所示的方法将光纤传感器连接到三菱 PLC 上,当传感器与被测物之间的检测距离一定时,调节光纤放大器使之刚好检测到某一白色物体(PLC 输入指示灯点亮),在此情况下,将白色物体换成同样的黑色物体,PLC 则无法检测到。

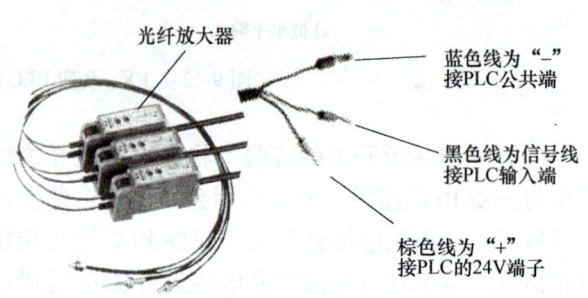

图 9-15 光纤传感器

这个实验说明,当传感器与被测物之间的检测距离一定时,通过调节光纤放大器可判别不同颜色的物体。

### 5. 电磁阀

【实验二】 按图 9-6a 所示分别将气缸与单向、双向电磁阀连接,手动与电动开启电磁阀,观察气缸的运动及单向、双向电磁阀的特点。

单、双向(控)电磁阀的区别:单向(控)电磁阀失电后,在弹簧的作用下复位,改变阀门的状态,它的失电状态是唯一的;双向(控)电磁阀失电后仍保持原状态,只有另一侧的线圈获电,才能改变阀门的状态,其失电状态是随意的。

## 任务评价

此任务的评价标准见表 9-1。

表 9-1 评价标准

| 项目 | | 配分 | 评价标准 | 得分 |
|---|---|---|---|---|
| 传感器 | 电感式接近开关 | 30 | 1)电感式接近开关与断电器连接、实验方法正确<br>2)电感式接近开关与 PLC 连接、实验方法正确 | |
| | 光电开关 | 20 | 光电开关与继电器、PLC 连接正确,实验方法正确 | |
| | 磁性开关 | 10 | 磁性开关与 PLC 连接、测试方法正确 | |
| | 光纤传感器 | 10 | 光纤传感器与 PLC 连接正确,测试、检测方法正确 | |
| 电磁阀 | | 20 | 1)气缸与单向、双向电磁阀连接正确<br>2)手动、电动开启电磁阀方法正确 | |
| 团队协作与纪律 | | 10 | 遵守纪律,团队协作好 | |

**思考与提高**

1) 三菱 PLC 为_____输入，一般选择_____型接近开关，一般说来，其电源线为_____色，公共线为_____色，接 PLC 的输入端_____端子，信号输出线为_____色，接 PLC_____端。

2) 三菱 $FX_{3U}$ 系列 PLC 可进行高电平输入，则 S/S 端子需与_____相连接，也可进行低电平输入，则 S/S 端子需与_____相连接。

3) 电感式接近开关只能检测_____物体，磁性开关只能检测_____物体，光电接近开关和_____传感器能检测_____物体。

4) 当光纤传感器与被测物之间的检测距离一定时，通过_____能判别不同颜色的物体。

5) 说一说单、双向（控）电磁阀的特点。

## 任务二　YL-235A 型光机电设备的组装与调试

**任务目标**

1) 能按装配图的技术要求组装、调试 YL-235A 型光机电设备。
2) 按材料分拣技术要求编写/输入 PLC 程序，能进行机械与程序的整机调试和修改。
3) 提高应用 PLC 解决生产实际问题的能力。

**任务引入**

YL-235A 型光机电设备是一条工业生产线的模拟，可完成自动送料、搬运与输送、材料分拣、加工和统计等任务，它融合了机械装配、PLC 控制、变频调速、电路与气路控制、人机界面工程和机电设备整机调试等技术。本任务主要是按装配图的技术要求进行机械装配；按材料自动搬运、输送与分拣技术要求编写/输入 PLC 程序；连接电路与气动控制回路，最后进行整机调试。

**合作与探究**

为了提高工作效率，确保设备装配、调试成功，必须拟定一个可行的工作流程。YL-235A 型光机电设备的组装与调试工作流程如下：识读设备图样与技术文件，了解设备的功能→机械装配→气路连接→手动电磁阀调试→电路连接→传感器调试与双向电磁阀手动调试→程序编写与输入→变频器设置→设备联机调试→清理现场、交付验收。

**1. 识读 YL-235A 型光机电设备的布局图**（见图 9-16）**和装配图**（见图 9-17），**识别各器件与组件**

该设备是送料机构、机械手搬运机构、物料传送与分拣机构的组合，这就要求物料转盘、出料口、机械手及传送带落料口之间的衔接准确，安装尺寸误差要小，以保证送料机构平稳送料,机械手准确抓料、放料。

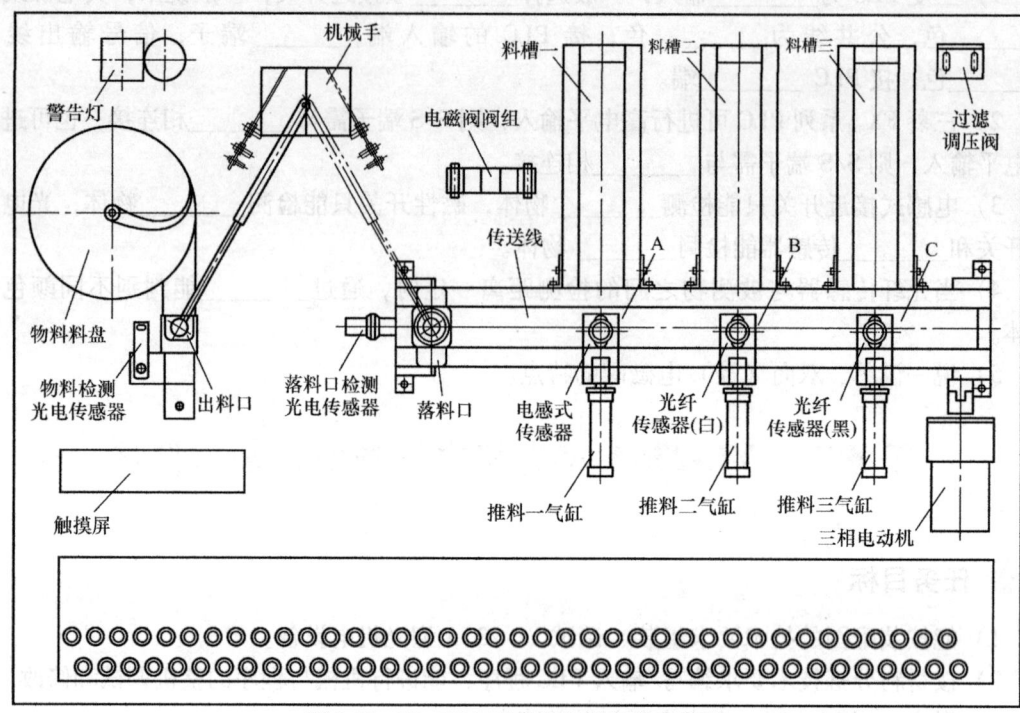

图 9-16 YL-235A 型光机电设备的布局图

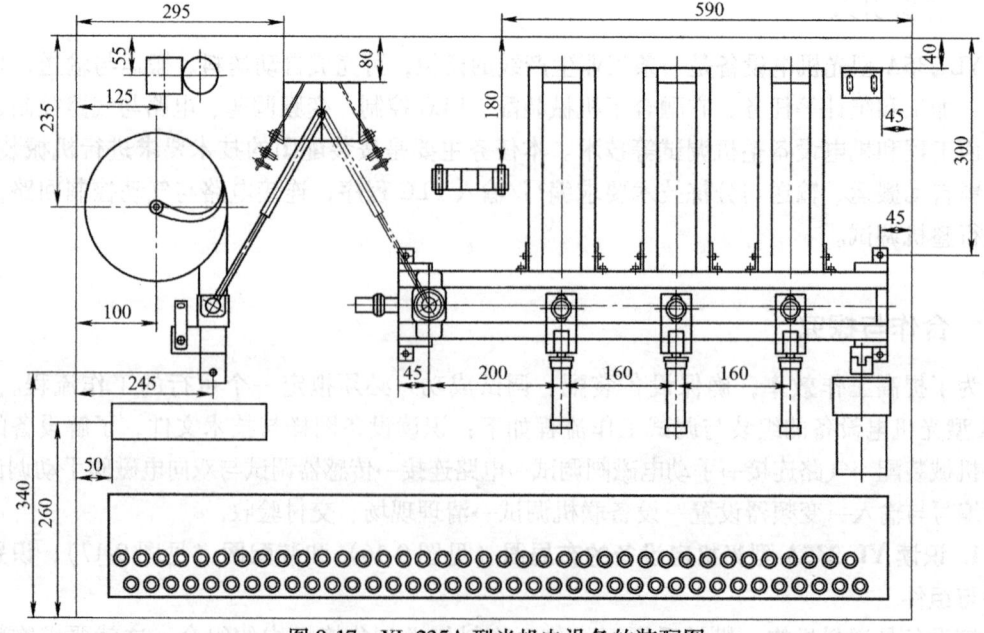

图 9-17 YL-235A 型光机电设备的装配图

**2. 按装配图的技术要求进行机械装配**

机械装配的流程如下：画线定位→组装送料、检测机构→安装机械手→组装传送与分拣装置→装配辅助装置，如过滤调压阀等。

（1）组装送料、检测机构　送料、检测机构如图 9-18 所示，其物料、转盘、支架和出料口承载槽的高度均可调节。组装时，先初装送料、检测机构。初装完成后，精调出料口承载槽的高度和左右位置，使物料滑移平稳，不产生堆积与倾斜现象，然后紧固各部件。

图 9-19 所示为精调后出料口物料平稳滑移图。

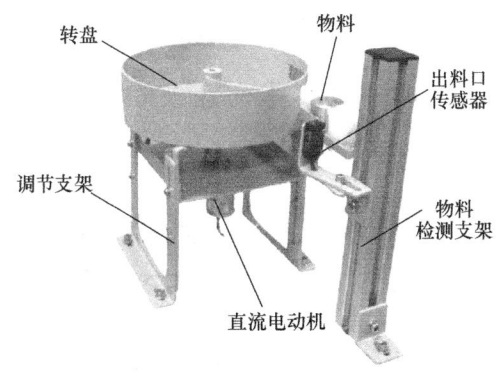

图 9-18　送料、检测机构

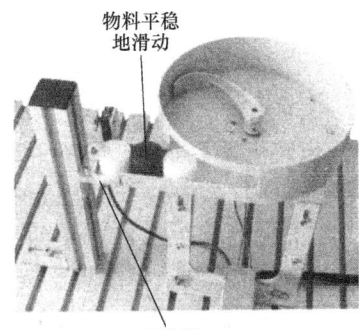

图 9-19　出料口物料平稳滑移图

（2）调整出料口光电检测开关　调整光电检测开关，使其高度和检测位置合适。光电开关检测点一般应位于承载槽上圆柱体的中心稍偏向支架的方向。其调整位置如图 9-20 所示。

（3）警告灯的装配　组装警告灯，并按图 9-21 所示的方法和尺寸将其固定。

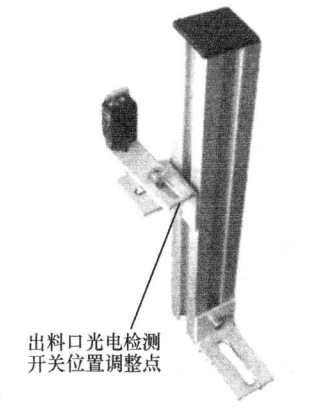

图 9-20　出料口光电检测开关的调整

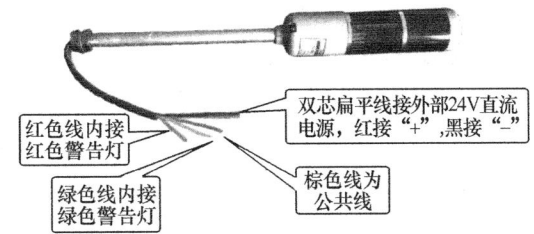

图 9-21　警告灯的组装图与接线说明

（4）机械手的装配　机械手的结构如图 9-22 所示，其装配方法与步骤如下：

1）安装旋转气缸及其节流阀。图 9-23 所示为旋转气缸及其节流阀的安装方法。

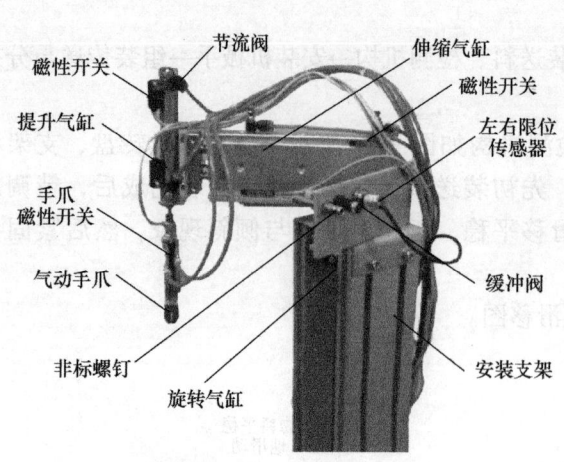
图 9-22 机械手的结构

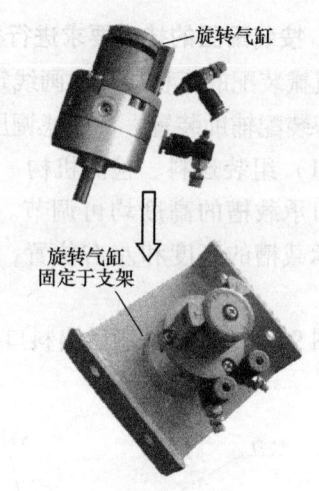
图 9-23 旋转气缸及其节流阀的安装

2）组装机械手支架。如图 9-24 所示，将旋转气缸的安装支架固定在两垂直支架上，注意两垂直支架的平行度和垂直度，然后装上固定脚支架。

3）组装机械手手臂。如图 9-25 所示，将提升臂支架固定在双杆气缸的连杆构件上，再将其固定在手臂支架上。

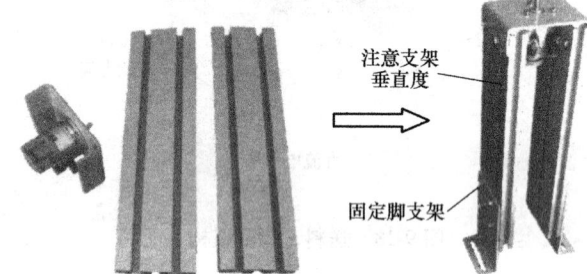
图 9-24 机械手支架的组装

4）提升臂的组装。如图 9-26 所示，将装好节流阀的提升气缸固定在提升臂支架上。

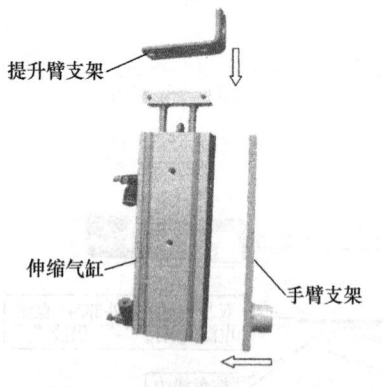
图 9-25 机械手手臂的组装

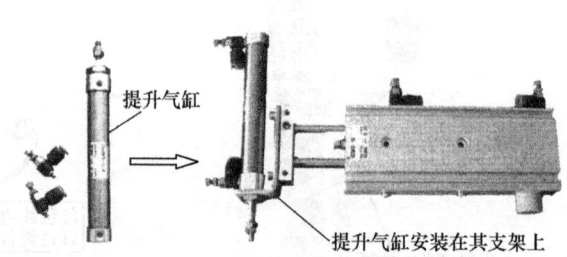
图 9-26 提升臂的组装

5）安装手爪。如图 9-27 所示，将气动手爪固定在提升气缸的活塞杆上。

6）固定磁性开关与手臂。将如图 9-28 所示的磁性开关固定在机械手相应的位置上，然后将手臂固定在旋转气缸上，如图 9-29 所示。

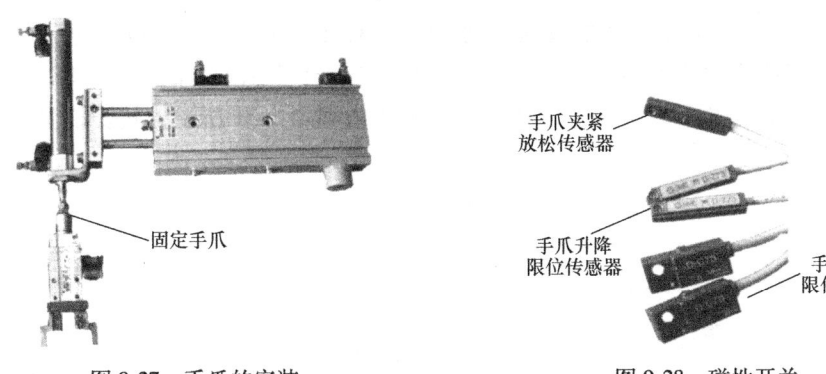

图 9-27 手爪的安装　　　　　　图 9-28 磁性开关

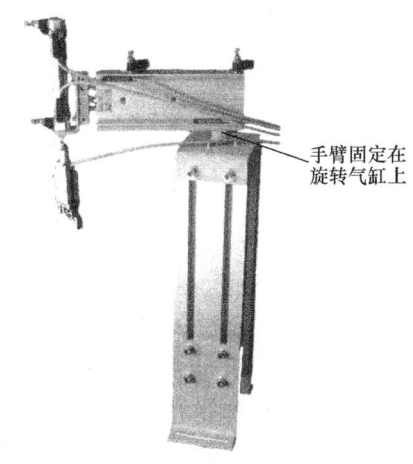

图 9-29 在旋转气缸上固定手臂

7）固定左右限位装置。如图 9-30 所示，将左右限位传感器、缓冲器及定位螺钉在其支架上装好后，将其固定于机械手垂直主支架的顶端。

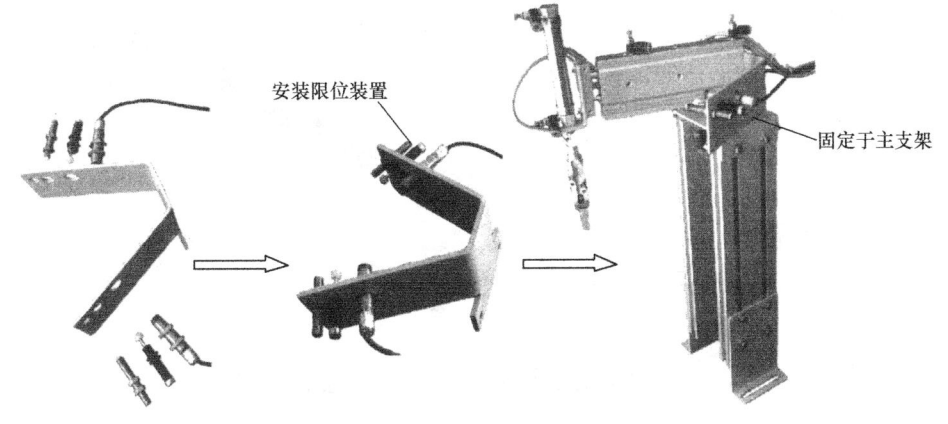

图 9-30 左右限位装置的固定

8)机械手的固定与调试。按照安装尺寸固定机械手,调试机械手的高度和左限位装置,确保机械手能准确地从出料口抓取物料且抓入量不小于手爪深度的90%。

(5)传送与分拣机构的安装固定  传送与分拣机构如图9-31所示,其安装步骤如下:

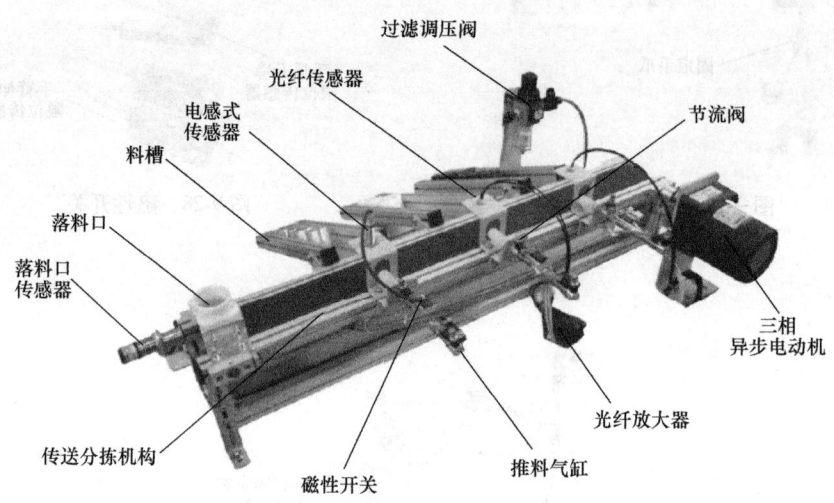

图9-31  传送与分拣机构

1)传送机构与落料口检测传感器的安装。如图9-32所示,固定传送线支架,调节四只脚固定螺钉,使传送线平面与固定面平行,然后固定落料口,固定时应注意不可将传送线左右颠倒,否则将无法安装三相异步电动机。落料口的位置相对于传送线的左侧需留有一定距离,以保证物料能平稳地落在传送带上,不致因物料与传送带接触面积过小而出现倾斜、翻滚或漏落现象。落料口固定完毕,调整机械手右限位装置和落料口的位置,确保机械手能准确地将物料放入落料口内,如图9-33所示。最后固定、调整落料口检测传感器即光电开关。

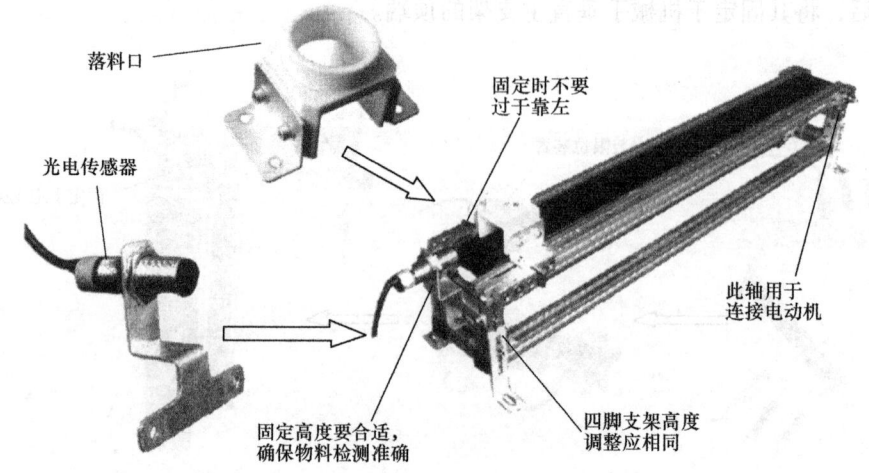

图9-32  传送机构与落料口检测传感器的安装

2）安装电动机。如图 9-34 所示，三相异步电动机装好支架、柔性联轴器后，将其支架固定在定位处，固定前应调整好电动机的高度和垂直度，使电动机与传送带同轴。安装完成后，试运行电动机，观察两者连接、运转是否正常。

3）组装传送线上的物料识别传感器。以电感式接近开关为例，其装配方法如图 9-35 所示。

4）安装推料气缸。如图 9-36 所示，将已安装好磁性开关的气缸安装在固定支架上，然后固定在传送线上。

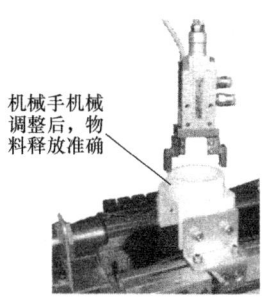

图 9-33 准确落料

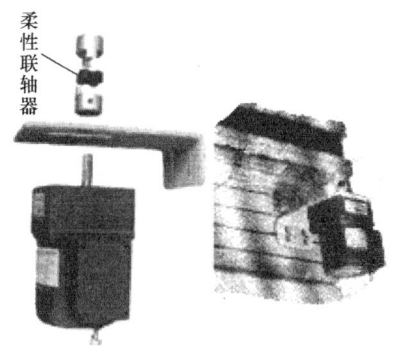

图 9-34 电动机的安装

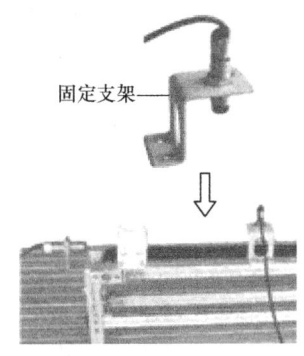

图 9-35 传送线上物料识别传感器的组装

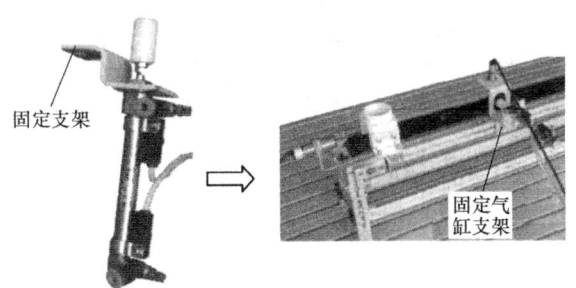

图 9-36 推料气缸的安装

5）固定料槽。根据装配图将料槽一、二、三分别固定在传送线上，调整位置使其与对应的推料气缸保持在同一中心线上，确保推料准确。图 9-37 所示为料槽一的安装图。

（6）安装过滤调压阀和接线端子等　按安装尺寸安装空气过滤调压阀和接线端子等。

（7）固定电磁阀阀组　如图 9-38 所示，按照安装尺寸固定电磁阀阀组。

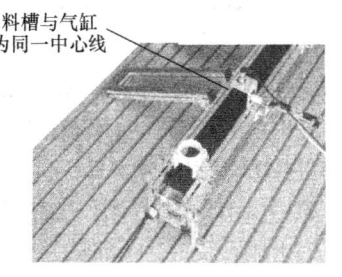

图 9-37 料槽一的安装图

（8）固定触摸屏　按照安装尺寸固定触摸屏。

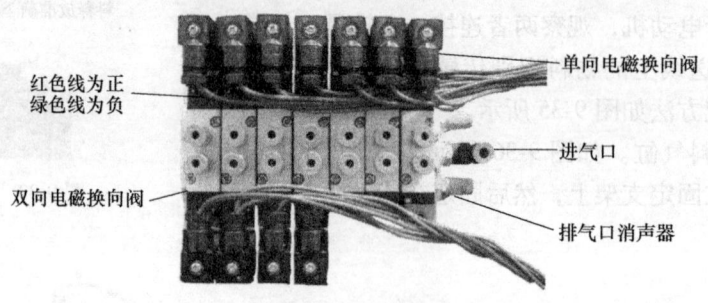

图9-38　电磁阀阀组

（9）清理设备台面，保持台面无杂物或多余部件　整体装配完成后的光机电设备如图9-39所示。

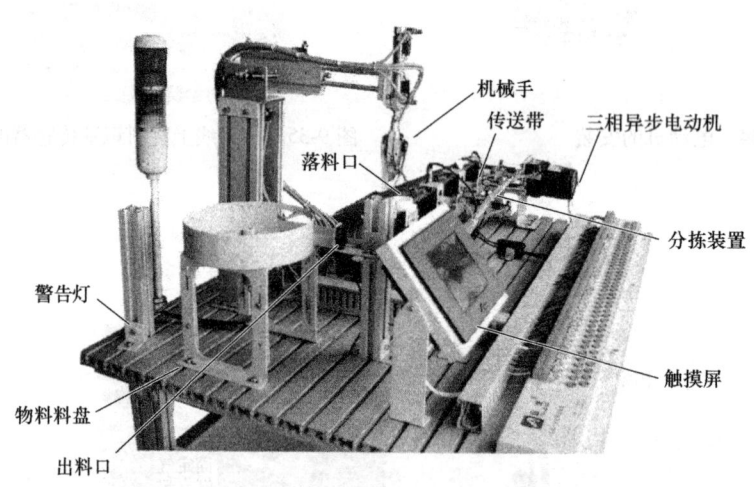

图9-39　YL-235A型光机电设备

### 3. 识读设备运行技术要求

（1）功能简介　YL-235A型光机电设备主要实现自动送料、搬运、输送、材料分拣及相应类型的存放功能，系统控制由PLC程序完成，设备配有电源模块、控制按钮模块、指示灯模块、PLC、变频器和触摸屏等。

（2）控制要求

1）起停控制。按下起动按钮，设备开始工作，机械手复位：手爪放松、手爪缩回（上升到上限位）、手臂缩回、手臂左旋至左侧限位处停止，传送带上无物料且推料气缸均缩回；按下停止按钮，系统完成当前工作循环后停止。YL-235A型光机电设备的工作流程如图9-40所示。

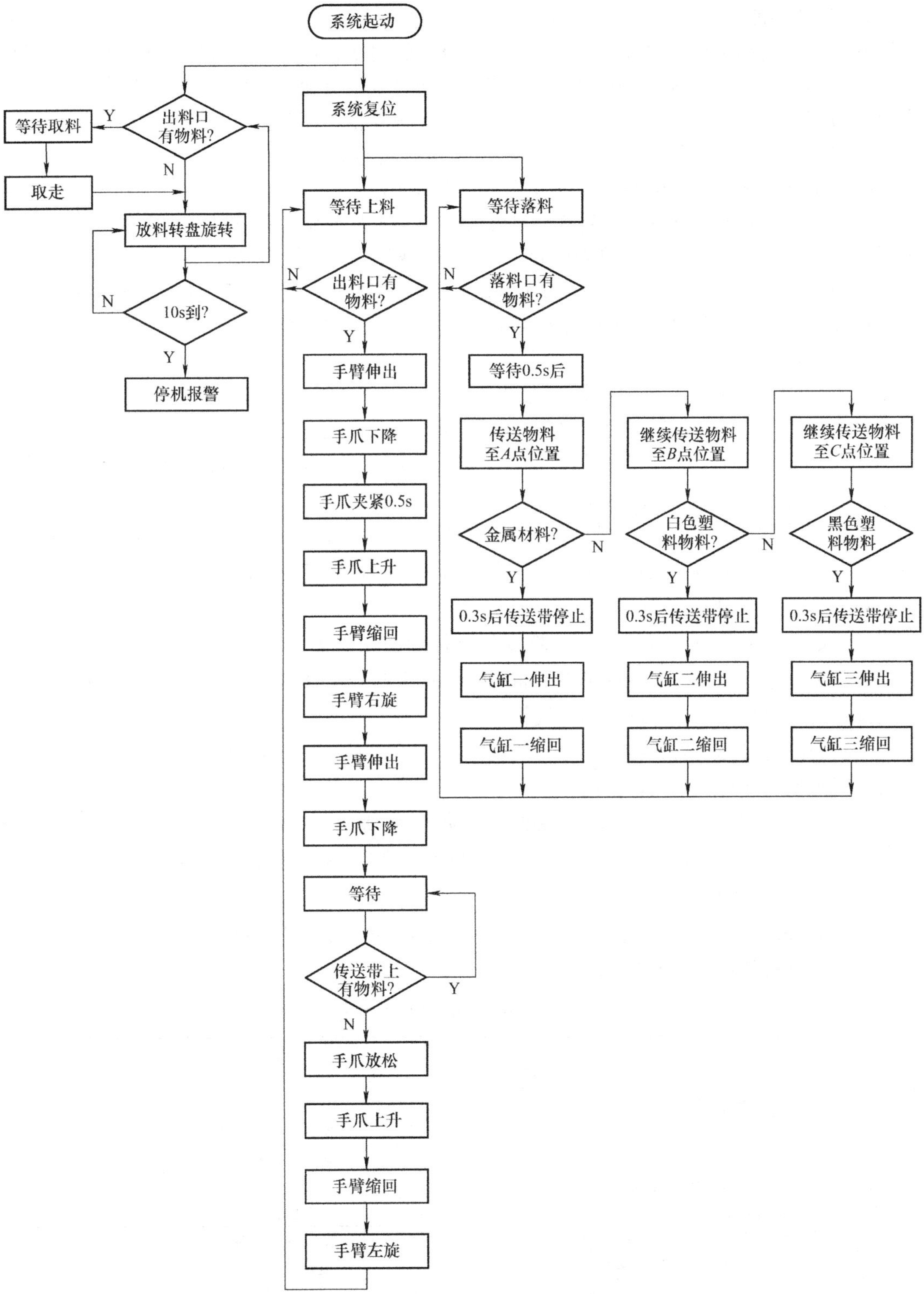

图 9-40 YL-235A 型光机电设备的工作流程

2）送料功能。设备起动后，送料机构开始检测物料支架上的物料，警告灯绿灯亮。如无物料，PLC 起动送料电动机工作，驱动页扇杆旋转将物料从料盘中推挤移至出料口；当物料检测传感器检测到物料时，电动机停止旋转。如果送料电动机运行 10s 后，物料检测传感器仍未检测到物料，则说明料盘内无物料，此时系统停止工作并报警，警告灯红灯亮。

3）搬运功能。物料检测传感器检测到送料机构出料口有物料时，机械手手臂伸出→手爪下降→手爪夹紧抓物→0.5s 后手爪上升→手臂缩回→手臂右旋（正转）→手臂伸出→手爪下降→落料口光电传感器检测到落料口处无物料→手爪放松、释放物料→手爪上升→手臂缩回→手臂左旋（反转）至左侧限位处停止（按下停止按钮后）或继续下一个循环。

4）传送功能。当传送带落料口的光电传感器检测到物料延时 0.5s 后，变频器起动，驱动三相异步电动机以 20Hz 的频率正转运行，传送带开始传送物料。

5）分拣功能。

① 分拣金属物料。当金属物料被传送至 A 点，电感式接近开关检测到后延时 0.3s，传送带停止运转，推料一气缸（简称气缸一，下同）伸出，将它推入料槽一内，气缸一缩回。

② 分拣白色塑料物料。当白色塑料物料被传送至 B 点，光纤传感器检测到后延时 0.3s，传送带停止运转，推料二气缸伸出，将它推入料槽二内，气缸二缩回。

③ 分拣黑色塑料物料。当黑色塑料物料被传送至 C 点，光纤传感器检测到后延时 0.3s，传送带停止运转，推料三气缸伸出，将它推入料槽三内，气缸三缩回。

**4. 气动回路的连接与调试**

识读如图 9-41 所示气路控制图，根据气路控制图先连接气源再连接各执行元件。连接时，应避免直角或锐角弯曲，尽量平行布置，力求走向合理且气管最短，连接顺序如下：连接气源→连接执行元件→整理、固定气管。

气动回路连接完成后，将气源压力调整到 0.4~0.5MPa，开启调压阀给机构供气，观察有无漏气现象，如有，关闭调压阀，立即解决。

在压力正常的情况下，用手按动电磁阀上手动试验按钮，调试机械动作与气动控制使其符合要求，并调试机械动作的准确度，然后调整节流阀至合适的开度，使各气缸的运动速度趋于合理。

**5. 控制电路的连接**

1）YL-235A 型光机电设备的工作流程由 PLC 控制。PLC 的 I/O 地址分配见表 9-2，其接线图（电气控制电路图）如图 9-42 所示。

表 9-2 PLC I/O 地址分配表

| 输入（I） | | 输出（O） | |
| --- | --- | --- | --- |
| 地址编号 | 名称与代号 | 地址编号 | 名称与代号 |
| X0 | 起动按钮 SB1 | Y0 | 旋转气缸正转 YV1 |
| X1 | 停止按钮 SB2 | Y2 | 旋转气缸反转 YV2 |
| X2 | 气动手爪传感器 SCK1 | Y3 | 转盘电动机 M |
| X3 | 旋转左限位传感器 SQP1 | Y4 | 手爪夹紧 YV3 |
| X4 | 旋转右限位传感器 SQP2 | Y5 | 手爪放松 YV4 |
| X5 | 气动手臂伸出限位传感器 SCK2 | Y6 | 提升气缸下降 YV5 |
| X6 | 气动手臂缩回限位传感器 SCK3 | Y7 | 提升气缸上升 YV6 |
| X7 | 手爪提升限位传感器 SCK4 | Y10 | 手臂气缸伸出 YV7 |
| X10 | 手爪下降限位传感器 SCK5 | Y11 | 手臂气缸缩回 YV8 |
| X11 | 物料检测光电传感器 SQP3 | Y12 | 驱动推料一气缸伸出 YV9 |

（续）

| 输入（I） | | 输出（O） | |
|---|---|---|---|
| 地址编号 | 名称与代号 | 地址编号 | 名称与代号 |
| X12 | 推料一气缸伸出限位传感器SCK6 | Y13 | 驱动推料二气缸伸出YV10 |
| X13 | 推料一气缸缩回限位传感器SCK7 | Y14 | 驱动推料三气缸伸出YV11 |
| X14 | 推料二气缸伸出限位传感器SCK8 | Y15 | 警告报警声HA |
| X15 | 推料二气缸缩回限位传感器SCK9 | Y20 | 变频器低速及正转STF（RL） |
| X16 | 推料三气缸伸出限位传感器SCK10 | Y21 | 警告灯绿灯IN1 |
| X17 | 推料三气缸缩回限位传感器SCK11 | Y22 | 警告灯红灯IN2 |
| X20 | 起动推料一气缸传感器（电感式）SQP4 | | |
| X21 | 起动推料二气缸传感器SQP5 | | |
| X22 | 起动推料三气缸传感器SQP6 | | |
| X23 | 落料口检测光电传感器SQP7 | | |

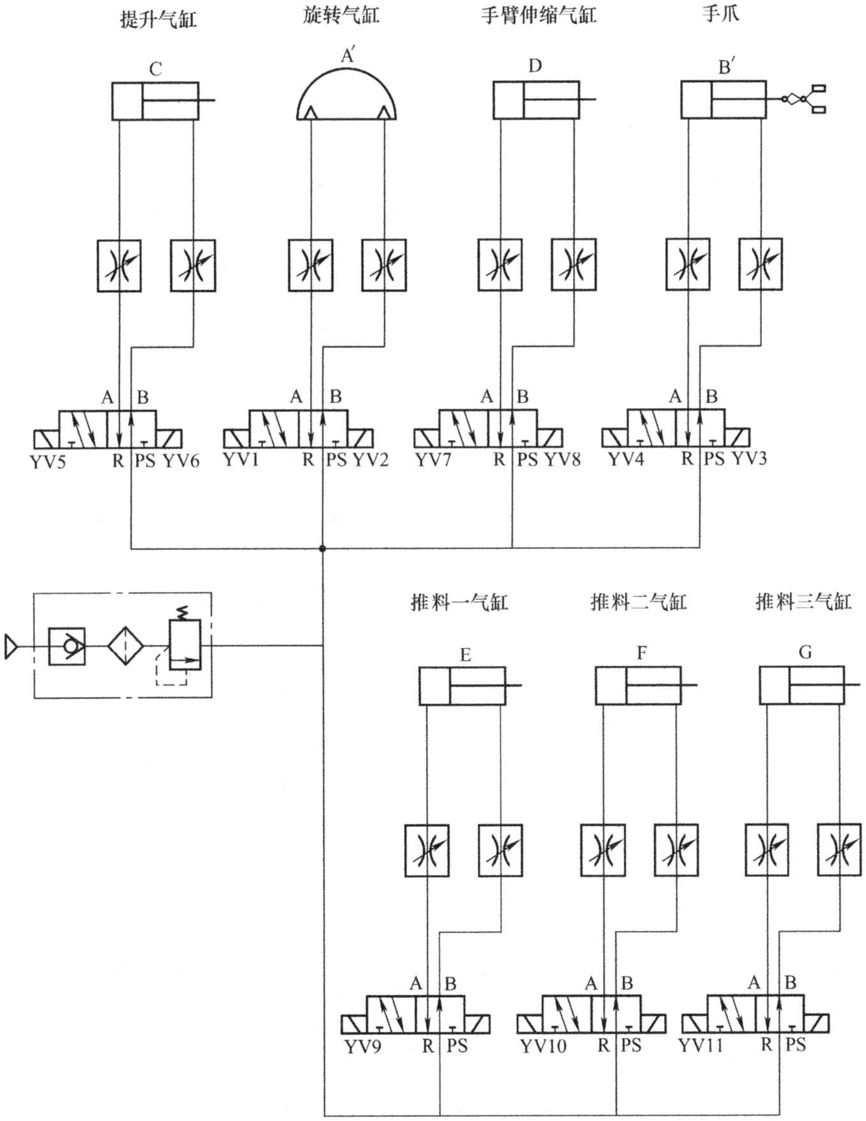

图9-41 YL-235A型光机电设备气路控制图

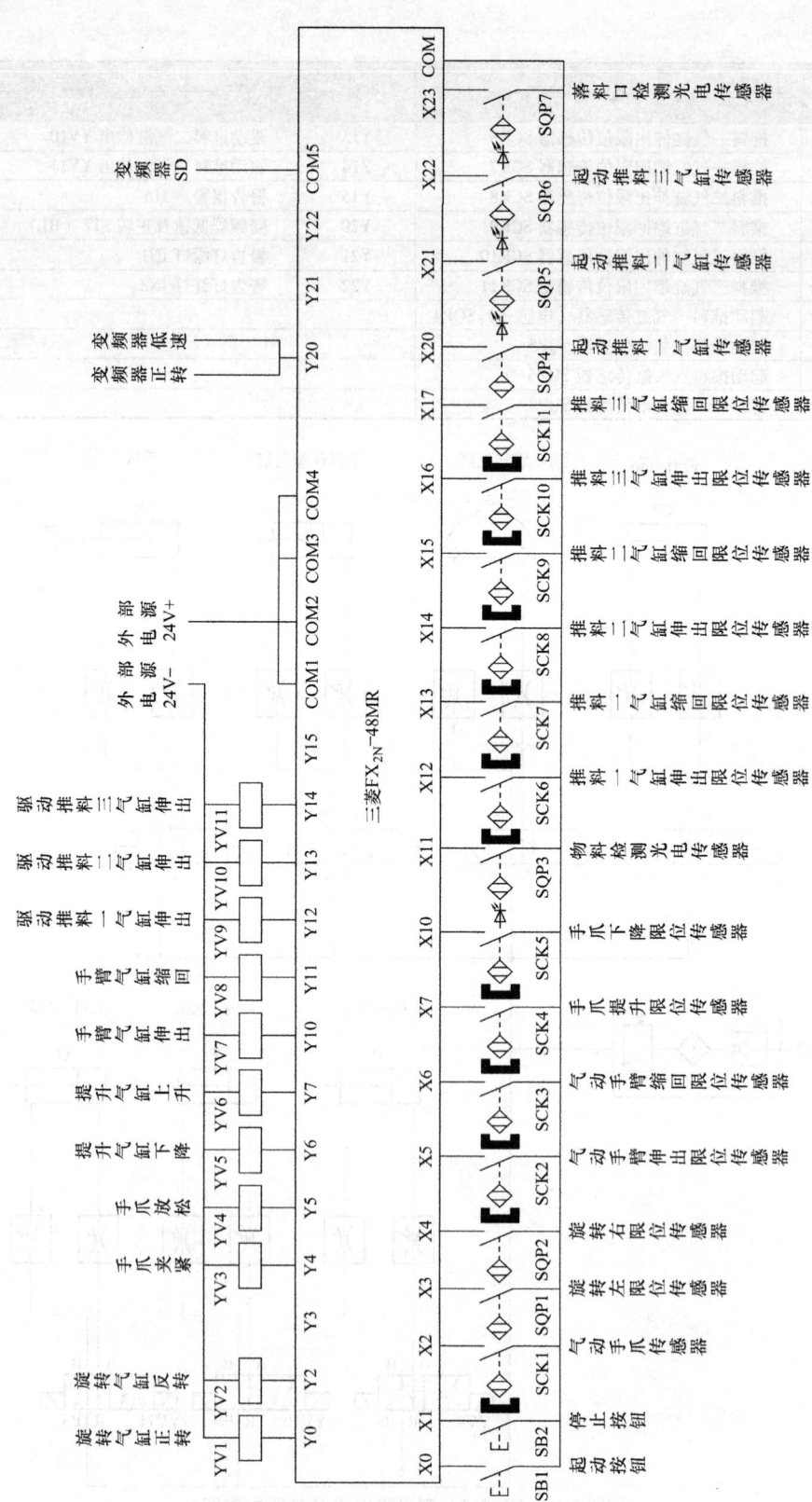

图 9-42 YL-235A 型光机电设备电气控制电路图

2) 电路连接的方法与步骤。电路连接应符合工艺、安全规范要求，所有导线应放入线槽内，通过接线端子排与电源模块、按钮模块、PLC 和变频器模块等相连接。接线前应熟悉端子排的特点，规定外接电源在端子排上的"+""-"极性，安排相应端子排的功能。导线与端子排连接时，应套编号线管，避免接线错误，方便查线。插入端子排的连接线必须接触良好且紧固。电路连接流程如图 9-43 所示。

在电路连接时应注意电磁阀的"+""-"极性、传感器的"+""-"极性与信号输出线的连接，不要接错接反。图 9-44 所示为电路组成模块，包括电源模块、变频器模块、按钮模块和 PLC 模块。图 9-45 所示为 PLC 输入端与接线端子的接线。

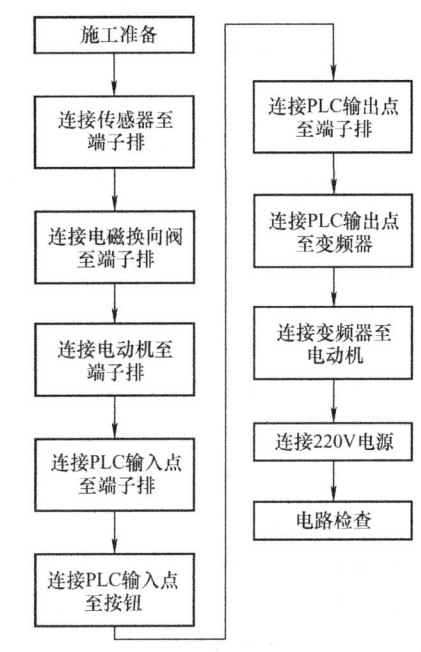

图 9-43 电路连接流程图

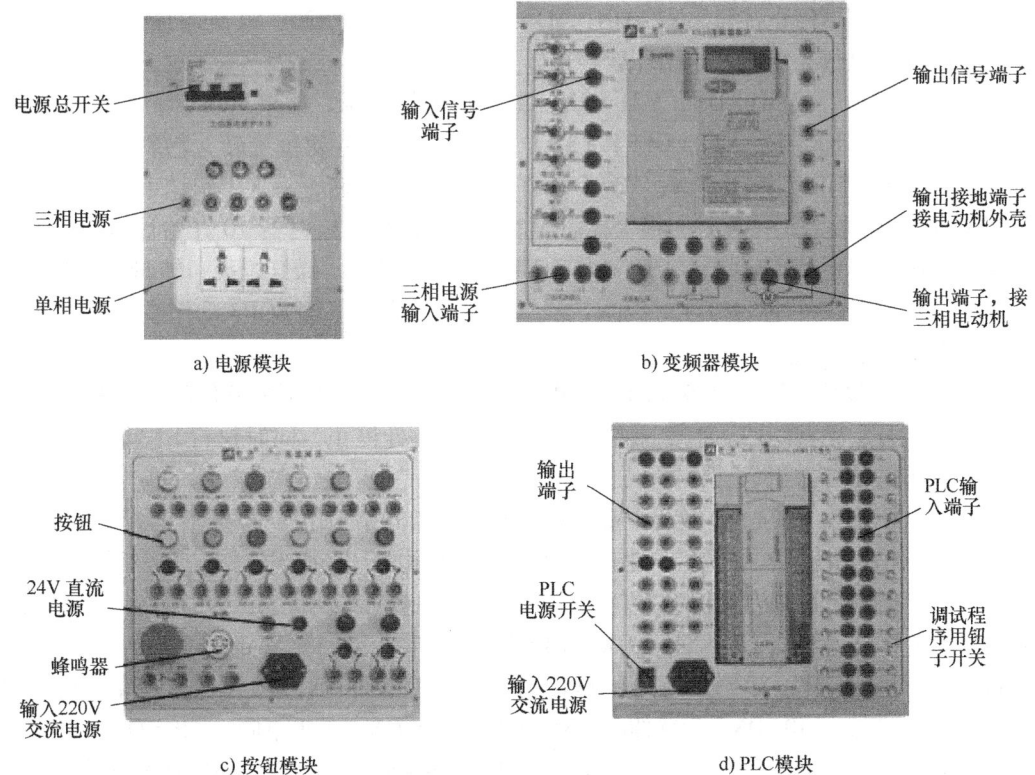

图 9-44 电路组成模块

3) 传感器的调试。电路连接完成后，按设备动作要求调试传感器的检测距离和光纤传感器的放大器对颜色的灵敏度，观察 PLC 的输入信号 LED 情况。

① 出料口放置物料，调整物料检测传感器。

② 手动控制机械手，调整各限位传感器。

③ 在落料口中先后放置三类物料，调整落料口物料检测传感器。

④ 在 A 点放置金属物料，调整金属传感器。

⑤ 分别在 B 和 C 点放置白色塑料物料、黑色塑料物料，调整光纤传感器。

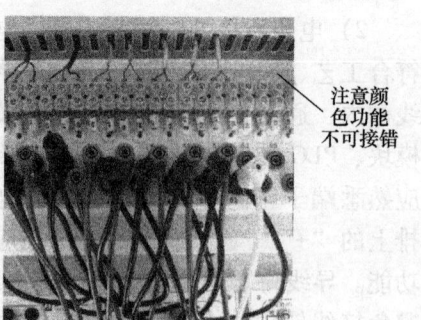

图 9-45 PLC 输入端与接线端子的接线

⑥ 手动推料气缸，调整磁性传感器。

4) 手动调试电磁阀控制电路。按设备动作要求手动接通、调试双向电磁阀，使之符合控制要求。

### 6. 程序编写、输入与调试

根据控制要求和 PLC 的 I/O 地址分配，编写 PLC 程序。图 9-46 所示为其工作状态转移图，图 9-47 所示为其梯形图。

PLC 程序原理分析如下：

（1）起停控制　按下起动按钮 SB1，X0=ON，M1=ON 且保持，为激活 S20、S30 状态提供必要条件；按下停止按钮，X1=ON，M1=OFF，使 S0 向 S20、S1 向 S31 状态转移的条件缺失，故程序执行完当前工作循环后停止。

（2）送料控制　当 M1=ON，Y21=ON，警告灯绿灯闪烁。如果出料口无物料，则物料检测传感器 SQP3 不动作，X11=OFF，Y3=ON，驱动转盘电动机旋转，物料挤压到料口。当 SQP3 检测到物料时，X11=ON，Y3=OFF，转盘电动机停转，一次上料结束。

（3）报警控制　Y3=ON 时，报警标志 M2=ON 且保持，定时器 T0 开始计时 10s。如果时间到了，传感器检测不到物料，T0 动作，Y21、Y3 为 OFF，绿灯熄灭，转盘电动机停转，同时 Y22、Y15 为 ON，警告灯红灯闪烁，蜂鸣器发出报警声。当 SQP3 动作或按下停止按钮时，M2 复位，报警停止。

（4）机械手复位控制　设备起动后，M1=ON，执行 S0 状态下的复位程序：机械手手爪放松、手抓上升、手臂缩回、手臂向左旋转至左侧限位处停止，同时执行 S1 状态下的气缸复位指令与传送带待命指令。

机械手开始搬运，即从 S20 激活，M3=ON，至传送带开始工作，S30 激活止，M3=OFF，以保证在机械手抓料情况下，按下停止按钮后，传送分拣机构继续完成当前分拣任务后停止。

（5）搬运物料　送料机构出料口有物料，X11=ON，激活 S20 状态，Y10=ON，手臂伸出→X5=ON，Y6=ON，手爪下降→X10=ON，Y4=ON，手爪夹紧→夹紧定时 0.5s→激活 S21 状态→Y7=ON，手爪上升→X7=ON，Y11=ON，手臂缩回→X6=ON，Y0=ON，手臂右旋→X4=ON，激活 S22 状态，Y10=ON，手臂伸出→X5=ON，Y6=ON，手爪下降→X10=ON，等待落料口光电开关 X23 无料检测及传送带停止，X23、Y20 常闭接通→Y5=ON，手爪放松→手爪放松到位，X2=OFF，激活 S23 状态→Y7=ON，手爪上升→X7=ON，Y11=ON，手臂缩回→X6=ON，Y2=ON，手臂左旋→手臂左旋到位，X3=ON，激活 S0 状态，开始新的循环。

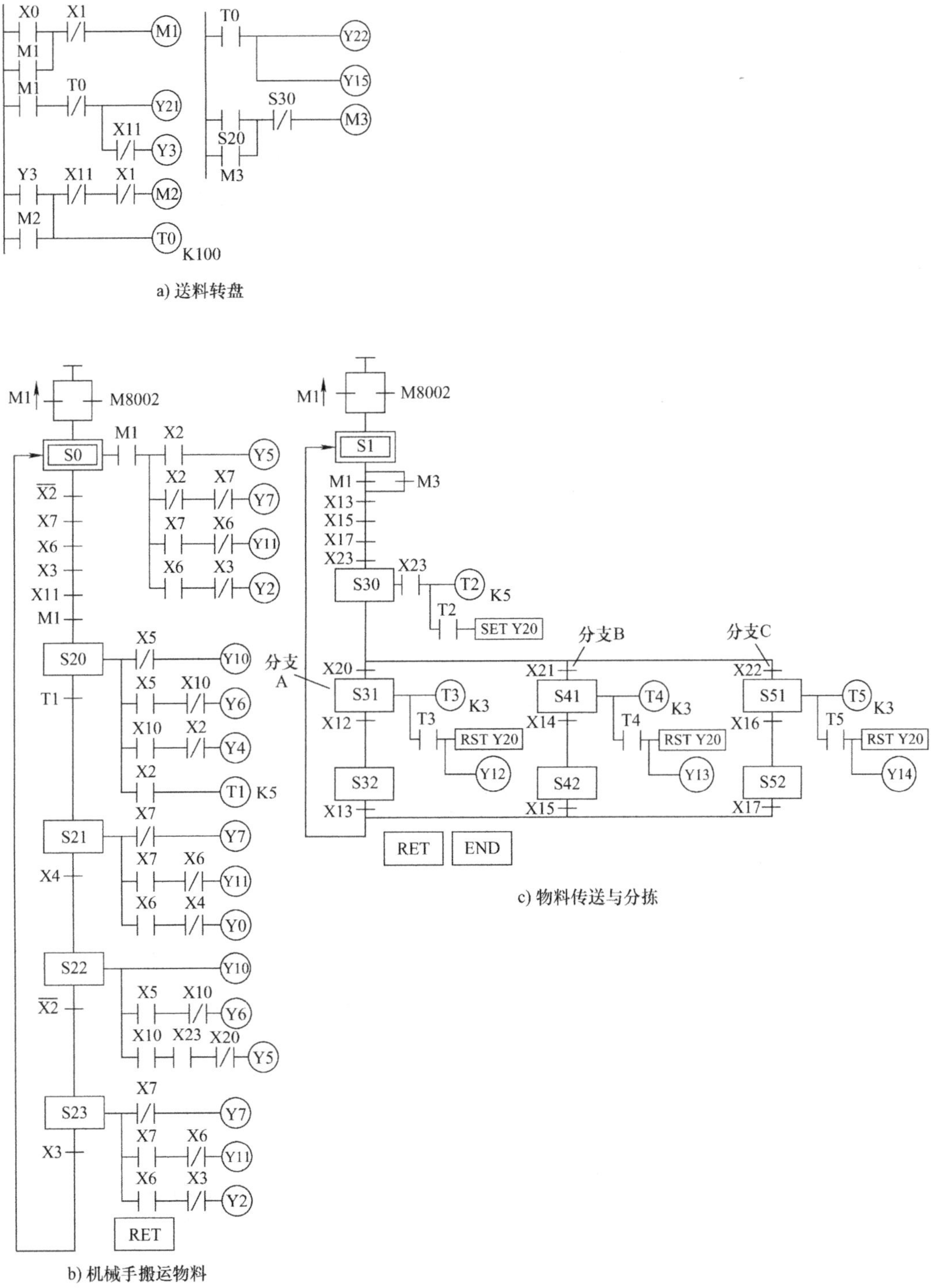

a) 送料转盘

b) 机械手搬运物料

c) 物料传送与分拣

图 9-46 YL-235A 型光机电设备的工作状态转移图

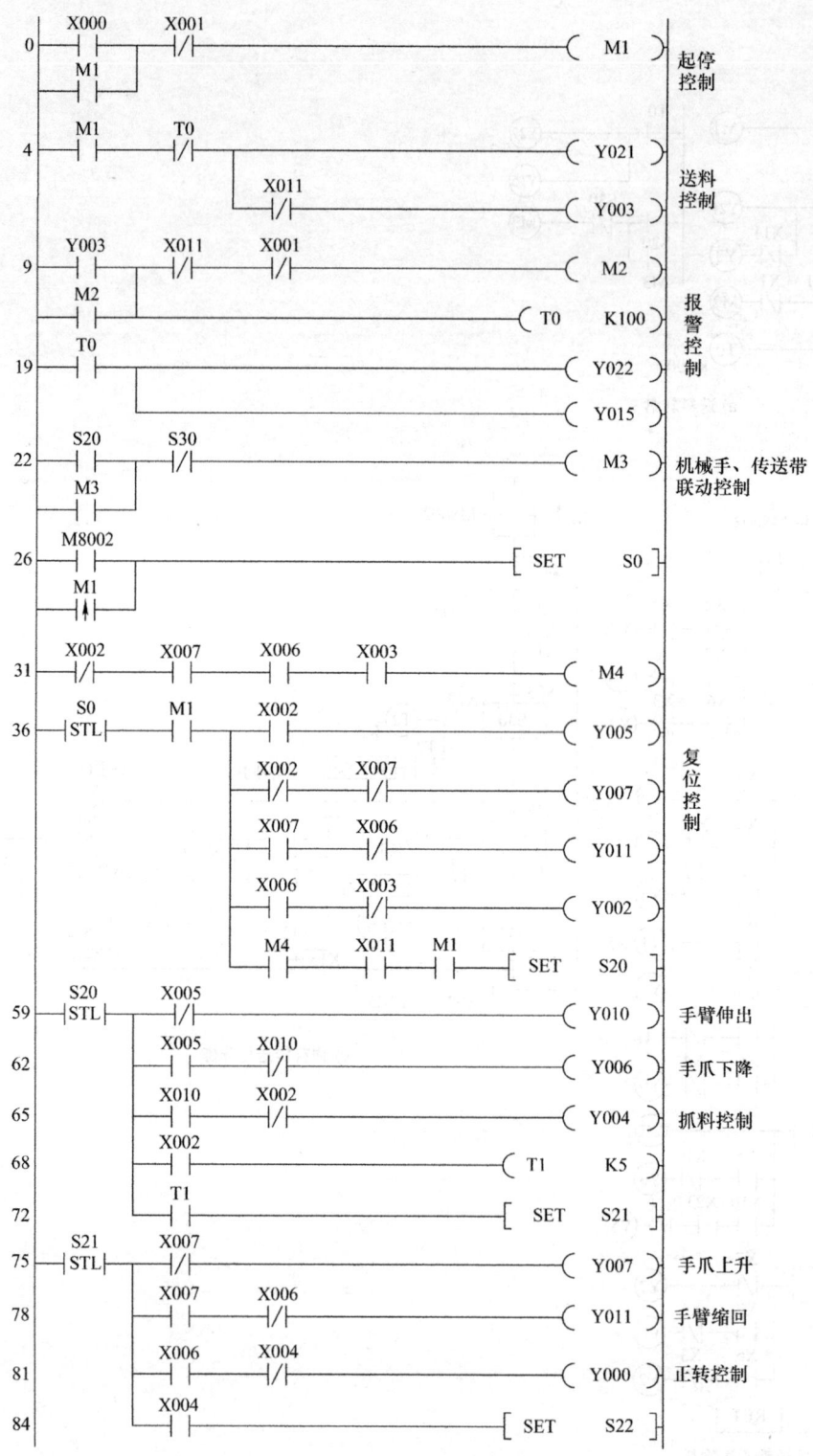

图 9-47 YL-235A 型光机电设备程序控制梯形图

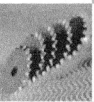

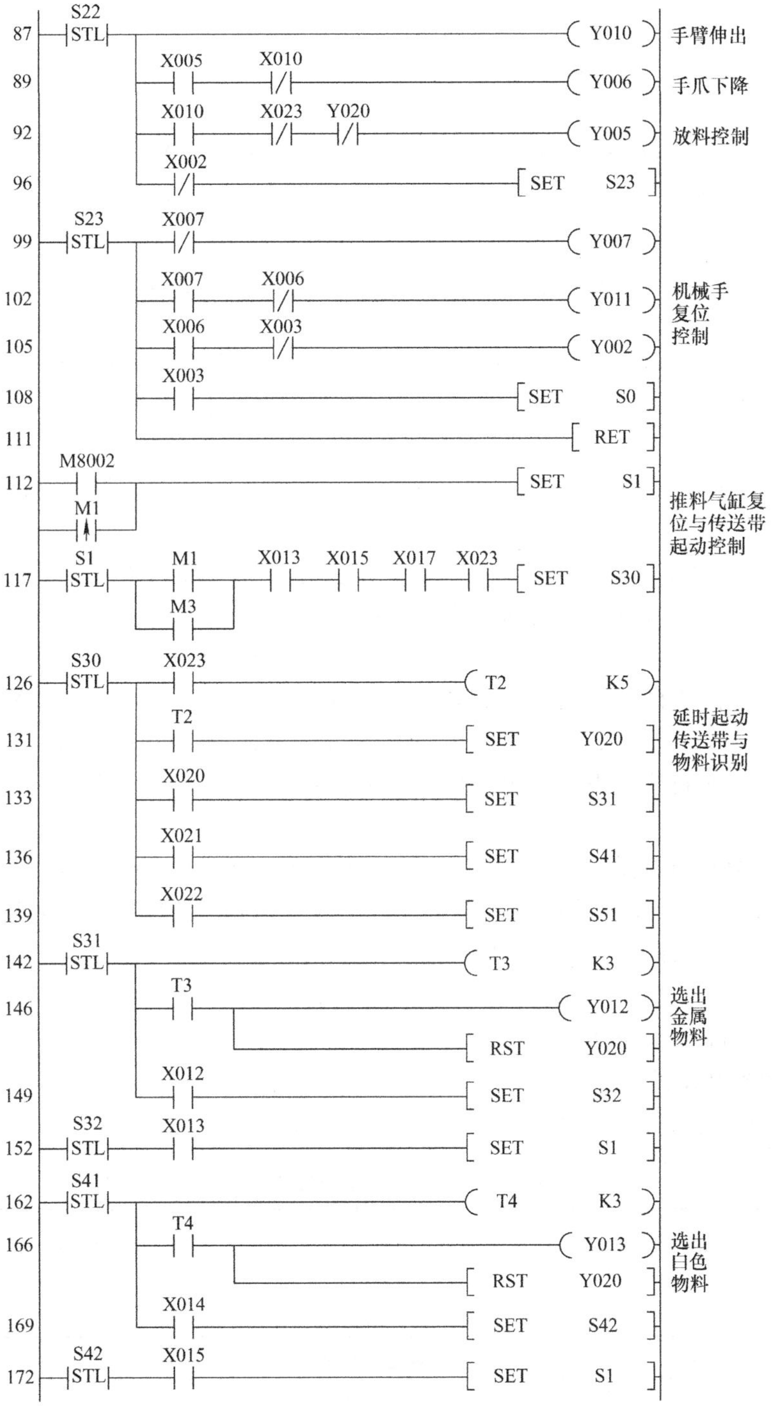

图 9-47 YL-235A 型光机电设备程序控制梯形图（续）

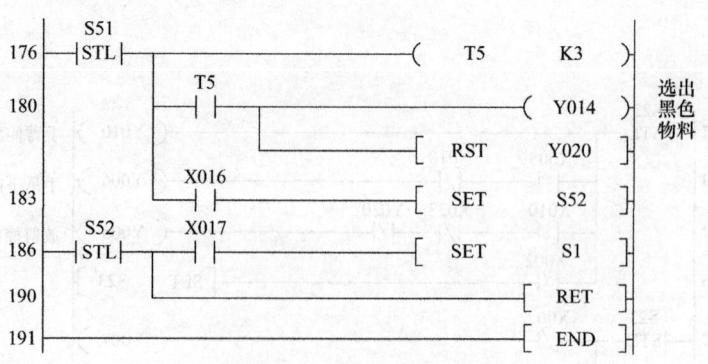

图 9-47　YL-235A 型光机电设备程序控制梯形图（续）

（6）传送物料　PLC 上电瞬间或设备起动时，S1 状态激活。当落料口检测到物料时，X23＝ON，S30 状态激活，延时 0.5s→Y20 置位，起动变频器，驱动传送带自左向右低速传送物料。

（7）分拣物料　分拣物料的程序有三个分支，如图 9-46 所示。根据物料的性质选择不同的分支执行。

若物料为金属物料，传送至 A 点位置时，执行分支 A，X20＝ON，S31 状态激活，延时 0.3s→Y20 复位，变频器失电，传送带停止，Y12＝ON，推料一气缸伸出，将金属物料推入料槽一内。伸出到位后，X12＝ON，S32 激活，Y12＝OFF，推料一气缸缩回。

若物料为白色塑料物料，传送至 B 点位置时，执行分支 B，X21＝ON，S41 状态激活，延时 0.3s→Y20 复位，变频器失电，传送带停止，Y13＝ON，推料二气缸伸出，将白色塑料物料推入料槽二内。伸出到位后，X14＝ON，S42 激活，Y13＝OFF，推料二气缸缩回。

若物料为黑色塑料物料，传送至 C 点位置时，执行分支 C，X22＝ON，S51 状态激活，延时 0.3s→Y20 复位，变频器失电，传送带停止，Y14＝ON，推料三气缸伸出，将黑色塑料物料推入料槽三内。伸出到位后，X16＝ON．S52 激活，Y14＝OFF，推料三气缸缩回。

当任一分支执行完毕时，即推料气缸活塞杆缩回到位，X13＝ON、X15＝ON 或 X17＝ON，S1 状态激活，等待下次工作。

**7. 变频器参数设置**

根据控制要求，设置变频器参数，见表 9-3。其操作方法参阅模块六。

表 9-3　变频器参数设置表

| 序　号 | 参数号 | 名　称 | 设定值 | 备　注 |
| --- | --- | --- | --- | --- |
| 1 | P1 | 上限频率 | 50Hz | |
| 2 | P2 | 下限频率 | 0Hz | |
| 3 | P6 | 3 速设定（低速） | 20Hz | 低速设定 |
| 4 | P7 | 加速时间 | 2s | |
| 5 | P8 | 减速时间 | 2s | |
| 6 | P79 | 操作模式 | 2 | 外部操作模式 |

#### 8. 设备联机调试

在前面各项调试成功的基础上，接通电源，观察设备运行情况，通过计算机监视 PLC 的运行情况是否与控制要求相符。若有问题，应立即切断控制电路的电源，进行检修或程序修改，之后再进行调试。调试成功后，进行设备的试运行，观察一段时间，运行稳定后，清理现场，可交付验收。

### 任务评价

此任务的评价标准见表 9-4。

表 9-4 评价标准

| 项 目 | | 配分 | 评 价 标 准 | 得分 |
|---|---|---|---|---|
| 机械装配 | 物料转盘的组装 | 5 | 组装正确，出料顺利、平稳 | |
| | 机械手的组装 | 15 | 装配、调试正确，支架平行度、垂直度符合要求 | |
| | 传送装置的组装 | 10 | 组装正确，与机械手放料配合好，电动机装配符合要求 | |
| | 机械结构的整体调试 | 5 | 机械整体调试到位，机械手抓料、放料顺利 | |
| 电路气路的连接 | 传感器的连接 | 7 | 传感器连接正确，无接错电源与信号的现象 | |
| | 电磁阀的连接 | 3 | 电磁连接无"+""-"接反现象 | |
| | 各模块间的连接 | 10 | 模块与端子排、模块之间连接正确 | |
| | 气路连接 | 5 | 气路连接与调整符合控制要求 | |
| PLC 程序 | 程序编写 | 25 | 程序编写符合控制要求 | |
| | 程序输入与调试 | 5 | 能根据计算机监视对程序做适当的修改 | |
| 变频器设置 | | 5 | 能按要求正确设置变频器的参数 | |
| 团队协作与纪律 | | 5 | 遵守纪律，团队协作好 | |

### 思考与提高

1）转盘出料口调整的要求是_____，调整方法是_____。

2）机械手主要调整其_____，使其在左限位处能_____，在右限位处能_____。

3）安装传送带的四只固定脚时，应_____；安装电动机时应_____。

4）调整光纤传感器的_____能通过 PLC 识别不同的颜色。

5）机械手运行前必须复位，复位主要包括哪些内容？请写出其 PLC 程序。

6）传感器检测到物料时，为什么要延时 0.5s 才让传送带停下来推出物料？

## 任务三　物料定量设定自动分拣系统控制

### 任务目标

1）会用"标签"元件创建数值设置与显示系统。
2）能实现"标签""标准按钮"等元件的显示与隐藏。

### 任务引入

在工业生产中生产的产品必须按一定的数量进行等量包装和数量设定。本任务将在上一个任务的基础上增加人机界面工程，方便操作和监视，在物料搬运与分拣控制中进行搬运量设定和分拣分类统计。图 9-48a 所示为人机界面的设置与启动页。如图 9-48b 所示，单击"搬运量设置"，显示数据设定软键盘。单击"显示分拣量"，显示出各类物料分拣出来的数量，如图 9-48c 所示；再单击"显示分拣量"，隐藏该显示。当每类分拣的物料达到 20 个时，蜂鸣器报警 3s 后，自动清零。单击分拣数量上方的"清零"，可将分拣显示量全部人工清零。起动设备时，分拣显示量自动清零。

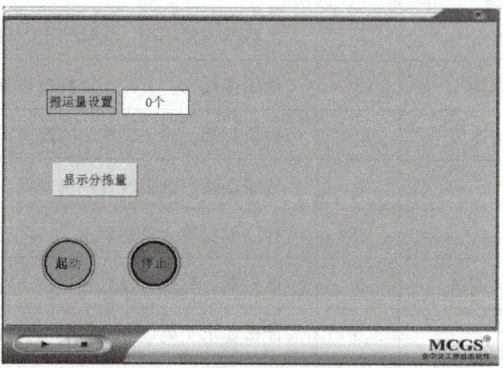

a) 设置与启动页

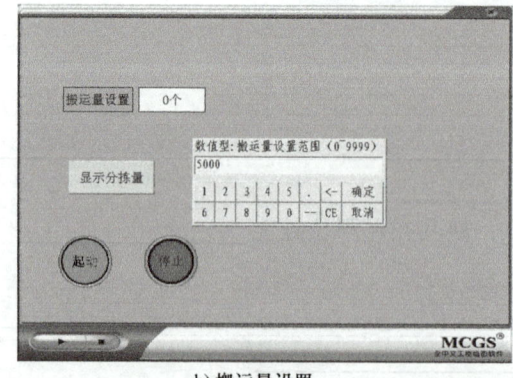

b) 搬运量设置

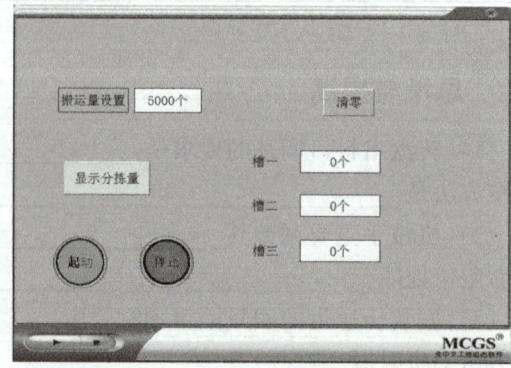

c) 显示每个槽分拣量

图 9-48　物料搬运分拣系统人机界面

**合作与探究**

根据上一任务和本任务的基本要求，需要进行 PLC 程序的编写与人机界面工程的创建。

**1. 编写/输入 PLC 程序**

1）设定 PLC 的输入/输出地址，画出 PLC 的外围接线图。PLC 的输入/输出地址与上一任务相同，见表 9-2。PLC 的外围接线图与图 9-42 相同。

2）根据控制要求，编写/输入 PLC 程序，梯形图如图 9-49 所示。

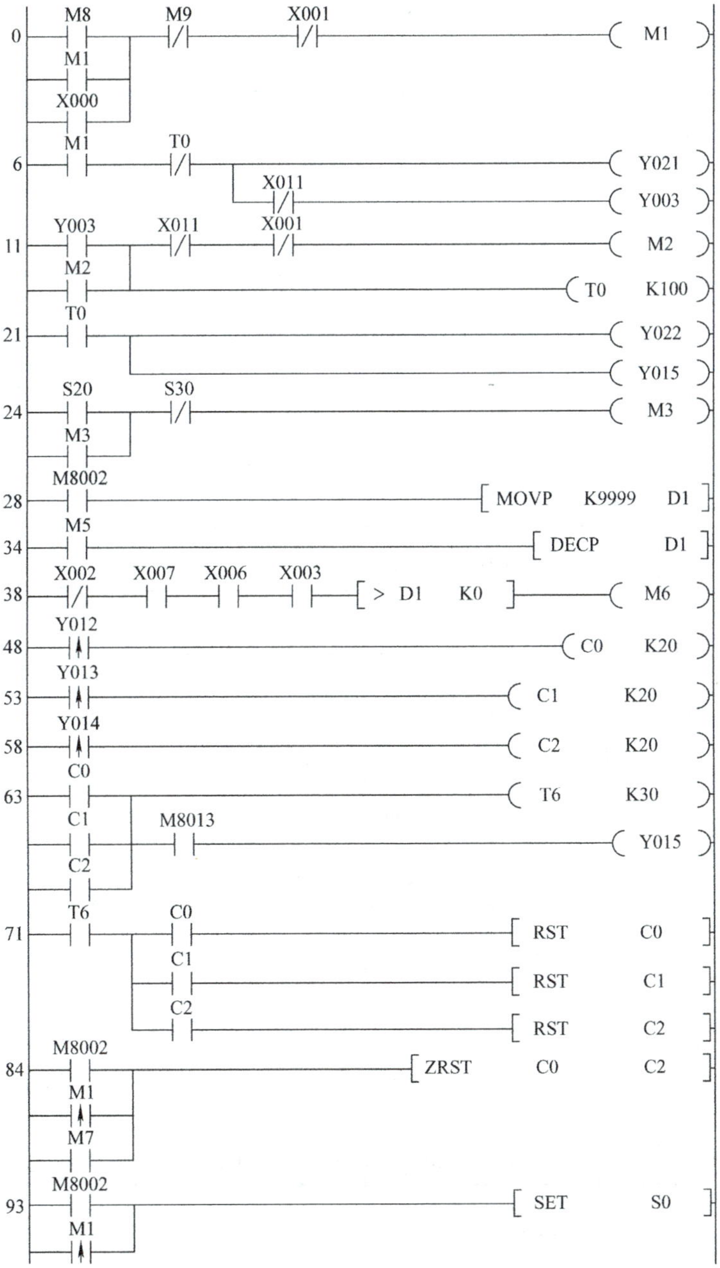

图 9-49　物料定量设定自动分拣系统控制梯形图

图 9-49　物料定量设定自动分拣系统控制梯形图（续）

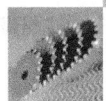

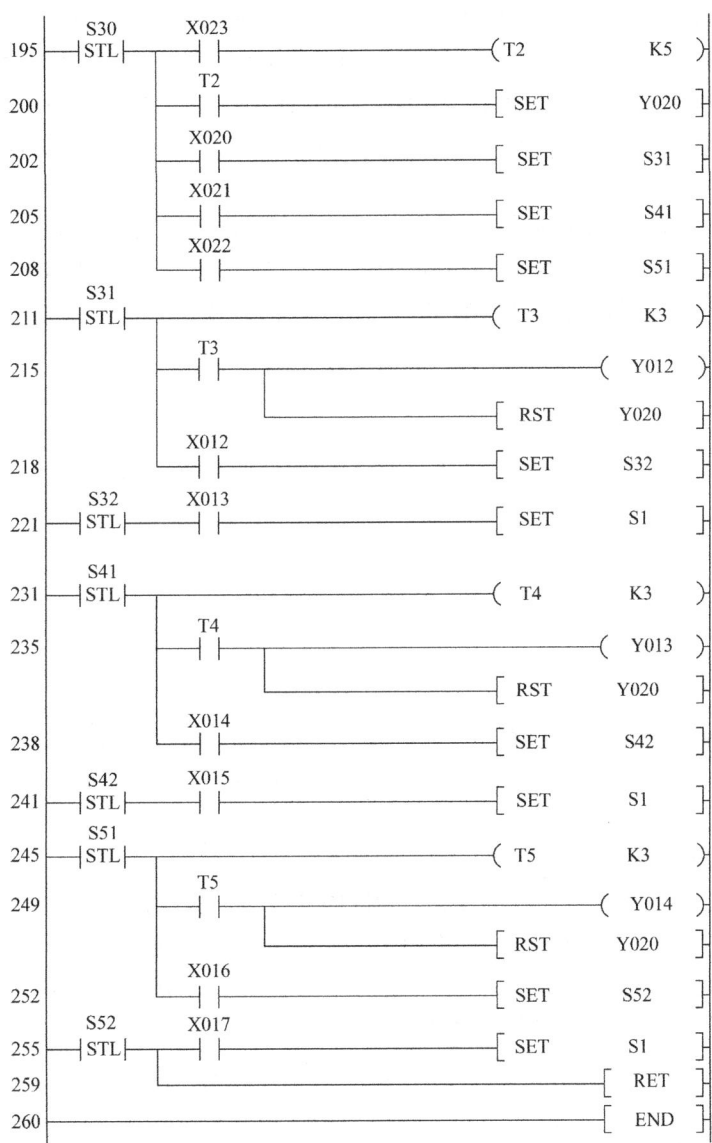

图 9-49 物料定量设定自动分拣系统控制梯形图（续）

程序解释：与上一任务相比，控制过程和程序基本相同。不同点如下：

1）物料搬运定量设置可单击触摸屏上对应的标签进行设置，也可以默认使用最大搬运量。每完成一个循环，则产生一个脉冲信号 M5，使搬运量 D1 减 1。

2）物料分拣计数控制，采用对推料气缸的动作次数计数。

3）清零处理采用批处理指令 ZRST 和复位指令 RST。

4）起停控制可通过按钮实现，也可通过触摸屏实现。触摸屏起动通过 M8 输出控制，停止通过 M9 输出控制。

**2. 创建人机界面（触摸屏）工程**

（1）创建新工程及通信组态　创建新工程及通信组态的方法和步骤参见模块八任务一

中对应部分。通信组态到弹出"设备编辑窗口"这一步时，先将右侧默认通道全部删除，再添加辅助寄存器 M7、M8、M9 这三个通道。通道添加方法参见模块七任务二中相应部分。

如图 9-50a 所示，添加数据通道 D1 时，在"通道类型"下拉列表中选"D 数据寄存器"，在"数据类型"下拉列表框中选"16 位无符号二进制"，在"通道地址"中填"1"，通道个数填"1"，在"读写方式"中选"读写"。

如图 9-50b 所示，添加计数器通道 C0、C1、C2 时，在"通道类型"下拉列表框中选"CN 计数器值"，在"数据类型"下拉列表框中选"16 位无符号二进制"，在"通道地址"中分别填"0""1""2"，通道个数填"1"，在"读写方式"中选"读写"。

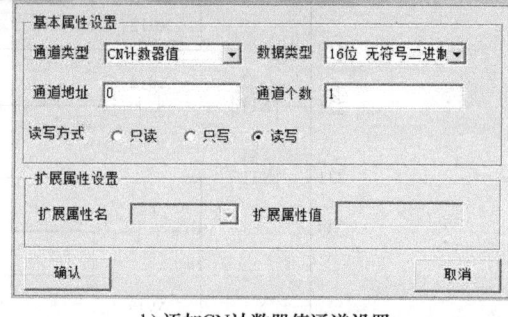

a) 添加 D 数据寄存器通道设置　　　b) 添加 CN 计数器值通道设置

图 9-50　添加设备通道设置

（2）创建人机界面工程

1）创建窗口。在工作台窗口中单击"用户窗口"，切换至用户窗口工作台界面，再单击工作台窗口右边的"新建窗口"按钮，即可新建"窗口 0"窗口。

2）创建"起动"和"停止"按钮。"起动"和"停止"按钮的创建方法及步骤与模块八任务二中相同，"起动"按钮对应地址是 M8，"停止"按钮对应地址是 M9，不同之处是这里"起动"和"停止"按钮的文本里分别要填写"起动"和"停止"，使按钮上显示相应的文本。

3）创建"搬运量设置"系统。

①创建"搬运量设置"标签。该标签用于标注旁边的搬运量显示，并用于搬运量的设置。在画好的标签上双击左键，弹出"标签动画组态属性设置"对话框，再单击"扩展属性"标签，切换至"扩展属性"选项卡，如图 9-51a 所示，在"文本内容输入"下面的文本框中输入"搬运量设置"。单击"属性设置"标签，切换到"属性设置"选项卡。如图 9-51b 所示，将标签文本字号设置为"三号"，再勾选"输入输出连接"中的"按钮输入"旁边的复选框，对话框上会多出"按钮输入"标签。

单击对话框上的"按钮输入"标签，切换至"按钮输入"选项卡。如图 9-51c 所示，在"输入值类型"选项组中选"数值量输入"，在"输入格式"选项组的"提示信息"文本框中输入"搬运量设置范围（0~9999）"。

单击图 9-51c 所示对话框中的 ? 图标，弹出图 9-51d 所示"变量选择"对话框。在"变量选择"对话框中，"变量选择方式"选"根据采集信息生成"，"通道类型"选"D 数据寄存器","通道地址"填"1",其他选项保持默认值,再单击"确认"按钮关闭窗口。

关闭"变量选择"对话框后,回到"标签动画组态属性设置"对话框,再单击"确认"按钮保存标签设置并关闭窗口。

a) 输入"搬运量设置"文本

b) 设置字体并勾选"按钮输入"

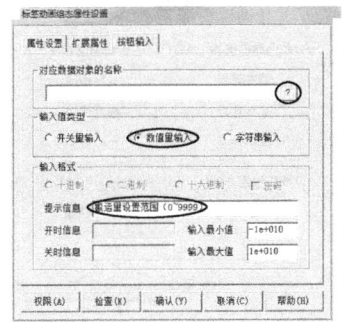
c) 选择"数值量输入"并输入提示信息

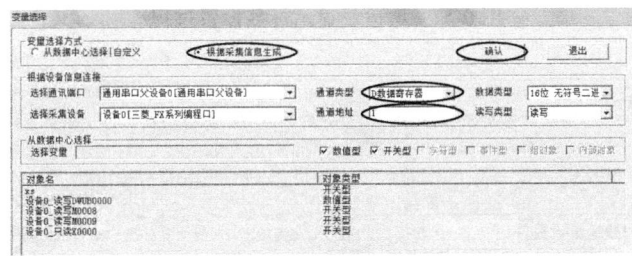
d) "变量选择"对话框

图 9-51 "搬运量设置"标签设置过程

②创建搬运量显示标签。该标签用于显示设置的搬运量。在画好的标签上双击左键,弹出"标签动画组态属性设置"对话框。如图 9-52a 所示,在对话框中,将"静态属性"中的"填充颜色"设置为"白色 FFFFFF",将字号设置为"三号",再勾选"输入输出连接"中的"显示输出"旁边的复选框,对话框上会多出"显示输出"标签。

单击"显示输出"标签,切换到"显示输出"选项卡。如图 9-52b 所示,勾选"单位"复选框,在旁边激活的文本框内填入"个",则搬运量单位会显示"个"。在"输出值类型"选项组里选择"数值量输出"。在"输出格式"选项组里,选择"十进制",将"浮点输出"和"自然小数位"两项的复选框取消勾选,再将"小数位数"设为"0",即不显示小数。

单击图 9-52b 所示对话框中的 ? 图标,按照图 9-51d 所示进行变量选择设置。设置结束后,再回到"标签动画组态属性设置"对话框,单击"确认"按钮关闭窗口。

"搬运量设置"系统的创建到此完成,创建完后的效果如图 9-53 所示。

4)创建"显示分拣量"系统。

①创建"显示分拣量"按钮。创建"显示分拣量"按钮前需要先创建一个数据变量,这个数据变量属于触摸屏的内部变量,可用于控制分拣量是否显示。单击工作台窗口中的"实时数据库",切换到实时数据库工作台,如图 9-54a 所示。单击下面注释为"系统内建…"

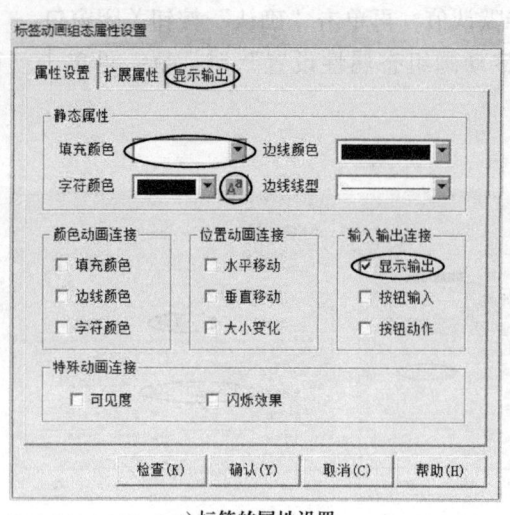
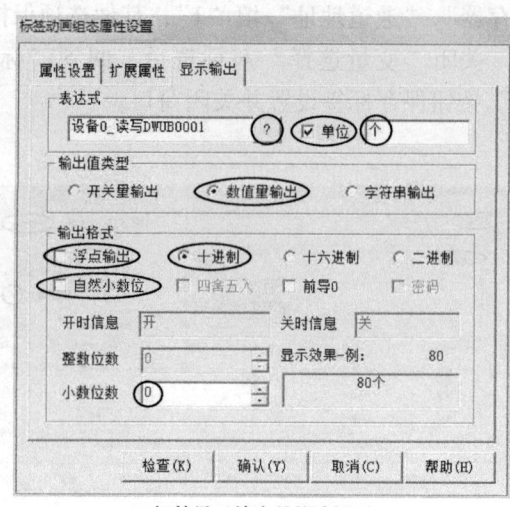

a) 标签的属性设置　　　　　　　　　　　b) 标签显示输出的格式设置

图 9-52　搬运量显示标签设置过程

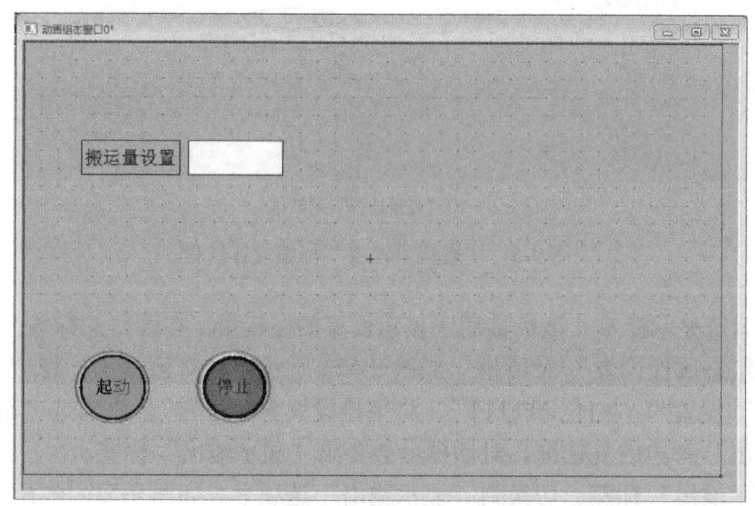

图 9-53　"搬运量设置"系统创建完后的效果

的数据对象,再单击右边的"新增对象"按钮,会出现新增数据对象"InputUser3",如图 9-54b 所示。双击数据对象"InputUser3",弹出"数据对象属性设置"对话框。如图 9-54c 所示,在对话框中,将对象名称修改为"xs",将对象类型选为"开关"。

接下来新建"显示分拣量"按钮。按钮仍然使用工具箱中的"标准按钮"控件。在按钮基本属性中,文本设置为"显示分拣量",字号选择"三号",背景色选择"黄色 FFFF00"。如图 9-54d 所示,在按钮操作属性中,在"数据对象值操作"下列表框中选择"取反",按钮设置为切换式按钮。在按钮通道选择中,如图 9-54e 所示的"变量选择"对话框中,在"变量选择方式"中选择"从数据中心选择 | 自定义",再单击下面出现的"xs"变量,单击"确认"按钮关闭对话框并回到按钮"操作属性"选项卡,可以看到"xs"变量已被添加进来,单击"确定"按钮结束设置。

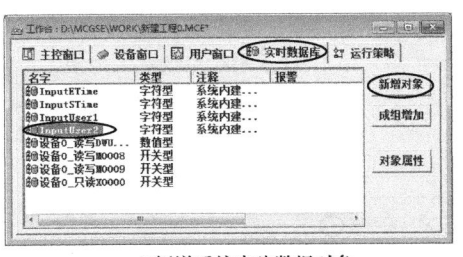

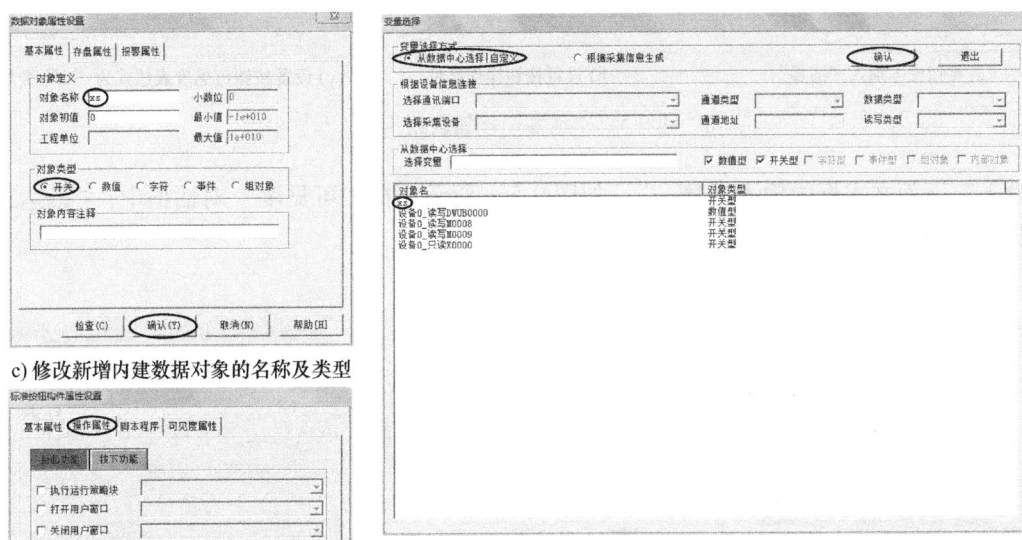

图 9-54 "显示分拣量"按钮设置过程

②创建"清零"按钮。"清零"按钮的作用是将显示三个槽的分拣量数值清零。用标准按钮创建"清零"按钮。如图 9-55a 所示,在"基本属性"选项卡中,按钮文本填"清零",字号选"三号"。如图 9-55b 所示,在"操作属性"选项卡中,在"数据对象值操作"下列表框中选"按1松0",通道选 M0007。由于"清零"按钮要具备隐藏功能,如图 9-55c 所示,在"可见度属性"选项卡中,需要选择"表达式"。单击"表达式"下面文本框旁边的 ? 图标,按照如图 9-54e 所示选择"xs"变量。

③创建"槽一"标签。"槽一"有指示标签和显示标签。指示标签用于区分槽位号,显示标签用于显示分拣数。

在"槽一"指示标签的创建中,如图 9-56a 所示,"属性设置"对话框中"边线颜色"选"没有边线",字号选"三号",在"特殊动画连接"选项组里勾选"可见度"复选框,会在对话框中增加"可见度"标签。如图 9-56b 所示,在"扩展属性"对话框中,"文本内

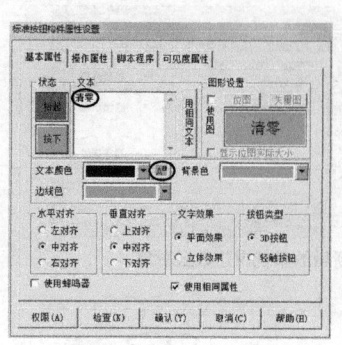 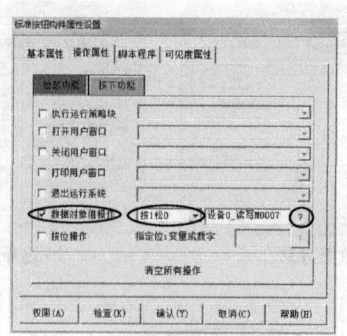 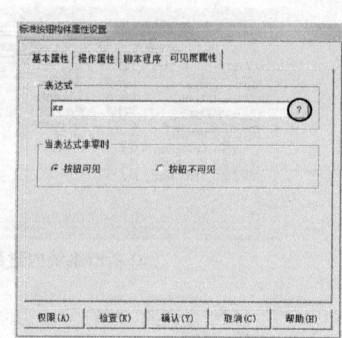

a) 按钮文本填入"清零"　　　　b) 设置按钮操作属性　　　　c) 设置按钮可见度表达式为"xs"变量

图 9-55　"清零"按钮创建步骤

容输入"下面文本框中输入"槽一"。如图 9-56c 所示，在"可见度"对话框中，"表达式"按照图 9-54e 所示选择变量"xs"。

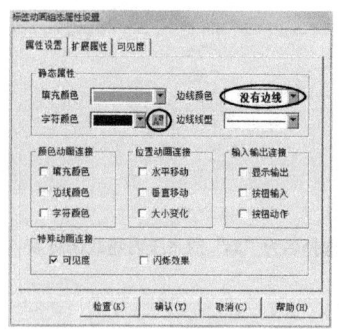 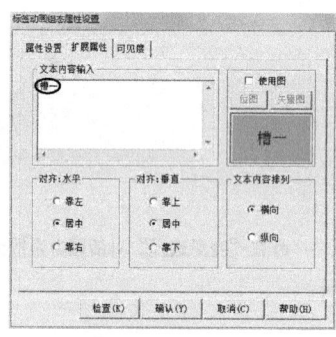 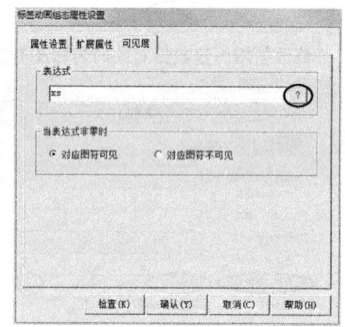

a) 设置标签字体和边线颜色　　　b) 标签文本内容输入"槽一"　　　c) 设置标签可见度表达式为"xs"变量

图 9-56　"槽一"指示标签创建过程

进行"槽一"显示标签的创建，如图 9-57a 所示，在"属性设置"对话框中，在"填充颜色"下列表框中选"白色 FFFFFF"，字号选"三号"，在"输入输出连接"选项组中勾选"显示输出"复选框，在"特殊动画连接"选项组中勾选"可见度"复选框。在"显示输出"选项卡中，表达式变量选择如图 9-57d 所示，在"变量选择方式"下列表框中选"根据采集信息生成"，在"通道类型"下列表框中选"CN 计数器值"，在"通道地址"中填"0"，其他保持默认值。如图 9-57b 所示，在"显示输出"选项卡中，勾选"单位"复选框，旁边文本框里填"个"，在"输出值类型"下列表框中选"数值量输出"，将"浮点输出"和"自然小数位"的复选框取消勾选，选择"十进制"，"小数位数"填"0"。如图 9-57c 所示，在"可见度"选项卡中，"表达式"按照图 9-54e 所示选择变量"xs"。

④创建"槽二""槽三"标签。"槽二""槽三"的指示标签可复制"槽一"的指示标签，再将"扩展属性"选项卡中的"文本内容输入"分别改为"槽二""槽三"即可。"槽二""槽三"的显示标签也可复制"槽一"的显示标签，再将"显示输出"选项卡中的"表达式"分别改为通道 C1、C2 即可。

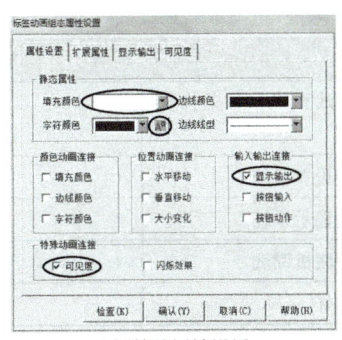
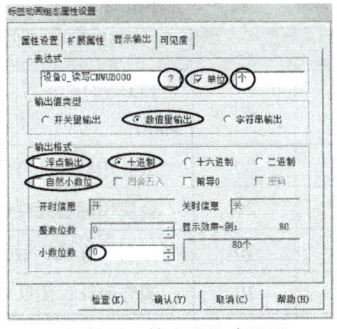
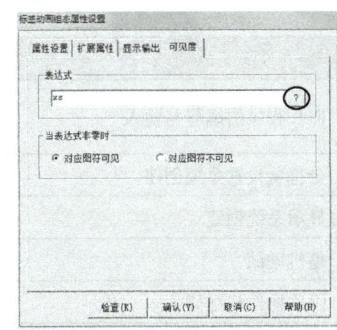

a) 标签的属性设置　　　　b) 标签显示输出的格式设置　　　　c) 设置标签可见度表达式

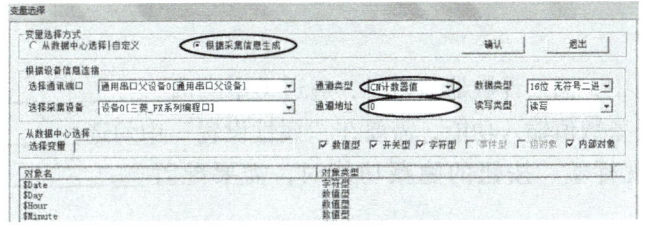

d) 标签显示输出表达式的变量选择

图 9-57　"槽一"显示标签创建过程

创建"显示分拣量"系统完成后的效果如图 9-58 所示。

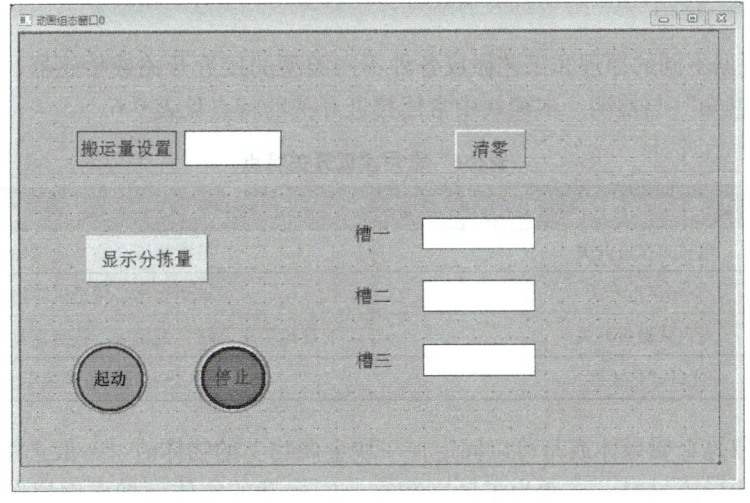

图 9-58　创建"显示分拣量"系统完成效果图

（3）离线模拟　执行离线模拟命令，即可实现图 9-49 所示的触摸控制功能。
（4）下载调试　将工程下载至触摸屏，并将触摸屏与 PLC 系统连接起来进行联机调试。

  **任务评价**

此任务评价标准见表 9-5。

表 9-5 评价标准

| 项目 | 配分 | 评价标准 | 得分 |
|---|---|---|---|
| PLC 程序的编写与输入 | 30 | PLC 程序编写、调试正确，相关操作熟练 | |
| 分拣量设置系统创建 | 30 | 会应用标签元件创建设置系统 | |
| 显示系统创建 | 20 | 会应用标签元件创建显示系统 | |
| 整机调试 | 10 | 能用计算机、触摸屏联机调试 | |
| 团队协作与纪律 | 10 | 遵守纪律，团队协作好 | |

### 思考与提高

1）在设备组态中，添加计数器通道时，通道类型应选_____。

2）要使标签具备数值输入功能，需要在"属性设置"中勾选_____。

3）当需要实现标签、按钮的隐藏功能时，需要配置_____并添加相应通道。

4）本任务中"搬运量设置"元件的输入地址是_____，依据 PLC 步序号为_____。

5）标签实现数值显示功能时需要设置哪些参数？

## 小　　结

1）人们根据不同的原理和工艺做成各种不同类型的接近开关或传感器，以适应对不同特性物体的"感知"与检测。本模块中常用接近开关的特点见表 9-6。

表 9-6 常用接近开关特点

| 接近开关类型 | 特　　点 |
|---|---|
| 电感式接近开关 | 被测物体必须是金属导体 |
| 霍尔接近开关 | 被测物体必须是磁性物体 |
| 光电式接近开关 | 对环境要求严格，无粉尘，被测物对光的反射能力好 |
| 光纤式传感器 | 能区分不同颜色和微小变化 |

当被测对象是金属导体或是可以固定在一块金属物上的物体时，一般选用电感式接近开关。若被测物为导磁材料，或者为了区别和它一同运动的物体而把磁钢埋在该被测物体内时，应选用霍尔接近开关。在环境条件比较好、无粉尘污染的场合，可采用光电接近开关或光纤式传感器。光电接近开关工作时对被测对象几乎无任何影响，因此，在要求较高的传真机和烟草机械上被广泛使用。

注意各种接近开关的接线方式。

2）电磁阀线圈通电时，铁心在电磁力的作用下改变阀门的开闭状态，实现液压或气压自动控制。电磁阀分为直流和交流两种，也可分为单向（控）和双向（控）电磁阀。单、双向（控）电磁阀的区别：单向（控）电磁阀失电后，在弹簧的作用下复位，改变阀门的

状态，它的失电状态是唯一的；双向（控）电磁阀失电后仍保持原状态，只有另一侧的线圈获电，才能改变阀门的状态，其失电状态是随意的。

3）YL-235A 型光机电设备融合了机械装配、PLC 控制、变频调速、电路与气路控制、人机界面工程和机电设备整机调试等技术，能完成自动送料、搬运与输送、材料分拣、加工、统计等任务。

4）在标签动画组态属性设置中，复选"按钮输入"，再设置输入值类型，并将对应数据对象的名称设置为相应的 PLC 软元件通道。这样就能实现标签的数值输入功能，将输入的数值送入 PLC 对应的数据寄存器中。

5）在标签动画组态属性设置中，复选"显示输出"，再设置输出值类型及输出格式，并将表达式设置为相应的 PLC 软元件通道，能够实现将 PLC 对应的数据寄存器中的数值通过标签显示出来。

6）在工作台的实时数据库中创建内部变量，将创建的内部变量设置到标签和按钮的可见度表达式中，再通过其他按钮来改变内部变量的值，能实现标签和按钮的显示与隐藏。

# 附　录

## 附录A　FX系列PLC的指令表

**表 A-1　基本指令表**

| 助记符与名称 | 功　能 | 梯形图和对象软元件 | 助记符与名称 | 功　能 | 梯形图和对象软元件 |
|---|---|---|---|---|---|
| LD 取 | 运算开始常开触点 | ⊣├─○ XYMSTC | OUT 输出 | 线圈驱动指令 | ⊣├─○ XYMSTC |
| LDI 取反 | 运算开始常闭触点 | ⊣/├─○ XYMSTC | SET 置位 | 线圈动作保持指令 | ⊣├─[SET　Y,M,S] |
| LDP 取脉冲 | 上升沿检出运算开始 | ⊣↑├─○ XYMSTC | RST 复位 | 解除线圈动作保持指令 | ⊣├─[RST Y,M,S,T,C,D,V,Z] |
| LDF 取脉冲 | 下降沿检出运算开始 | ⊣↓├─○ XYMSTC | PLS 上升沿脉冲 | 线圈上升沿输出指令 | ⊣├─[PLS　Y,M] |
| OR 或 | 并联常开触点 | ○/⊣├ XYMSTC | PLF 下降沿脉冲 | 线圈下降沿输出指令 | ⊣├─[PLF　Y,M] |
| ORI 或非 | 并联常闭触点 | ○/⊣/├ XYMSTC | MC 主控 | 公共串联接点用线圈指令 | ⊣├─⊣├─[MC　N Y,M] |
| ORP 或脉冲 | 上升沿检出并联 | ○/⊣↑├ XYMSTC | MCR 主控复位 | 公共串联接点解除指令 | ⊣├─[MCR　N] |
| ORF 或脉冲 | 下降沿检出并联 | ○/⊣↓├ XYMSTC | | | |

表 A-2　步进指令表

| 助记符与名称 | 功　能 | 梯形图和对象软元件 | 助记符与名称 | 功　能 | 梯形图和对象软元件 |
|---|---|---|---|---|---|
| STL<br>步进接点 | 步进梯形<br>图开始 | ─┤S├──○ | RET<br>步进返回 | 步进梯形<br>图结束 | ─┤S├──○<br>　　　─[RST] |

表 A-3　功能指令表（部分）

| 类　别 | FNC N0 | 指令<br>助记符 | 指令功能说明 | 系　列 ||||||
|---|---|---|---|---|---|---|---|---|
| | | | | $FX_{0S}$ | $FX_{0N}$ | $FX_{1S}$ | $FX_{1N}$ | $FX_{2N}$<br>$FX_{2NC}$ |
| 程序流程 | 00 | CJ | 条件跳转 | ○ | ○ | ○ | ○ | ○ |
| | 01 | CALL | 子程序调用 | × | × | ○ | ○ | ○ |
| | 02 | SRET | 子程序返回 | × | × | ○ | ○ | ○ |
| | 03 | IRET | 中断返回 | ○ | ○ | ○ | ○ | ○ |
| | 04 | EI | 开中断 | ○ | ○ | ○ | ○ | ○ |
| | 05 | DI | 关中断 | ○ | ○ | ○ | ○ | ○ |
| | 06 | FEND | 主程序结束 | ○ | ○ | ○ | ○ | ○ |
| | 07 | WDT | 监视定时器刷新 | ○ | ○ | ○ | ○ | ○ |
| | 08 | FOR | 循环的起点与次数 | ○ | ○ | ○ | ○ | ○ |
| | 09 | NEXT | 循环的终点 | ○ | ○ | ○ | ○ | ○ |
| 传送与<br>比较 | 10 | CMP | 比较 | ○ | ○ | ○ | ○ | ○ |
| | 11 | ZCP | 区间比较 | ○ | ○ | ○ | ○ | ○ |
| | 12 | MOV | 传送 | ○ | ○ | ○ | ○ | ○ |
| | 13 | SMOV | 位传送 | × | × | × | × | ○ |
| | 14 | CML | 取反传送 | × | × | × | × | ○ |
| | 15 | BMOV | 成批传送 | × | ○ | ○ | ○ | ○ |
| | 16 | FMOV | 多点传送 | × | × | × | × | ○ |
| | 17 | XCH | 交换 | × | × | × | × | ○ |
| 算术与<br>逻辑运算 | 18 | BCD | 二进制转换成 BCD 码 | ○ | ○ | ○ | ○ | ○ |
| | 19 | BIN | BCD 码转换成二进制 | ○ | ○ | ○ | ○ | ○ |
| | 20 | ADD | 二进制加法运算 | ○ | ○ | ○ | ○ | ○ |
| | 21 | SUB | 二进制减法运算 | ○ | ○ | ○ | ○ | ○ |
| | 22 | MUL | 二进制乘法运算 | ○ | ○ | ○ | ○ | ○ |

（续）

| 类别 | FNC N0 | 指令助记符 | 指令功能说明 | 系列 | | | | |
|---|---|---|---|---|---|---|---|---|
| | | | | $FX_{0S}$ | $FX_{0N}$ | $FX_{1S}$ | $FX_{1N}$ | $FX_{2N}$ $FX_{2NC}$ |
| 算术与逻辑运算 | 23 | DIV | 二进制除法运算 | ○ | ○ | ○ | ○ | ○ |
| | 24 | INC | 二进制加1运算 | ○ | ○ | ○ | ○ | ○ |
| | 25 | DEC | 二进制减1运算 | ○ | ○ | ○ | ○ | ○ |
| | 26 | WAND | 字逻辑与 | ○ | ○ | ○ | ○ | ○ |
| | 27 | WOR | 字逻辑或 | ○ | ○ | ○ | ○ | ○ |
| | 28 | WXOR | 字逻辑异或 | ○ | ○ | ○ | ○ | ○ |
| | 29 | NEG | 求二进制补码 | × | × | × | × | ○ |
| 循环与移位 | 30 | ROR | 循环右移 | × | × | × | × | ○ |
| | 31 | ROL | 循环左移 | × | × | × | × | ○ |
| | 32 | RCR | 带进位右移 | × | × | × | × | ○ |
| | 33 | RCL | 带进位左移 | × | × | × | × | ○ |
| | 34 | SFTR | 位右移 | ○ | ○ | ○ | ○ | ○ |
| | 35 | SFTL | 位左移 | ○ | ○ | ○ | ○ | ○ |
| | 36 | WSFR | 字右移 | × | × | × | × | ○ |
| | 37 | WSFL | 字左移 | × | × | × | × | ○ |
| | 38 | SFWR | FIFO（先入先出）写入 | × | × | ○ | ○ | ○ |
| | 39 | SFRD | FIFO（先入先出）读出 | × | × | ○ | ○ | ○ |
| 数据处理 | 40 | ZRST | 区间复位 | ○ | ○ | ○ | ○ | ○ |
| | 41 | DECO | 解码 | ○ | ○ | ○ | ○ | ○ |
| | 42 | ENCO | 编码 | | | | | ○ |
| | 43 | SUM | 统计ON位数 | × | × | × | × | ○ |
| | 44 | BON | 查询位某状态 | × | × | × | × | ○ |
| | 45 | MEAN | 求平均值 | × | × | × | × | ○ |
| | 46 | ANS | 报警器置位 | × | × | × | × | ○ |
| | 47 | ANR | 报警器复位 | × | × | × | × | ○ |
| | 48 | SQR | 求平方根 | × | × | × | × | ○ |
| | 49 | FLT | 整数与浮点数转换 | × | × | × | × | ○ |
| 方便指令 | 60 | IST | 状态初始化 | ○ | ○ | ○ | ○ | ○ |
| | 61 | SER | 数据查找 | × | × | × | × | ○ |
| | 62 | ABSD | 凸轮控制（绝对式） | × | × | × | × | ○ |
| | 63 | INCD | 凸轮控制（增量式） | × | × | ○ | ○ | ○ |

（续）

| 类别 | FNC N0 | 指令助记符 | 指令功能说明 | 系列 | | | | |
|---|---|---|---|---|---|---|---|---|
| | | | | $FX_{0S}$ | $FX_{0N}$ | $FX_{1S}$ | $FX_{1N}$ | $FX_{2N}$ $FX_{2NC}$ |
| 方便指令 | 64 | TTMR | 示教定时器 | × | × | × | × | ○ |
| | 65 | STMR | 特殊定时器 | × | × | × | × | ○ |
| | 66 | ALT | 交替输出 | ○ | ○ | ○ | ○ | ○ |
| | 67 | RAMP | 斜波信号 | ○ | ○ | ○ | ○ | ○ |
| | 68 | ROTC | 旋转工作台控制 | × | × | × | × | ○ |
| | 69 | SORT | 列表数据排序 | × | × | × | × | ○ |
| 外部I/O设备 | 70 | TKY | 10键输入 | × | × | × | × | ○ |
| | 71 | HKY | 16键输入 | × | × | × | × | ○ |
| | 72 | DSW | BCD数字开关输入 | × | × | ○ | ○ | ○ |
| | 73 | SEGD | 七段码译码 | × | × | × | × | ○ |
| | 74 | SEGL | 七段码分时显示 | × | × | ○ | ○ | ○ |
| | 75 | ARWS | 方向开关 | × | × | × | × | ○ |
| | 76 | ASC | ASCII码转换 | × | × | × | × | ○ |
| | 77 | PR | ASCII码打印输出 | × | × | × | × | ○ |
| | 78 | FROM | BFM读出 | × | ○ | × | ○ | ○ |
| | 79 | TO | BFM写入 | × | ○ | × | ○ | ○ |
| 触点比较 | 224 | LD= | (S1)=(S2)时起始触点接通 | × | × | ○ | ○ | ○ |
| | 225 | LD> | (S1)>(S2)时起始触点接通 | × | × | ○ | ○ | ○ |
| | 226 | LD< | (S1)<(S2)时起始触点接通 | × | × | ○ | ○ | ○ |
| | 228 | LD<> | (S1)<>(S2)时起始触点接通 | × | × | ○ | ○ | ○ |
| | 229 | LD<= | (S1)≤(S2)时起始触点接通 | × | × | ○ | ○ | ○ |
| | 230 | LD>= | (S1)≥(S2)时起始触点接通 | × | × | ○ | ○ | ○ |
| | 232 | AND= | (S1)=(S2)时串联触点接通 | × | × | ○ | ○ | ○ |
| | 233 | AND> | (S1)>(S2)时串联触点接通 | × | × | ○ | ○ | ○ |
| | 234 | AND< | (S1)<(S2)时串联触点接通 | × | × | ○ | ○ | ○ |
| | 236 | AND<> | (S1)<>(S2)时串联触点接通 | × | × | ○ | ○ | ○ |
| | 237 | AND<= | (S1)≤(S2)时串联触点接通 | × | × | ○ | ○ | ○ |
| | 238 | AND>= | (S1)≥(S2)时串联触点接通 | × | × | ○ | ○ | ○ |
| | 240 | OR= | (S1)=(S2)时并联触点接通 | × | × | ○ | ○ | ○ |
| | 241 | OR> | (S1)>(S2)时并联触点接通 | × | × | ○ | ○ | ○ |
| | 242 | OR< | (S1)<(S2)时并联触点接通 | × | × | ○ | ○ | ○ |
| | 244 | OR<> | (S1)<>(S2)时并联触点接通 | × | × | ○ | ○ | ○ |
| | 245 | OR<= | (S1)≤(S2)时并联触点接通 | × | × | ○ | ○ | ○ |
| | 246 | OR>= | (S1)≥(S2)时并联触点接通 | × | × | ○ | ○ | ○ |

# 附录 B　三菱 FR-E740 型变频器的常用参数一览表

下列表中符号的意义说明如下：

1) 有◎标记的参数表示的是简单模式参数。
2) |V/F|——V/F 控制。
3) |通用磁通|——通用磁通矢量控制，|先进磁通|——先进磁通矢量控制（无标记的功能表示所有控制都有效）。
4) "参数复制"等栏中的"×"表示不可以，"○"表示可以。

表 B-1　三菱 FR-E740 型变频器参数表（一）

| 功　能 | 参数 | 关联参数 | 名　称 | 单　位 | 初 始 值 | 范　围 | 内　容 |
|---|---|---|---|---|---|---|---|
| 手动转矩提升 V/F | 0 ◎ | | 转矩提升 | 0.1% | 6%/4%/3% * | 0~30% | 0Hz 时的输出电压以%设定<br>* 根据容量不同而不同（6%：0.75kV·A 以下/4%：1.5~3.7kV·A/3%：5.5kV·A、7.5kV·A） |
| | | 46 | 第 2 转矩提升 | 0.1% | 9999 | 0~30% | RT 信号为 ON 时的转矩提升 |
| | | | | | | 9999 | 无第 2 转矩提升 |
| 上下限频率 | 1 ◎ | | 上限频率 | 0.01Hz | 120Hz | 0~120Hz | 输出频率的上限 |
| | 2 ◎ | | 下限频率 | 0.01Hz | 0Hz | 0~120Hz | 输出频率的下限 |
| | | 18 | 高速上限频率 | 0.01Hz | 120Hz | 120~400Hz | 在 120Hz 以上运行时设定 |
| 基准频率、电压 V/F | 3 ◎ | | 基准频率 | 0.01Hz | 50Hz | 0~400Hz | 电动机的额定频率（50Hz/60Hz） |
| | | 19 | 基准频率电压 | 0.1V | 9999 | 0~1000V | 基准电压 |
| | | | | | | 8888 | 电源电压的 95% |
| | | | | | | 9999 | 与电源电压一样 |
| | | 47 | 第 2V/F（基准频率） | 0.01Hz | 9999 | 0~400Hz | RT 信号为 ON 时的基准频率 |
| | | | | | | 9999 | 第 2V/F 无效 |
| 通过多段速设定运行 | 4 ◎ | | 多段速设定（高速） | 0.01Hz | 50Hz | 0~400Hz | RH 信号为 ON 时的频率 |
| | 5 ◎ | | 多段速设定（中速） | 0.01Hz | 30Hz | 0~400Hz | RM 信号为 ON 时的频率 |
| | 6 ◎ | | 多段速设定（低速） | 0.01Hz | 10Hz | 0~400Hz | RL 信号为 ON 时的频率 |
| | | 24~27 | 多段速设定（4~7 速） | 0.01Hz | 9999 | 0~400Hz、9999 | 可以用 RH、RM、RL、REX 信号的组合来设定 4 速~15 速的频率<br>9999：不选择 |
| | | 232~239 | 多段速设定（8~15 速） | 0.01Hz | 9999 | 0~400Hz、9999 | |

（续）

| 功能 | 参数<br>关联参数 | 名称 | 单位 | 初始值 | 范围 | 内容 | |
|---|---|---|---|---|---|---|---|
| 加减速时间的设定 | 7 ◎ | 加速时间 | 0.1s/0.01s | 5s/10s* | 0~3600s/<br>0~360s | 电动机加速时间<br>*根据变频器容量不同而不同（3.7kV·A以下/5.5kV·A、7.5kV·A） | |
| | 8 ◎ | 减速时间 | 0.1s/0.01s | 5s/10s* | 0~3600s/<br>0~360s | 电动机减速时间<br>*根据变频器容量不同而不同（3.7kV·A以下/5.5kV·A、7.5kV·A） | |
| | 20 | 加减速基准频率 | 0.01Hz | 50Hz | 1~400Hz | 成为加减速时间基准的频率<br>加减速时间在停止~Pr.20间的频率变化时间 | |
| | 21 | 加减速时间单位 | 1 | 0 | 0 | 单位：0.1s<br>范围：0~3600s | 可以改变加减速时间的设定与设定范围 |
| | | | | | 1 | 单位：0.01s<br>范围：0~360s | |
| | 44 | 第2加减速时间 | 0.1s/0.01s | 5s/10s* | 0~3600s/<br>0~360s | RT信号为ON时的加减速时间<br>*根据变频器容量不同而不同（3.7kV·A以下/5.5kV·A、7.5kV·A） | |
| | 45 | 第2减速时间 | 0.1s/0.01s | 9999 | 0~3600s/<br>0~360s | RT信号为ON时的减速时间 | |
| | | | | | 9999 | 加速时间=减速时间 | |
| | 147 | 加减速时间切换频率 | 0.01Hz | 9999 | 0~400Hz | Pr.44、Pr.45的加减速时间的自动切换为有效的频率 | |
| | | | | | 9999 | 无功能 | |
| 电动机过热保护（电子过电流保护） | 9 ◎ | 电子过电流保护 | 0.01A | 变频器额定电流* | 0~500A | 设定电动机的额定电流<br>*对于0.75kV·A以下的产品，应设定为变频器额定电流的85% | |
| | 51 | 第2电子过电流保护 | 0.01A | 9999 | 0~500A | RT信号为ON时有效<br>设定电动机的额定电流 | |
| | | | | | 9999 | 第2电子过电流保护无效 | |
| 直流制动预备励磁 | 10 | 直流制动动作频率 | 0.01Hz | 3Hz | 0~120Hz | 直流制动的动作频率 | |
| | 11 | 直流制动动作时间 | 0.1s | 0.5s | 0 | 无直流制动 | |
| | | | | | 0.1~10s | 直流制动的动作时间 | |
| | 12 | 直流制动动作电压 | 0.1% | 4% | 0 | 无直流制动 | |
| | | | | | 0.1%~30% | 直流制动电压（转矩） | |

(续)

| 功 能 | 参数<br>关联<br>参数 | 名 称 | 单 位 | 初 始 值 | 范 围 | 内 容 | |
|---|---|---|---|---|---|---|---|
| 起动频率 | 13 | 起动频率 | 0.01Hz | 0.5Hz | 0~60Hz | 起动时频率 | |
| | 571 | 起动时维持时间 | 0.1s | 9999 | 0~10s | Pr.13 起动频率的维持时间 | |
| | | | | | 9999 | 起动时的维持功能无效 | |
| 适合用途的V/F线<br>V/F | 14 | 适用负载选择 | 1 | 0 | 0 | 用于恒转矩负载 | |
| | | | | | 1 | 用于低转矩负载 | |
| | | | | | 2 | 恒转矩升降用 | 反转时提升0% |
| | | | | | 3 | | 正转时提升0% |
| 点动运行 | 15 | 点动频率 | 0.01Hz | 5Hz | 0~400Hz | 点动运行时的频率 | |
| | 16 | 点动加减速时间 | 0.1s/0.01s | 0.5s | 0~3600s/<br>0~360s | 点动运行时的加减速时间。加减速时间是指加减速到 Pr.20 加减速频率中设定的频率（初始值为50Hz）的时间，加减速时间不能分别设定 | |
| 输出停止信号MRS的逻辑选择 | 17 | MRS输入选择 | 1 | 0 | 0 | 常开输入 | |
| | | | | | 2 | 常闭输入（b接点输入规格） | |
| | | | | | 4 | 外部端子：常闭输入（b接点输入规格），通信：常开输入 | |
| 失速防止动作 | 22 | 失速防止动作水平 | 0.10% | 150% | 0 | 失速防止动作无效 | |
| | | | | | 0.1%~200% | 失速防止动作开始的电流值 | |
| | 23 | 倍速时失速防止动作水平补偿系数 | 0.10% | 9999 | 0~200% | 可降低额定频率以上的高速运行时的失速动作水平 | |
| | | | | | 9999 | 一律 Pr.22 | |
| | 48 | 第2失速防止动作水平 | 0.10% | 9999 | 0 | 第2失速防止动作无效 | |
| | | | | | 0.1%~200% | 第2失速防止动作水平 | |
| | | | | | 9999 | 与 Pr.22 同一水平 | |
| | 66 | 失速防止动作水平降低开始频率 | 0.01Hz | 50Hz | 0~400Hz | 失速动作水平开始降低时的频率 | |
| | 156 | 失速防止动作选择 | 1 | 0 | 0~31<br>100、101 | 根据加减速的状态选择是否防止失速 | |
| | 157 | OL信号输出延时 | 0.1s | 0s | 0~25s | 失速防止动作时输出的 OL 信号开始输出时间 | |
| | | | | | 9999 | 无 OL 信号输出 | |
| | 277 | 失速防止电流切换 | 1 | 0 | 0 | 输出电流超过限制水平时，通过限制输出频率来限制电流<br>限制水平以变频器额定电流为基准 | |

(续)

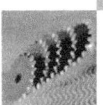

| 功能 | 参数关联参数 | 名称 | 单位 | 初始值 | 范围 | 内容 |
|---|---|---|---|---|---|---|
| 失速防止动作 | 277 | 失速防止电流切换 | 1 | 0 | 1 | 输出转矩超过限制水平时，通过限制输出频率来限制转矩<br>限制水平以电动机额定转矩为基准 |
| 加减速曲线 | 29 | 加减速曲线选择 | 1 | 0 | 0 | 直线加减速 |
| | | | | | 1 | S 曲线加减速 A |
| | | | | | 2 | S 曲线加减速 B |
| 再生单元的选择 | 30 | 再生制动功能选择 | 1 | 0 | 0 | 无再生功能、制动单元（FR-BU2）、高功率因数变流器（FR-HC）、电源再生共通变流器（FR-CV） |
| | | | | | 1 | 高频度用制动电阻器（FR-ABR） |
| | | | | | 2 | 高功率因数变流器（FR-HC）（选择瞬时停电再起动时） |
| | 70 | 特殊再生制动使用率 | 0.1% | 0% | 0~30% | 使用高频度用制动电阻器（FR-ABR）时的制动器使用率 |
| 转速显示 | 37 | 转速显示 | 0.001 | 0 | 0 | 频率的显示及设定 |
| | | | | | 0.01~9998 | 50Hz 运行时的机械速度 |
| RUN 键旋转方向的选择 | 40 | RUN 键旋转方向的选择 | 1 | 0 | 0 | 正转 |
| | | | | | 1 | 反转 |
| 输出频率和电动机转数的检测（SU、FU 信号） | 41 | 频率到达动作范围 | 0.1% | 10% | 0~100% | SU 信号为 ON 时的水平 |
| | 42 | 输出频率检测 | 0.01Hz | 6Hz | 0~400Hz | FU 信号为 ON 时的频率 |
| | 43 | 反转时输出频率检测 | 0.01Hz | 9999 | 0~400Hz | 反转时 FU 信号为 ON 时的频率 |
| | | | | | 9999 | 与 Pr.42 的设定值一致 |

注：表中"参数复制""参数清除""参数全部清除"均可。

表 B-2 三菱 FR-E740 型变频器参数表（二）

| 功能 | 关联参数 | 参数 | 名称 | 单位 | 初始值 | 范围 | 内容 | 参数复制 | 参数清除 | 参数全部清除 |
|---|---|---|---|---|---|---|---|---|---|---|
| 从端子 AM 输出的监视基准 | | 55 | 频率监视基准 | 0.01Hz | 50Hz | 0~400Hz | 输出频率监视值输出到端子 AM 时的最大值 | ○ | ○ | ○ |
| | | 56 | 电流监视基准 | 0.01A | 变频器额定电流 | 0~500A | 输出电流监视值输出到端子 AM 时的最大值 | ○ | ○ | ○ |
| 瞬时停电再起动动作/非强制驱动功能（高速起步） | | 57 | 再起动自由运行时间 | 0.1s | 9999 | 0.1~5s | 1.5kV・A 以下：1s；2.2~7.5kV・A：2s 的自由运行时间 | ○ | ○ | ○ |
| | | | | | | 9999 | 瞬时停电到复电后由变频器引导再起动的等待时间 | | | |
| | | 58 | 再起动上升时间 | 0.1s | 1s | 0~60s | 再起动时的电压上升时间 | ○ | ○ | ○ |
| | 30 | | 再生制动功能选择 | 1 | 0 | 0, 1 | MRS (X10)——ON→OFF 时，由电动机频率起动 | ○ | ○ | ○ |
| | | 162 | 瞬时停电再起动动作选择 | 1 | 1 | 2 | MRS (X10)——ON→OFF 时，再起动动作 | ○ | ○ | ○ |
| | | | | | | 0 | 有频率搜索 | | | |
| | | | | | | 1 | 无频率搜索（减电压方式） | | | |
| | | | | | | 10 | 每次起动时频率搜索 | | | |
| | | | | | | 11 | 每次起动时的减电压方式 | | | |
| | | 165 | 再起动失速防止动作水平 | 0.1% | 150% | 0~200% | 将变频器额定电流设为 100%，设定再起动动作时的失速防止动作水平 | ○ | ○ | ○ |
| | | 298 | 频率搜索增益 | 1 | 9999 | 0~32767 | 通过 V/F 控制实施了离线自动调谐时，以及瞬时停电再起动时的频率搜索所必需的频率搜索增益 | ○ | × | ○ |
| | | | | | | 9999 | 使用三菱电动机 (SF-JR, SF-HRCA) 常数 | | | |

| 分类 | 参数号 | 名称 | 单位 | 初始值 | 设定范围 | 内容 | | | | |
|---|---|---|---|---|---|---|---|---|---|---|
| 瞬时停电再起动动作/非强制驱动功能（高速起步） | 299 | 再起动时的旋转方向检测选择 | 1 | 0 | 0 | 无旋转方向检测 | ○ | ○ | ○ | ○ |
| | | | | | 1 | 有旋转方向检测 | | | | |
| | | | | | | Pr.78=0时，有旋转方向检测；Pr.78=1和2时，无旋转方向检测 | | | | |
| | 611 | 再起动时的加速时间 | 0.1s | 9999 | 0~3600s | 再起动时到达设定频率的加速时间 | ○ | ○ | ○ | ○ |
| | | | | | 9999 | 再起动时的加速时间为通常的加速时间 Pr.7 等 | | | | |
| 节能控制选择 V/F | 60 | 节能控制选择 | 1 | 0 | 0 | 通常运行模式 | ○ | | | ○ |
| | | | | | 9 | 最佳励磁控制模式 | | | | |
| 自动加减速 | 61 | 基准电流 | 0.01A | 9999 | 0~500A | 以设定值（电动机额定电流）为基准 | ○ | ○ | ○ | ○ |
| | | | | | 9999 | 以变频器额定电流为基准 | | | | |
| | 62 | 加速时基准值 | 1% | 9999 | 0~200% | 以设定值为限制值 | ○ | ○ | ○ | ○ |
| | | | | | 9999 | 以150%为限制值 | | | | |
| | 63 | 减速时基准值 | 1% | 9999 | 0~200% | 以设定值为限制值 | ○ | ○ | ○ | ○ |
| | | | | | 9999 | 以150%为限制值 | | | | |
| | 292 | 自动加减速 | 1 | 0 | 0 | 通常模式 | ○ | ○ | ○ | ○ |
| | | | | | 1 | 最短加减速模式（无制动器） | | | | |
| | | | | | 11 | 最短加减速模式（有制动器） | | | | |
| | | | | | 7 | 制动器顺控模式1 | | | | |
| | | | | | 8 | 制动器顺控模式2 | | | | |
| | 293 | 加减速个别动作选择模式 | 1 | 0 | 0 | 对于最短加减速模式的加速、减速均以计算加速时间进行计算 | ○ | ○ | ○ | ○ |
| | | | | | 1 | 仅对最短加减速模式的加速时间进行计算 | | | | |
| | | | | | 2 | 仅对最短加减速模式的减速时间进行计算 | | | | |

(续)

| 参数 | 关联参数 | 名称 | 单位 | 初始值 | 范围 | 内容 | 参数复制 | 参数清除 | 参数全部清除 |
|---|---|---|---|---|---|---|---|---|---|
| 71 | | 适用电动机 | 1 | 0 | 0 | 适合标准电动机的热特性 | | ○ | ○ |
| | | | | | 1 | 适合三菱恒转矩电动机的热特性 | | ○ | ○ |
| | | | | | 40 | 三菱高功率电动机（SF-HR）的热特性 | | | |
| | | | | | 50 | 三菱恒转矩电动机（SF-HRCA）的热特性 | | | |
| | | | | | 3 | 标准电动机 | | | |
| | | | | | 13 | 恒转矩电动机 | | | |
| | | | | | 23 | 三菱标准电动机（SF-JR 4P 1.5kW 以下） | ○ | | |
| | | | | | 43 | 三菱高效率电动机（SF-HR） | | | |
| | | | | | 53 | 三菱恒转矩电动机（SF-HRCA） | | | |
| | | | | | 4 | 标准电动机 | | | |
| | | | | | 14 | 恒转矩电动机 | | | |
| | | | | | 24 | 三菱标准电动机（SF-JR4P 1.5kW 以下） | | | |
| | | | | | 44 | 三菱高效率电动机（SF-HR） | | | |
| | | | | | 54 | 三菱恒转矩电动机（SF-HRCA） | | | |

功能：电动机的选择（适用电动机）

备注：选择"离线自动调谐设定"，可以进行自动调谐数据读取以及变更设定

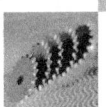

| 功能 | 参数号 | 名称 | 最小设定单位 | 出厂设定 | 设定值 | 内容 | | | |
|---|---|---|---|---|---|---|---|---|---|
| 电动机的选择（适用电动机） | 71 | 适用电动机 | 1 | 0 | 5 | 标准电动机 | ○ | | ○ |
| | | | | | 15 | 恒转矩电动机 | | | |
| | | | | | 6 | 标准电动机 | | | |
| | | | | | 16 | 恒转矩电动机 | | | |
| | | | | | | 星形接线 可以进行电动机常数的直接输入 | | | |
| | | | | | | 三角形接线 可以进行电动机常数的直接输入 | | | |
| | 450 | 第2适用电动机 | 1 | 9999 | 0 | 适合标准电动机的热特性 | ○ | ○ | ○ |
| | | | | | 1 | 适合三菱恒转矩电动机的热特性 | | | |
| | | | | | 9999 | 第2电动机无效 第1电动机 Pr.71 的热特性 | | | |
| 模拟量输入选择 | 73 | 模拟量输入选择 | 1 | 1 | 0 | 端子2输入 0~10V 极性可逆 | ○ | ○ | ○ |
| | | | | | 1 | 0~5V 无 | | | |
| | | | | | 10 | 0~10V 有 | | | |
| | | | | | 11 | 0~5V | | | |
| | 267 | 端子4输入选择 | 1 | 0 | 0 | 端子4输入 4~20mA | ○ | × | ○ |
| | | | | | 1 | 端子4输入 0~5V | | | |
| | | | | | 2 | 端子4输入 0~10V | | | |
| 模拟量输入的响应性或噪声消除 | 74 | 输入滤波时间常数 | 1 | 1 | 0~8 | 对于模拟量输入的1次延迟滤波器时间常数 设定值越大过滤效果越明显 | ○ | × | ○ |
| 防止参数被意外写入 | 77 | 参数写入选择 | 1 | 0 | 0 | 仅限于停止时可以写入参数 | ○ | ○ | ○ |
| | | | | | 1 | 不可写入参数 | | | |
| | | | | | 2 | 可以在所有运行模式中不受运行状态限制地写入参数 | | | |

(续)

| 功能 | 关联参数 | 参数 | 名称 | 单位 | 初始值 | 范围 | 内容 | 参数复制 | 参数清除 | 参数全部清除 |
|---|---|---|---|---|---|---|---|---|---|---|
| 电动机的反转防止 | | 78 | 反转防止选择 | 1 | 0 | 0 | 正转和反转均可 | ○ | ○ | ○ |
| | | | | | | 1 | 不可反转 | | | |
| | | | | | | 2 | 不可正转 | | | |
| 运行模式的选择 | | 79◎ | 运行模式选择 | 1 | 0 | 0 | 外部PU切换模式 | ○ | ○ | ○ |
| | | | | | | 1 | PU运行模式固定 | | | |
| | | | | | | 2 | 外部运行模式固定 | | | |
| | | | | | | 3 | 外部/PU组合运行模式1 | | | |
| | | | | | | 4 | 外部/PU组合运行模式2 | | | |
| | | | | | | 6 | 切换模式 | | | |
| | | | | | | 7 | 外部运行模式（PU运行互锁） | | | |
| | | 340 | 通信起动模式选择 | 1 | 0 | 0 | 根据Pr. 79的设定 | ○ | ○ | ○ |
| | | | | | | 1 | 以网络运行模式起动 | | | |
| | | | | | | 10 | 以网络运行模式起动，可通过操作面板切换PU与网络运行模式 | | | |
| 控制方法的选择 | | 80 | 电动机容量 | 0.01kW | 9999 | 0.1~15kW | 适用电动机容量 | ○ | ○ | ○ |
| | | | | | | 9999 | V/F控制 | | | |
| | | 81 | 电动机极数 | 1 | 9999 | 2、4、6、8、10 | 设定电动机极数 | ○ | ○ | ○ |
| | | | | | | 9999 | V/F控制 | | | |
| 先进磁通 | | 89 | 速度控制增益（先进磁通矢量） | 0.1% | 9999 | 0~200% | 在先进磁通量控制时，调整由负载变动造成的电动机速度变动基准为100% | ○ | × | ○ |
| 通用磁通 | | | | | | 9999 | Pr. 71中设定的电动机所对应的增益 | | | |

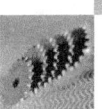

| 分类 | 参数号 | 名称 | 初始值 | 设定范围 | 内容 | | | | | |
|---|---|---|---|---|---|---|---|---|---|---|
| 控制方法的选择 | 800 | 控制方法选择 | 1 | 20 | 先进磁通矢量控制 | ○ | ○ | ○ | ○ | ○ |
| | | | | 30 | 通用磁通矢量控制 | | | | | |
| 通信初始设定 | 117 | PU通信站号 | 0 | 0~31 (0~247) | 变频器站号指定 1台个人计算机连接多台变频器时要设定变频器的站号,当Pr.549="1"(Modbus-RTU协议)时设定范围为括号内的数值 | ○ | ○ | ○ | ○ | ○ |
| | 118 | PU通信速率 | 192 | 48、96、192、384 | 通信速率设定值×100(例如,如果设定值是192,通信速率则为19200bit/s) | ○ | ○ | ○ | ○ | ○ |
| | 119 | PU通信停止位长 | 1 | 0 | 停止位长:1bit、数据长:8bit | ○ | ○ | ○ | ○ | ○ |
| | | | | 1 | 停止位长:2bit、数据长:8bit | | | | | |
| | | | | 10 | 停止位长:1bit、数据长:7bit | | | | | |
| | | | | 11 | 停止位长:2bit、数据长:7bit | | | | | |
| | 120 | PU通信奇偶校验 | 2 | 0 | 无奇偶校验(Modbus-RTU时,停止位长:2bit) | ○ | ○ | ○ | ○ | ○ |
| | | | | 1 | 奇校验(Modbus-RTU时,停止位长:1bit) | | | | | |
| | | | | 2 | 偶校验(Modbus-RTU时,停止位长:1bit) | | | | | |
| | 121 | PU通信再试次数 | 1 | 0~10 | 发生数据接收错误时的再试次数容许值,连续发生错误次数超过再试次数容许值时,变频器将通过E.PUE计算机链接/E.ESR(Modbus-RTU)报警并停止 | ○ | ○ | ○ | ○ | ○ |
| | | | | 9999 | 即使发生通信错误,变频器也不会报警并停止 | | | | | |
| | 122 | PU通信校验时间间隔 | 0.1s | 0 | 可进行RS-485通信,但是,有操作权的运行模式起动的瞬间将发生通信错误(E.PUE) | ○ | ○ | ○ | ○ | ○ |

设定为Pr.80、Pr.81不等于"9999"时

（续）

| 功能 | 关联参数 | 参数 | 名称 | 单位 | 初始值 | 范围 | 内容 | 参数复制 | 参数清除 | 参数全部清除 |
|---|---|---|---|---|---|---|---|---|---|---|
| 通信初始设定 | | 122 | PU通信校验时间间隔 | 0.1s | 0 | 0.1~999.8s | 通信校验（断线检测）时间间隔 | ○ | ○ | ○ |
| | | | | | | 9999 | 无通信校验状态超过容许时间时,变频器将报警并停止（根据Pr.502） | | | |
| | | | | | | 0 | 不进行通信检测（断线检测） | | | |
| | | 123 | PU通信等待时间设定 | 1 | 9999 | 0~150ms | 设定向变频器发出数据后信息返回的等待时间 | ○ | ○ | ○ |
| | | | | | | 9999 | 用通信数据进行设定 | | | |
| | | 124 | PU通信有无OR/LF选择 | 1 | 1 | 0 | 无CR、LF | ○ | ○ | ○ |
| | | | | | | 1 | 有CR | | | |
| | | | | | | 2 | 有CR、LF | | | |
| | | 342 | 通信EEPROM写入选择 | 1 | 0 | 0 | 通过通信写入参数时,写入至[1] EEPROM、RAM | × | × | × |
| | | | | | | 1 | 通过通信写入参数时,写入到RAM | | | |
| | | 343 | 通信错误计数 | 1 | 0 | — | 显示Modbus-RTU 通信时的通信错误次数（仅读取） | ○ | × | ○ |
| | | 502 | 通信异常时停止模式选择 | 1 | 0 | 0、3 | 自由运行停止 | ○ | ○ | ○ |
| | | | | | | 1、2 | 减速停止 | | | |
| | | 549 | 协议选择 | 1 | 0 | 0 | 三菱变频器（计算机链接）协议 | ○ | ○ | ○ |
| | | | | | | 1 | Modbus-RTU协议 | | | |
| PID控制/绕线器控制 | | 127 | PID控制自动切换频率 | 0.01Hz | 9999 | 0~400Hz | 自动切换至PID控制频率 | ○ | ○ | ○ |
| | | | | | | 9999 | 无PID控制自动切换功能 | | | |
| | | 128 | PID动作选择 | 1 | 0 | 0 | PID控制无效 | ○ | ○ | ○ |
| | | | | | | 20 | PID负作用 | | | |
| | | | | | | 21 | PID正作用 | | | |
| | | | | | | | 测量值输入（端子4）<br>目标值（端子2或Pr.133） | | | |

| | 编号 | 名称 | 最小设定单位 | 初始值 | 设定范围 | 储线器控制 | 测量值输入（端子4）目标值 | | |
|---|---|---|---|---|---|---|---|---|---|
| | | | | | 40~43 | | | ○ | ○ |
| PID控制/储线器控制 | 128 | PID动作选择 | 1 | 0 | 50 | PID负作用 | 偏差值信号输入（Low works通信、CC-link通信） | | ○ |
| | | | | | 51 | PID正作用 | | ○ | |
| | | | | | 60 | PID负作用 | 测定值，目标值输入（Low works通信、CC-link通信） | ○ | |
| | | | | | 61 | PID正作用 | | | |
| | 129 | PID比例带 | 0.1% | 100% | 0.1%~1000% | 比例带来窄（参数的设定值小）时，测量值的微小变化可以带来大的操作量变化，随比例带变小，灵敏度（增益）会变得更好，但可能会引起振动等，降低稳定性 增益 $K_p = 1/$比例带 | | ○ | ○ |
| | | | | | 9999 | 无比例控制 | | | |
| | 130 | PID积分时间 | 0.1s | 1s | 0.1~3600s | 在偏差步进输入时，仅在积分（I）动作中得到与比例（P）动作相同的操作量所需要的时间（$T_i$）。随着积分时间变少，到达目标值的速度会加快，但是容易发生振动现象 | | ○ | ○ |
| | | | | | 9999 | 无积分控制 | | | |
| | 131 | PID上限 | 0.1% | 9999 | 0~100% | 上限值 反馈量超过设定值的情况下输出FUP信号，测量值（端子4）的最大输入（20mA/5V/10V）相当于100% | | ○ | ○ |
| | | | | | 9999 | 无功能 | | | |
| | 132 | PID下限 | 0.1% | 9999 | 0~100% | 下限值 测定值低于设定值的情况下输出FDN信号，测量值（端子4）的最大输入（20mA/5V/10V）相当于100% | | ○ | ○ |

(续)

| 功能 | 参数 关联参数 | 名称 | 单位 | 初始值 | 范围 | 内容 | 参数复制 | 参数清除 | 参数全部清除 |
|---|---|---|---|---|---|---|---|---|---|
| PID控制/储线器控制 | 132 | PID下限 | 0.1% | 9999 | 9999 | 无功能 | ○ | ○ | ○ |
|  |  |  |  |  | 0~100% | PID控制时的目标值 |  |  |  |
|  | 133 | PID动作目标值 | 0.01% | 9999 | 9999 | PID控制 | ○ | ○ | ○ |
|  |  |  |  |  |  | 端子2输入电压为目标值 |  |  |  |
|  |  |  |  |  |  | 固定于50% |  |  |  |
|  | 134 | PID微分时间 | 0.01s | 9999 | 0.01~10s | 在偏差指示灯输入时，仅得到比例动作（P）的操作量所需要的时间（$T_d$），随微分时间的增大，对偏差变化的反应越大 | ○ | ○ | ○ |
|  |  |  |  |  | 9999 | 无微分控制 |  |  |  |
|  | 44 | 第2加减速时间 | 0.1s/0.01s | 5s/10s* | 0~3600s/0~360s | 储线器控制时，变成主速度的加速时间，第2加减速时间/*根据变频器容量不同而不同（3.7kV·A以下/5.5kV·A、7.5kV·A） | ○ | ○ | ○ |
|  | 45 | 第2减速时间 | 0.1s/0.01s | 9999 | 0~3600s/0~360s, 9999 | 储线器控制时，变成主速度的减速时间，第2减速时间无效 | ○ | ○ | ○ |

| 功能 | 参数号 | 名称 | 初始值 | 设定范围 | 内容 | | | |
|---|---|---|---|---|---|---|---|---|
| 用户参数组功能 | 160 ◎ | 用户参数组读取选择 | 1 | 0 | 显示所有参数 | ○ | ○ | ○ |
| | | | | 1 | 只显示注册到用户参数组的参数 | ○ | ○ | ○ |
| | 172 | 用户参数组注册数显示/一次性删除 | 1 | 9999 | 只显示简单模式的参数 | ○ | × | × |
| | | | | (0~16) | 显示注册到用户参数组的参数数量（仅读取） | | | |
| | 173 | 用户参数组注册 | 1 | 9999 | 将注册到用户参数组的参数一次性删除 | × | × | × |
| | | | | 0~999、9999 | 注册到用户参数组的参数编号读取值任何时候都是"9999" | × | × | × |
| | 174 | 用户参数组删除 | 1 | 9999 | 0~999、9999 | 从用户参数组删除的参数编号读取值任何时候都是"9999" | × | × | × |
| 操作面板的动作选择 | 161 | 频率设定/键盘锁定操作选择 | 1 | 0 | M旋钮频率设定模式 | ○ | ○ | ○ |
| | | | | 1 | M旋钮电位器模式 | | | |
| | | | | 10 | M旋钮频率设定模式 键盘锁定模式无效 | | | |
| | | | | 11 | M旋钮电位器模式 键盘锁定模式有效 | | | |
| 输入端子的功能分配 | 178 | STF、端子功能选择 | 1 | 60 | 0~5、7、8、10、12、14~16、18、24、25、60、62、65~67、9999 | 0：低速运行指令<br>1：中速运行指令<br>2：高速运行指令<br>3：第二功能选择<br>4：端子4输入选择<br>5：点动运行选择<br>7：外部热继电器输入 | ○ | × | ○ |

（续）

| 功能 | 参数 | 关联参数 | 名称 | 单位 | 初始值 | 范围 | 内容 | 参数复制 | 参数清除 | 参数全部清除 |
|---|---|---|---|---|---|---|---|---|---|---|
| 输入端子的功能分配 | 179 | | STR，端子功能选择 | 1 | 61 | 0~5、7、8、10、12、14~16、18、24、25、61、62、65~67、9999 | 8：15速选择<br>10：变频器运行许可信号（FR-HC/FR-CV连接）<br>12：PU运行外部互锁<br>14：PID控制有效端子<br>15：制动器开放完成信号<br>16：PU—外部运行切换<br>18：V/F切换<br>24：输出停止<br>25：起动自保持选择<br>60：正转指令（只能分配给STF端子，Pr. 178）<br>61：反转指令（只能分配给STR端子，Pr. 179）<br>62：变频器复位<br>65：PU—NET运行切换<br>66：外部—网络运行切换<br>67：指令权切换<br>9999：无功能 | ○ | × | ○ |
| | 180 | | RL端子功能选择 | 1 | 0 | 0~5、7、8、10、12、14~16、18、24、25、62、65~67、9999 | | ○ | × | ○ |
| | 181 | | RM端子功能选择 | 1 | 1 | | | ○ | × | ○ |
| | 182 | | RH端子功能选择 | 1 | 2 | | | ○ | × | ○ |
| | 183 | | MRS端子功能选择 | 1 | 24 | | | ○ | × | ○ |
| | 184 | | RES端子功能选择 | 1 | 62 | | | ○ | × | ○ |
| | 190 | | RUN端子功能选择 | 1 | 0 | 0、1、3、4、7、8、11~16、20、25、26、46、47、64、90、91、93、95、96、98、99、100 | 0：变频器运行中<br>1：频率到达<br>3：过负载警报<br>4：输出频率检测<br>7：再生制动预报警<br>8：电子过电流保护预报警<br>11：变频器准备完毕<br>12：输出电流检测<br>13：零电流检测<br>14：PID下限 | ○ | × | ○ |
| | 191 | | FU端子功能选择 | 1 | 4 | | | ○ | × | ○ |

| | | | | | ○ | |
|---|---|---|---|---|---|---|
| | | | | | × | |
| | | | | | ○ | |
| 输入端子的功能分配 | 191 | FU 端子功能选择 | 1 | 1 | 4 | 101、103、104、107、108、111~116、120、125、126、146、147、164、190、191、193、195、196、198、199、9999 | 15、115：PID 上限<br>16、116：PID 正反转动作输出<br>20、120：制动器开放请求<br>25、125：风扇故障输出<br>26、126：散热片过热预报警<br>46、146：停电减速中（保持到解除）<br>47、147：PID 控制动作中<br>54、164：再试中<br>90、190：寿命警报<br>91、191：异常输出 3（电源切断信号）<br>93、193：电流平均值监视信号<br>95、195：维修时钟信号<br>96、196：远程输出<br>98、198：轻故障输出<br>99、199：异常输出<br>9999、-：无功能<br>0~99：正逻辑；100~199：负逻辑 |
| | 192 | ABC 端子功能选择 | 1 | 1 | 99 | 0、1、3、4、7、8、11~16、20、25、26、46、47、64、90、91、95、96、98、99、100、101、103、104、107、108、111~116、120、125、126、146、147、164、190、191、195、196、198、199、9999 | |

(续)

| 功能 | 关联参数 | 参数 | 名称 | 单位 | 初始值 | 范围 | 内容 | 参数复制 | 参数清除 | 全部参数清除 |
|---|---|---|---|---|---|---|---|---|---|---|
| 延长冷却风扇的寿命 | | 244 | 冷却风扇的动作选择 | 1 | 1 | 0 | 在电源 ON 的状态下冷却风扇起动；冷却风扇 ON-OFF 控制无效（电源 ON 的状态下总是 ON） | ○ | | ○ |
| | | | | | | 1 | 冷却风扇 ON-OFF 控制有效 变频器运行过程中始终为 ON，停止时监视变频器的状态，根据温度的高低为 ON 或 OFF | | | |
| 转差补偿 | | 245 | 额定转差 | 0.01% | 9999 | 0~50% | 电动机额定转差 | ○ | ○ | ○ |
| | | | | | | 9999 | 无转差补偿 | | | |
| | | 246 | 转差补偿时间常数 | 0.01s | 0.5s | 0.01~10s | 转差补偿的响应时间值设定越小响应速度越快，但负载惯性越大，越容易发生再生过电压（E.0V 口）错误 | ○ | ○ | ○ |
| 通用磁通 V/F | | 247 | 恒功率区域转差补偿选择 | 1 | 9999 | 0 | 恒功率区域（比 Pr.3 中设定的频率还高的频率领域）中不进行转差补偿 | ○ | ○ | ○ |
| | | | | | | 9999 | 恒功率区域的转差补偿 | | | |
| 接地检测 | | 249 | 起动时接地检测的有无 | 1 | 1 | 0 | 无接地检测 | ○ | ○ | ○ |
| | | | | | | 1 | 有接地检测 | | | |
| 电动机停止方法和起动信号的选择 | | 250 | 停止选择 | 0.1s | 9999 | 0~100s | 起动信号 OFF 经过设定的时间后以自由运行停止 | ○ | ○ | ○ |
| | | | | | | 1000~1100s | 起动信号 OFF 经过（Pr.250—1000s）后以自由运行停止 | | | |
| | | | | | | 9999 | 起动信号 OFF 后减速停止 | | | |
| | | | | | | 8888 | STF 信号：正转起动 STR 信号：反转起动 | | | |
| | | | | | | | STF 信号：起动信号 STR 信号：正转、反转信号 | | | |
| | | | | | | | STF 信号：正转起动 STR 信号：反转起动 | | | |
| | | | | | | | STF 信号：起动信号 STR 信号：正转、反转信号 | | | |

| 功能 | 参数号 | 名称 | 最小设定单位 | 初期值 | 设定范围 | 内容 | | | |
|---|---|---|---|---|---|---|---|---|---|
| 输入输出缺相保护选择 | 251 | 输出缺相保护选择 | 1 | 1 | 0 | 无输出缺相保护 | ○ | ○ | ○ |
| | | | | | 1 | 有输出缺相保护 | | ○ | ○ |
| | 872 | 输入缺相保护选择 | 1 | 1 | 0 | 无输入缺相保护 | ○ | ○ | ○ |
| | | | | | 1 | 有输入缺相保护 | | ○ | ○ |
| 发生掉电时的运行 | 261 | 掉电停止方式选择 | 1 | 0 | 0 | 自由运行停止,电压不足或发生掉电时切断输出 | ○ | ○ | ○ |
| | | | | | 1 | 电压不足或发生掉电时减速停止 | | ○ | ○ |
| | | | | | 2 | 电压不足或发生掉电时减速停止,掉电减速中复电的情况下进行再加速 | | ○ | ○ |
| 制动器顺控功能 | 278 | 制动开启频率 | 0.01Hz | 3Hz | 0~30Hz | 设定电动机的额定转差频率+1.0Hz左右 仅Pr.278≤Pr.282时可以设定 | | ○ | ○ |
| | 279 | 制动开启电流 | 0.1% | 130% | 0~200% | 设定值过低,会造成起动时易干滑落,所以一般设定在50%~90%,以变频器额定电流为100% | | ○ | ○ |
| | 280 | 制动开启电流检测时间 | 0.1s | 0.3s | 0~2s | 一般设定为0.1~0.3s | | ○ | ○ |
| | 281 | 制动操作开始时间 | 0.1s | 0.3s | 0~5s | Pr.292=7:设定制动器缓解之前的机械延迟时间;Pr.292=8:设定制动器缓解之前的机械延迟时间+(0.1~0.2)s | | ○ | ○ |
| | 282 | 制动操作频率 | 0.01Hz | 6Hz | 0~30Hz | 使制动器开放请求信号(BOF)为OFF的频率,一般设定为Pr.278的设定值+(3~4)Hz 仅Pr.282≥Pr.278时可以设定 | | ○ | ○ |
| | 283 | 制动操作停止时间 | 0.1s | 0.3s | 0~5s | Pr.292=7:设定制动器关闭之前的机械延迟时间+0.1s;Pr.292=8:设定制动器关闭之前的机械延迟时间+(0.2~0.3)s | | ○ | ○ |
| 通用磁通 / 先进磁通 | 292 | 自动加减速 | 1 | 0 | 0、1、7、8、11 | 设定值为"7、8"时,制动器顺控功能有效 | ○ | | ○ |

(续)

| 功能 | 参数 | 关联参数 | 名称 | 单位 | 初始值 | 范围 | 内容 | 参数复制 | 参数清除 | 参数全部清除 |
|---|---|---|---|---|---|---|---|---|---|---|
| 偏差控制 | 286 | | 偏差增益 | 0.1% | 0% | 0 | 偏差控制无效 | ○ | ○ | ○ |
| | | | | | | 0.1%~100% | 对应电动机额定频率的额定转矩时的垂下量 | | | |
| 先进磁通 | 287 | | 滤波器偏差时定值 | 0.01s | 0.3s | 0~1s | 转矩分电流所用一次延迟滤波器的时间常数 | ○ | ○ | ○ |
| 通过M旋钮设定频率变化量 | 295 | | 频率变化量设定 | 0.01 | 0 | 0 | 无效 | ○ | ○ | ○ |
| | | | | | | 0.01、0.10、1.00、10.00 | 通过M旋钮变更设定频率时的最小变化幅度 | | | |
| 使用了USB通信的变频器的安装 | 547 | | USB通信站号 | 1 | 0 | 0~31 | 变频器站号指定 | ○ | ○ | ○ |
| | 548 | | USB通信检查时间间隔 | 0.1s | 9999 | 0.1~999.8s | 可进行PU运行模式时报警停止 设为USB通信(E.USB) | ○ | ○ | ○ |
| | | | | | | 9999 | 无通信检查 | | | |
| 端子AM输出的调整（校正） | C1(901) | | AM端子校正 | — | — | — | 校正接在端子AM上的模拟仪表的标度 | ○ | × | ○ |
| | | 645 | AM端子0V调整 | 1 | 1000 | 970~1200 | 模拟量输出为0时的仪表刻度校正 | ○ | × | ○ |
| 操作面板的蜂鸣器音控制 | 990 | | PU蜂鸣器音控制 | 1 | 1 | 0 | 无蜂鸣器音 | ○ | ○ | ○ |
| | | | | | | 1 | 有蜂鸣器音 | | | |

# 参 考 文 献

[1] 岳庆来. 变频器、可编程序控制器及触摸屏综合应用技术［M］. 北京：机械工业出版社，2006.
[2] 黄净. 电器及PLC控制技术［M］. 北京：机械工业出版社，2006.
[3] 王金娟，周建清. 机电设备组装与调试技能训练［M］. 北京：机械工业出版社，2005.
[4] 庞广信. 可编程控制器应用技术［M］. 北京：化学工业出版社，2006.
[5] 高勤. 电器及PLC控制技术［M］. 北京：高等教育出版社，2002.
[6] 张运刚，宋小春，等. 三菱FX2N PLC技术与应用［M］. 北京：人民邮电出版社，2007.
[7] 李敬梅. 电力拖动控制线路与技能训练［M］. 北京：中国劳动社会保障出版社，2007.
[8] 肖明耀. 可编程序控制技术［M］. 北京：中国劳动社会保障出版社，2004.
[9] 唐修波. 变频技术及应用［M］. 北京：中国劳动社会保障出版社，2004.
[10] 亚龙科技集团有限公司. 亚龙YL-235A型光机电一体化实训考核装置实训指导书［Z］. 2009.
[11] 三菱电机（中国）有限公司. 三菱FX2N系列可编程序控制器编程手册［Z］. 2010.
[12] 三菱电机（中国）有限公司. 三菱变频器FR-E540，E700使用手册［Z］. 2008.